Unreal Engine 4
游戏开发入门经典

[美] 阿拉姆·库克森（Aram Cookson）

[加] 瑞安·道林索卡（Ryan DowlingSoka）　著

[加] 克林顿·克鲁普勒（Clinton Crumpler）

刘强　译

人民邮电出版社

北京

图书在版编目（CIP）数据

Unreal Engine 4游戏开发入门经典 / （美）库克森
(Aram Cookson)，（加）道林索卡（Ryan DowlingSoka），
（加）克鲁普勒（Clinton Crumpler）著；刘强译. --
北京：人民邮电出版社，2018.1（2023.8重印）
ISBN 978-7-115-46760-7

Ⅰ. ①U… Ⅱ. ①库… ②道… ③克… ④刘… Ⅲ. ①
游戏程序－程序设计 Ⅳ. ①TP317.6

中国版本图书馆CIP数据核字(2017)第234248号

版 权 声 明

Aram Cookson, Ryan DowlingSoka, Clinton Crumpler: Sams Teach Yourself Unreal Engine 4 Game
Development in 24 Hours

ISBN: 978-0672337628

Copyright © 2016 by Pearson Education, Inc.

Authorized translation from the English languages edition published by Pearson Education, Inc.

All rights reserved.

本书中文简体字版由美国 **Pearson** 公司授权人民邮电出版社出版。未经出版者书面许可，对本书任
何部分不得以任何方式复制或抄袭。

版权所有，侵权必究。

◆ 著　　　 [美] 阿拉姆·库克森（Aram Cookson）
　　　　　 [加] 瑞安·道林索卡（Ryan DowlingSoka）
　　　　　 [加] 克林顿·克鲁普勒（Clinton Crumpler）
　　译　　　 刘　强
　　责任编辑　 胡俊英
　　责任印制　 焦志炜

◆ 人民邮电出版社出版发行　　北京市丰台区成寿寺路 11 号
　　邮编　100164　　电子邮件　315@ptpress.com.cn
　　网址　http://www.ptpress.com.cn
　　北京七彩京通数码快印有限公司印刷

◆ 开本：787×1092　1/16
　　印张：22　　　　　　　　　　　　2018 年 1 月第 1 版
　　字数：528 千字　　　　　　　2023 年 8 月北京第 23 次印刷
　　著作权合同登记号　图字：01-2016-6006 号

定价：89.00 元
读者服务热线：(010)81055410　印装质量热线：(010)81055316
反盗版热线：(010)81055315
广告经营许可证：京东市监广登字20170147号

内容提要

　　虚幻引擎（Unreal Engine）是目前世界知名度高、应用广泛的游戏引擎之一，全新版本的虚幻引擎 4（Unreal Engine 4，UE4）非常强大且灵活，为设计人员提供了一款高效的设计工具。

　　本书全面介绍了有关 UE4 的游戏开发技巧。全书从基本的安装和配置讲起，陆续介绍了 Gameplay 框架、相关的单位、静态网络 Actor、光照和渲染、音频系统元素、游戏世界的搭建、蓝图系统以及一系列典型的游戏案例等。读者将从本书了解到关于 UE4 的各类使用技巧和开发案例。

　　本书内容全面，讲解细致，非常适合想要学习游戏设计与开发的读者阅读。无论是游戏开发领域的新手，还是普通的游戏爱好者，又或者是想成为游戏开发高手的读者，都能从本书获益。

作者简介

Aram Cookson 是萨凡纳艺术与设计学院（Savannah College of Art and Design，SCAD）交互设计与游戏开发（Interactive Design and Game Development，IDGD）专业的教授。他拥有雕塑绘画艺术学士学位和计算机艺术硕士学位，在完成了硕士学位后，协助启动了 IDGD 专业项目，并担任了 9 年研究生协调员。在过去的 15 年里，Aram 开发并教授了一系列利用虚幻引擎技术的线下和线上游戏艺术和游戏设计课程。

Ryan DowlingSoka 是加拿大温哥华市的微软工作室联盟的战争机器工作室的一名技术美工。他主要负责团队中的内容功能，在虚幻引擎 4 中制作破坏物体、植被、视觉效果、后期处理和用户界面。之前，他曾在微软公司工作，用 Unity 5 为 Microsoft HoloLens 开发应用。Ryan 在各种娱乐软件创作方面是专家，包括 Maya、Houdini、Substance Designer、Photoshop、Nuke 和 After Effects。Ryan 拥有萨凡纳艺术与设计学院的视觉特效艺术学士学位。他对互动故事的激情源于 20 世纪 90 年代游戏机角色扮演游戏（《博德之门 2》和《异域镇魂曲》）。Ryan 专注于应用交互式技术来解决现代游戏中的难题。在制作视频游戏之外的业余时间，Ryan 喜欢在休闲的夜晚和妻子共舞。

Clinton Crumpler 目前是加拿大温哥华市的微软工作室联盟的一位高级环境美术师，之前是 Bethesda 的战神工作室 KIXEYE、Army Game Studio 和各种其他独立工作室的一名美术师。Clinton 主要关注的领域是环境美术、着色器开发和艺术指导。Clinton 与 Digital Tutors 合作发布了许多视频教程，主要关注虚幻引擎的游戏美术制作。他在佐治亚州萨凡纳市的萨凡纳艺术与设计学院获得了交互与游戏设计硕士学位和动画艺术学士学位。在到萨凡纳艺术与设计学院前，他已经获得了位于弗吉尼亚州法姆维尔市的朗沃德大学的平面设计艺术学士学位。关于他和他的美术作品的更多信息可以在其个人网站上找到。

致谢

致我的家人：感谢你们的理解和耐心，让我有时间写完本书。

致妈妈和爸爸：感谢你们为我买了第一台电脑。

致 Luis：感谢你对我的支持，你是一个超棒的部门主管。

致 Laura、Sheri、Olivia 及所有审稿人：谢谢你们的努力。

致 Epic Games：感谢你们持续开发了这么令人惊叹的技术和游戏。

——Aram

非常感谢 Samantha 容忍我把周末时间完全用在写作上，在这个过程中你的耐心和支持是无价的。

——Ryan

非常感谢我的好朋友 Brian 帮助我成为更好的作家，并协助我编辑作品，兄弟的支持让我信心倍增。

感谢 Amanda 和她的家人支持我们在跨国旅行中进行写作。我一直非常感激你们的理解与帮助。

——Clinton

献词

致 Tricia、Naia 和 Elle：我爱你们。——Aram

致 Bob 爷爷：感谢您对我的教育和职业生涯的不断支持。没有您的鼓励，就不会成就今天的我，我永远感激您。——Ryan

致 Amanda：感谢你在我写作本书期间，带我穿越沙漠。——Clinton

前言

虚幻引擎 4 是被许多专业游戏开发者和独立游戏开发者使用的一个强大的游戏引擎。当你首次使用像虚幻引擎这样的工具时，弄清楚该从哪里开始可能是一项艰巨的任务。本书为你提供了一个起点，介绍虚幻引擎 4 的界面、工作流以及许多编辑器和工具。本书将帮助你建立一个强大的基础，并且激发你进一步研究虚幻引擎和游戏设计的兴趣。每个章节都是为了让你快速掌握关键部分而设计的。

本书的目标读者

如果你想学习制作游戏、应用程序或交互体验，但是不知道从哪里开始，本书正好适合你。本书适合任何对虚幻引擎基础感兴趣的人。无论你在游戏开发领域是一个新手，或是一个爱好者，还是一个想要成为专家的人，都可以在这些章节中找到有用的内容。

本书的组织结构和内容

根据 Sams 的自学方法，本书共 24 章，学习每章大约需要 1 小时。

➢ **第 1 章** 虚幻引擎 4 简介。这一章将展示如何下载和安装虚幻引擎 4 并介绍编辑器界面，让你快速入门。

➢ **第 2 章** 理解 Gameplay 框架。这一章将介绍 Gameplay 框架的概念，这是虚幻引擎 4 中创建每个项目的关键组件。

➢ **第 3 章** 坐标系、变换、单位和组织。这一章将帮助你理解虚幻引擎 4 中的尺寸、控制和组织系统。

➢ **第 4 章** 使用静态网格 Actor。在这一章中，你将学习如何导入 3D 模型并使用静态网格编辑器。

➢ **第 5 章** 使用光照和渲染。在这一章中，你将学习如何在一个关卡中放置光源，以及如何改变它们的属性。

➢ **第 6 章** 使用材质。这一章将教你如何在虚幻引擎 4 中使用贴图和材质。

➢ **第 7 章** 使用音频系统元素。在这一章中，你将学习如何导入音频文件，创建 Sound Cue 资源并在关卡中放置 Ambient Sound Actor。

➢ **第 8 章** 创建地貌和植被。在这一章中，你将学会使用虚幻引擎 4 的地貌系统制作自己的地貌和如何使用植被系统。

➢ **第 9 章** 游戏世界搭建。在这一章中，你将应用前面几章中学到的知识来创建一个关卡。

➢ **第 10 章** 制作粒子效果。在这一章中，你将学习 Cascade 编辑器的基本控制，可以使用这个编辑器制作动态粒子效果。

➢ **第 11 章** 使用 Skeletal Mesh Actor。在这一章中，你将学习 Persona 编辑器以及给角色和生物带来生命所需要的不同资源类型。

➢ **第 12 章** Matinee 和影片。在这一章中，你将学习使用 Matinee 编辑器，制作摄像机和模型动画。

➢ **第 13 章** 学习使用物理系统。在这一章中，你将学习让 Actor 模拟物理对它们周围的世界作出响应，你也将学习如何约束它们。

➢ **第 14 章** 蓝图可视化脚本系统。这一章将介绍基本脚本概念，你将学习使用关卡蓝图编辑器。

➢ **第 15 章** 使用关卡蓝图。在这一章中，你将学习蓝图事件序列并创建一个响应玩家行为的碰撞事件。

➢ **第 16 章** 使用蓝图类。在这一章中，你将学习如何创建一个蓝图类，使用 Timeline 和一个简单的可拾取物品 Actor。

➢ **第 17 章** 使用可编辑变量和构造脚本。在这一章中，你将学习使用 Construction Script 和可编辑变量，制作可修改的 Actor。

➢ **第 18 章** 制作按键输入事件和生成 Actor。在这一章中，你将学习制作一个键盘输入事件，在游戏过程中生成一个 Actor。

➢ **第 19 章** 制作一个遭遇战。在这一章中，你将使用已有的 Game Mode 和蓝图类设计，并创建自己的第一人称或第三人称行为障碍游戏。

➢ **第 20 章** 创建一个街机射击游戏：输入系统和 Pawn。在这一章中，你将制作一个 20 世纪 90 年代的街机风格的宇宙射击游戏。你将学习输入系统和用户控制的被称为 Pawn 的 Actor。

➢ **第 21 章** 创建一个街机射击游戏：障碍物和可拾取物品。在这一章中，你将继续制作街机射击游戏，创建小行星障碍物和治疗可拾取物品，并且学习如何利用蓝图类继承。

➢ **第 22 章** 使用 UMG。在这一章中，你将学会使用 Unreal Motion Graphics UI Designer 并制作一个开始菜单。

➢ **第 23 章** 制作一个可执行文件。在这一章中，你将学习为将一个项目部署到其他设备上的快捷路径。

➢ **第 24 章** 使用移动设备。在这一章中，你将学习用于移动设备的优化指南和技术，以及一些利用触控和运动传感器的简单方法。

我们希望你喜欢本书并从中获益。祝你在使用虚幻引擎的路上一路顺风！

项目文件：若想要获得项目文件，请到异步社区网站与本书对应的页面下载。

目录

第 1 章

虚幻引擎 4 简介

你在这一章内能学到如下内容。

- ➤ 安装 Epic Games Launcher。
- ➤ 安装虚幻引擎。
- ➤ 新建一个项目。
- ➤ 使用虚幻引擎编辑器界面。

    欢迎使用虚幻引擎（Unreal Engine）！虚幻引擎 4（Unreal Engine 4，UE4）是由 Epic Games 开发的一个游戏引擎和编辑器，可以用来制作游戏和应用，涉及顶级的 AAA 级大作乃至独立移动游戏开发。虚幻引擎运行在 Windows 和 Mac 操作系统下，可以发布到 Windows、Mac、PlayStation 4、Xbox One、iOS、Android、HTML 和 Linux 环境下。简单地说，虚幻引擎是一个可以用于开发任何游戏或应用程序产品的编辑器集合体。

    在这一章内，你将学习下载和安装虚幻引擎，新建自己的第一个项目，并且开始熟悉编辑器界面。你将从注册一个账号、下载和安装 Epic Games Launcher 开始。从那里，你可以下载 UE4。一旦这些步骤完成后，你将新建第一个项目，学习浏览编辑器界面，在关卡中移动，试玩默认地图。

> **注意：虚幻引擎是免费的！**
>
> *By the Way*
>
>   没错，虚幻引擎 4 完全免费使用！你可以免费访问所有东西！为什么 Epic Games 允许它免费呢？因为你永远不知道下一个伟大的游戏或应用程序是从哪里冒出来的，所以直到你发布了游戏，开始赚钱了，才需要给 Epic 支付 5%的版税。当然，这些授权的细节是可以在 Epic 的官网上找到的。Epic 还有一个资源商城可以让你为自己的项目购买和下载内容。尽管你有能力从零开始，但是不必"重新发明轮子"，这样可以加速项目的产品化。

1.1 安装虚幻引擎

安装虚幻引擎可以分为简单的3步。

1．注册一个账号。

2．下载和安装 Epic Games Launcher。

3．下载虚幻引擎。

1.1.1 下载和安装启动器

启动器（Launcher）可以帮助你追踪已经安装的不同版本的虚幻引擎。通过它，你可以管理项目，访问免费案例项目，进入资源商城，并可以在资源商城购买用于项目的内容；它还可以为你更新社区新闻和在线学习资源及文档的链接。

By the Way

> **注意：操作系统和硬件要求**
>
> 为了有效地使用虚幻引擎，你需要拥有一个满足下列条件的 Windows 或 Mac 电脑。
>
> ➢ 操作系统：Windows 7、Windows 8（64位），或 Mac OS（X10.9.2）。
>
> ➢ CPU：4核 Intel 或 AMD，2.5GHz 以上。
>
> ➢ 显卡：Nvidia Geforce 470 GTX 或 AMD Radeon 6870 以上。
>
> ➢ 内存：8GB。

根据下列步骤下载和安装 Epic Games Launcher。

1．进入 Unreal Engine 官网，如图 1.1 所示。

图 1.1

Unreal Engine
官网

2．单击“获得虚幻引擎”按钮。

3．根据提示，注册一个账号。

4．根据你的操作系统选择 Windows 或 Mac 下载，下载安装文件到自己的下载文件夹（Windows 是.msi，Mac 是.dmg）。

5．运行安装文件，选择一个安装位置，根据提示操作。

提示：硬盘空间

　　游戏引擎会占用大量硬盘空间。当下载一个新版 UE4 时，它会被自动安装到和 Launcher 相同的位置。选择 Launcher 的安装位置要保证至少还剩余 20GB 的存储空间。当然第一次安装并不需要这么大的空间，随着下载案例内容或从资源商城购买的内容不断增加，空间的需求就会不断增加。幸运的是，你可以创建自己的项目，放到想放的位置去。

1.1.2　下载和安装虚幻引擎

　　一旦 Launcher 安装完成，你就可以通过 Launcher 下载和安装 UE4。UE4 比 Launcher 大多了，需要花点时间下载。因为 Epic 一直在改进这个软件，所以你会发现有很多个 UE4 版本。当你开始学习时，最好是下载最新版。

警告：预览版

　　Epic 经常发布最新版本的预览版进行 bug 测试。如果你是刚开始接触 UE4，最好下载最近的正式版本，而不是预览版。一旦发布了正式版，就可以将你的项目升级到最新版。

下面的步骤带你通过 Epic Games Launcher 下载和安装 UE4。

1．打开 Launcher，单击“工作”，如图 1.2 所示。

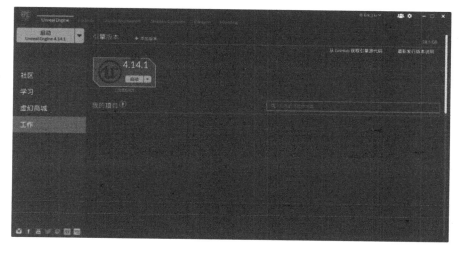

图 1.2

Launcher 工作标签页

2．进入引擎版本部分，单击“添加版本”添加一个新的版本槽。

3．到刚刚新建的版本槽，单击下拉箭头，选择想要的版本。

4．单击"安装"，Launcher 开始下载和安装 UE4。UE4 非常大，需要一些时间进行下载。

1.2　创建你的第一个项目

一旦 UE4 下载完成，就可以开始创建你的第一个项目了。当你第一次启动 UE4 时，它会打开项目浏览器。项目浏览器有一个项目标签页，为你展示所有正在做的项目和一个新建项目标签页，用于根据已有的通用游戏模式模板创建新项目。

进入第 2 章，读者可以进一步了解项目原型更深入的信息。

项目浏览器

当你从项目浏览器开始一个项目时，必须设置一些选项。首先你可以创建一个基于蓝图的项目或一个基于 C++ 的项目。本书内容仅仅关注基于蓝图的项目。你还需要选择目标硬件：桌面、游戏机或移动设备、平板电脑。同时你还可以为目标图像选择最高质量或者可缩放的3D 或 2D 类型。这些选项更改了项目的默认设置。最终，你需要决定是否需要带有面向初学者的内容。如果你选择了面向初学者的内容，你就有了一些可以使用的初始资源。

By the Way

> **注意：蓝图和 C++ 项目**
>
> 蓝图是为游戏项目添加脚本功能的可视化编程环境。基于 C++ 的项目让用户可以通过传统的方式编写功能代码。基于 C++ 的项目需要你安装一个编译器，例如 Visual Studio 2015。如果你从来都没有做过编程工作或者从来都没有用过 UE4，最好是在制作基于 C++ 的项目前熟悉一下编辑器和工作流。

Watch Out!

> **警告：项目大小**
>
> 当首次创建项目时，项目不会特别大，但是项目文件大小是根据内容数量和质量（如模型细节和贴图分辨率）逐渐增大的。UE4 会在你工作的时候生成自动保存文件和备份文件，这些文件也占据了存储空间，当出错时它们可以用于解决错误。

▼ 自我尝试

新建一个项目

你可以在具有足够硬盘空间的任何位置新建项目，而找到一个至少具有 2GB 剩余空间的位置很容易。图 1.3 展示了你的第一个项目需做的基本设置，根据下列步骤进行设置。

在 Launcher 中，单击"启动"。

1. 选择"新建项目"标签页。
2. 选择"蓝图"标签页。
3. 选择"FirstPerson"模板。
4. 选择目标硬件为"桌面/游戏机"。
5. 选择目标图形质量为"可缩放的 3D 或 2D"类型。
6. 选择"具有初学者"内容。
7. 找到一个至少还有 2GB 剩余空间的位置。
8. 为项目命名。
9. 单击"创建项目"。

图 1.3

用于创建你的第一个项目的设置

注意：修改项目设置

　　在创建项目后，可以修改项目设置，例如目标硬件和目标图像。项目设置完成后，这些内容可以在主菜单的编辑菜单下找到。

By the Way

1.3 学习界面

　　现在你已经安装了 UE4，并且创建了自己的第一个项目，是时候开始学习了。正如之前提到的，UE4 是一个可以用于游戏制作的不同种类的编辑器的集合。现在开始了解主界面的关键区域和如何在关卡中移动。主界面指的是关卡编辑器，主要用于游戏世界和关卡搭建以及资源放置。

编辑器主界面包含你需要熟悉的 7 个关键面板：菜单栏、模式面板、世界大纲面板、细节面板、内容浏览器面板、关卡编辑器工具栏和视口面板，如图 1.4 所示。接下来将展示每个面板并对它们进行说明。

图 1.4

UE4 编辑器默认主界面

注意：界面布局

编辑器界面布局是可修改的。你可以重新安排面板和窗口的位置改进工作流。在本书中，为了方便，所有界面元素都保留在它们的默认位置，但是当你成为一个熟练的用户后，你可能更想重排它们的位置以便高效地工作。

1.3.1 菜单栏

菜单栏和许多其他软件一样，由文件、编辑、窗口和帮助菜单组成。文件菜单包含加载和保存项目及关卡的操作。编辑菜单包括标准的复制粘贴操作，以及编辑器设置和项目设置。窗口菜单用于打开视口和其他面板。如果关闭了一个窗口或面板，可以到窗口菜单中再次打开。帮助菜单包含外部资源的链接，如在线文档和教程。

1.3.2 模式面板

模式面板显示关卡编辑器的各种编辑模式，如图 1.5 所示。通过它可以使用某些 Actor 和几何体类型的编辑界面。

提示：什么是 Actor

学习任何软件的关键是学习它的界面、工作流和术语。虚幻引擎中有大量术语需要学习，你将在本书中看到它们。术语 Actor 指的是任何被放进关卡的资源。例如，在内容浏览器面板中的一个 3D 模型是一个 Static Mesh（静态网格体）资源。但是一旦这个 Static Mesh 资源的一个实例被放入一个关卡中，这个实例指的将是一个 Static Mesh Actor。

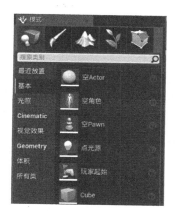

图 1.5

模式面板

　　模式面板由用于关卡编辑器的不同工具模式组成，用于改变编辑器的主要功能。在这里，你可以进行一些特定的操作，如放置新资源到虚拟世界、雕刻地景、创建几何体画刷和 Volume、生成植被或在模型网格上绘制。表 1.1 列出了编辑器模式及相关效果。

表 1.1　　　　　　　　　　　　　　　编辑模式

操　　作	效　　果
放置模式	用于在场景中放置 Actor
绘制模式	用于在 Static Mesh Actor 上绘制顶点颜色数据
地景模式	用于编辑地景地形 Actor
植被模式	用于在关卡中绘制实例化植被 Actor
几何体编辑模式	用于在点线面级别编辑 Geometry 画刷 Actor

1.3.3　世界大纲面板

　　世界大纲面板以树状视图显示所有放置在当前关卡中的 Actor，如图 1.6 所示。你可以通过在世界大纲面板中单击 Actor 的名称来选中它，它的属性就会显示在细节面板中。如果你双击一个 Actor 的名称，视口将聚焦到这个资源上。

图 1.6

世界大纲面板

1.3.4 细节面板

细节面板是你在 UE4 中经常使用的区域之一。几乎每个子编辑器都有一个细节面板。细节面板显示视口中选中的 Actor 的所有可编辑属性。属性出现的内容取决于所选中的 Actor 的类型，但是对于大多数 Actor 都可以找到一些通用属性，如图 1.7 所示。典型的属性包括 Actor 的名称，用于平移、旋转和缩放 Actor 的变换编辑框，以及渲染显示属性。

By the Way

> **注意：选择 Actor**
>
> 选中一个 Actor，在视口中或在世界大纲面板中单击该 Actor，这个 Actor 将高亮显示，它的基本属性会出现在细节面板中。可以同时一次选中多个 Actor。
>
> ➢ 在视口和世界大纲面板中，按 Ctrl 键或 Shift 键，为当前选择添加或移除多个 Actor。
>
> ➢ 仅在视口中，按 Ctrl+Alt+单击，拖曳围绕多个 Actor 创建一个边界框来选择这些 Actor。

图 1.7

主编辑器细节面板

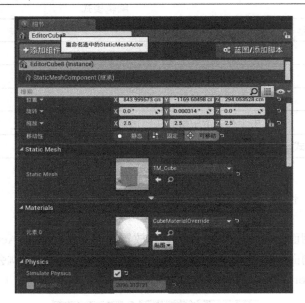

1.3.5 内容浏览器面板

内容浏览器面板是用于在项目中管理资源的主要区域，如图 1.8 所示。你可以使用这个浏览器进行与内容相关的常规任务，如创建、查看、修改、导入和组织资源。内容浏览器还可以管理文件夹和在资源上执行基本操作，如查看引用、移动、复制和重命名。内容浏览器面板还有一个搜索栏和筛选标签可以快速定位资源。

我们可以将内容浏览器面板看作一个资源的无限玩具箱。当需要资源的时候，你都可以从玩具箱拉出资源的一个实例（副本），放到一个关卡中。一旦一个实例被放入关卡中，它便指的是一个 Actor。一个放置了 Actor 的初始实例是内容浏览器面板中的原始资源的一个准确的副本。一旦你放置了一个 Actor，就可以单独在细节面板中修改它。在内容浏览器左侧是源面板，显示了内容文件夹层次。源面板可以通过单击左侧添加新项按钮下方的图标来展开或合并。在内容浏览器的右侧是资源管理区域，在源面板中显示所选文件夹中的资源。

图 1.8

内容浏览器面板，左侧是源视图，右侧是资源管理区域

提示：文件夹组织

项目复杂性会快速增加，所以文件组织是维持一个有效的工作环境的关键。好的方法是通过类型在不同的文件夹中组织资源内容，你可以通过文件夹嵌套获得更好的组织性和灵活性。

1.3.6 视口面板

视口是创建虚拟世界的窗口。你可以使用视口面板在当前关卡中移动。视口面板有许多不同的模式、布局和设置，所有这些都可以帮助你创建、编辑和管理关卡，如图 1.9 所示。

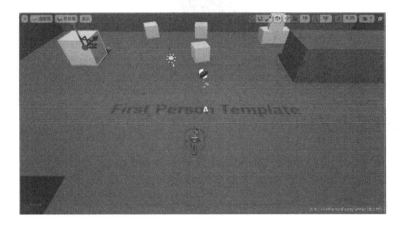

图 1.9

视口面板

视口面板布局

默认情况下，视口面板显示一个单面板的透视视图，但是你可以通过单击视口的下拉菜单，选择布局，选择需要的格式，将其改变为双面板、三面板或四面板布局，如图 1.10 所示。你可以在视口面板中把每个面板改变为不同的视图模式。

视口类型

存在两个基本视口类型：透视和正交，如图 1.11 所示。透视视口以消失点的形式显示 3D 世界，正交视口以 2D 纲要视图形式显示世界。透视视图将是你的主要工作环境，但是正交视图可以完美地在场景中调整 Actor。

图 1.10

视口面板布局选项

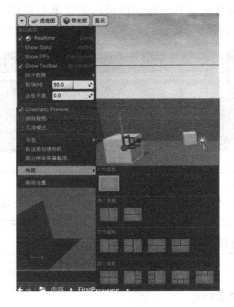

图 1.11

视口视图类型设置

1.4 视图模式和可视化工具

视图模式如图 1.12 所示，它可以根据视图类型改变视口中虚拟世界的外观效果，它们可以提供关卡状态的重要反馈信息。表 1.2 列出了常见的视图模式。

图 1.12

视图模式

表 1.2 常见的视图模式

模 式	效 果
带光照	显示应用了材质和光照的场景的最终结果
不带光照	从场景中移除所有光照，显示来自材质的基础颜色
线框	显示场景中 Actor 的所有多边形的边
细节光照	在整个场景中显示中性材质，使用法线贴图
仅光照	显示无法线信息且仅被光照影响的中性材质

> **注意：可视化**
>
> 有超过 13 种不同的视图模式以及其他可视化工具可以使用，你可以使用它们获得关卡的反馈信息和调试排错。

1.4.1　显示标签

就像视图模式一样，显示标签打开后会直接在关卡视口中显示相关信息，例如显示 Actor 的碰撞壳或边界框。

1.4.2　透视视口在关卡中导航

现在已经对主界面的每个关键区域有了基本理解，你需要熟练使用视口在关卡中移动。表 1.3 和表 1.4 列出了与视口在关卡中移动相关的控制。

表 1.3 视口移动控制

控 制		操 作
透视视口	单击+拖曳	前后移动和左右旋转视口摄像机
	右键单击+拖曳	无前后移动，旋转视口摄像机
	单击+右键单击+拖曳	上下移动视口摄像机
正交视图（顶、前、侧）	单击+拖曳	创建一个选取框
	右键单击+拖曳	左右平移正交视图
	单击+右键单击+拖曳	放大和缩小正交视图

> **注意：视口导航**
>
> 不像在 3D 建模软件中，总是聚焦和围绕着单个资源旋转，Unreal Engine 视口移动控制适用于庞大的游戏关卡，因此能够在很大的区域内快速移动是关键。

表 1.4 环绕、缩放和追踪视口控制

控　　制	操　　作
F	按 F 键将视口摄像机聚焦到视口中选中的 Actor 上
Alt+左键+拖曳	围绕单个轴心点或感兴趣的点翻滚视口
Alt+右键单击+拖曳	向单个轴心点或感兴趣的缩放摄像机视图
Alt+中键+拖曳	在光标移动的方向，上下左右移动摄像机

Did you Know?

提示：游戏风格导航

当你在透视视口中时，按下鼠标右键后可以使用 W、A、S、D 键在关卡中移动，就像在典型的第一人称射击游戏中一样。

1.4.3　关卡编辑器工具栏

关卡编辑器工具栏提供了快速访问常用工具和操作的方法，例如保存当前关卡，为静态 Actor 构建与计算光照，改变编辑器显示属性，测试当前关卡。图 1.13 显示了关卡编辑器工具栏。

图 1.13

关卡编辑器工具栏

1.5　试玩关卡

当在创建一个新项目时，已经为你准备好了一个默认关卡，它也是在编辑器中打开项目时看到的第一个东西。试玩关卡时，玩家使用输入系统在游戏中交互。试玩关卡有一些不同的模式，如图 1.14 所示。现在，可以试一下在关卡编辑器中播放（PIE）模式：选中的视口和新建编辑器窗口。你可以单击播放图标或图标右侧的下拉箭头试玩关卡，选择其中一个播放模式。

图 1.14

试玩模式

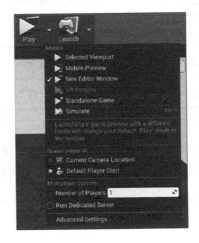

> **提示：试玩关卡**
>
> 你使用的最后一个试玩模式将自动成为关卡编辑器工具栏上的默认试玩模式。如果你想要使用一个与默认模式不同的模式，单击"播放"下拉菜单，选择另一个试玩模式。

1.6 小结

在这一章中，你下载并安装了 UE4，熟悉了主界面的关键区域，创建了自己的第一个项目，学习了如何在一个视口中在关卡中移动和试玩关卡。你越熟悉这些任务，你的学习情况将会越好。

1.7 问&答

问：Epic Games Launcher 的作用是什么？

答：Epic Games Launcher 让你可以管理项目，访问资源商城购买内容，保持 UE4 为最新版本。

问：UE4 被安装到了哪里？

答：UE4 被安装到与 Launcher 相同的位置。

问：我应该将项目保存到哪里？

答：你应该将项目保持到有足够剩余空间而且容易找到的一个硬盘位置。

1.8 讨论

现在，我们完成了这一章的学习，检查一下你是否能回答下列问题。

1.8.1 提问

1．真或假：模式面板让你可以在不同编辑模式之间切换。
2．如果你想要将视口聚焦到一个选中的 Actor 上，你应该使用哪个按键或按键组合？
3．真或假：任何被放入关卡中的资源被看作是一个 Actor。
4．你使用_____进行管理项目和创建新项目。
5．真或假：主界面布局是完全可修改的。
6．真或假：PIE 是 Play in Editor 的缩写。

1.8.2 回答

1．真。模式面板让你可以在放置 Actor、创建地形和创建植被之间切换。

2．F 键被用于聚焦视口到当前选中的 Actor 上。

3．真。无论是什么类型，一旦一个资源被放入了关卡中，它就是源资源的一个实例，被看作是一个 Actor。

4．项目浏览器。你可以同一时间在许多项目中工作。项目浏览器让你可以在项目之间切换。

5．真。如果你单击并拖曳一个面板的标题栏，就可以移动这个面板到界面中的不同位置。

6．真。PIE 是 Play in Editor 的缩写。你可以在一个独立的窗口或选中的窗口中预览关卡。

1.9　练习

你需要独立完成，花点时间熟悉 UE4 的界面。练习创建一个新关卡，在这个关卡中放置 Actor，然后保存这个关卡。这些非常简单，但是属于基本技能，你对这些基础越适应，当你进一步使用虚幻引擎工作时就越成功。

1．通过单击"文件>新建关卡"或按 Ctrl+N 组合键来新建一个默认关卡。

2．为了放置一个点光源 Actor，在模式面板中进入放置标签页。

3．在关卡中放置一个静态网格物体。你可以在内容浏览器的 StarterContent 文件夹中找到这类资源。

4．为了保存你的关卡，在内容浏览器中右键单击 Content 文件夹，选择新建文件夹，并命名刚刚新建的文件夹为 Maps。

5．通过选择"文件>保存"在刚刚新建的 Maps 文件夹中保存你的关卡。

第 2 章

理解 Gameplay 框架

你在这一章内能学到如下内容。

> ➢ 下载和设置一个内容案例项目。

> ➢ 导入资源。

> ➢ 从一个项目向另外一个项目合并内容。

> ➢ 介绍 Gameplay 框架。

UE4 是一个深度而且丰富的应用程序，它可以用于制作从 2D 独立游戏到 AAA 大作乃至交互应用程序、建筑可视化和 VR 体验的任何内容。UE4 可以为 PC、游戏机、移动设备以及基于网络的 HTML 等平台制作内容。UE4 编辑器背后有许多复杂的开发过程并将这些过程包装进一个易用的开发环境中。和其他应用程序一样，UE4 存在一个学习曲线。这一章将为你介绍一些术语，对一个具体的项目进行剖析，并介绍 UE4 的基本 Gameplay 框架。

2.1 可用的资源

Epic Games 做的最伟大的事情之一就是发布了 UE4，它的编辑器提供了高质量的在线文档和项目案例。在 Epic Games Launcher 中有一个社区部分提供了新闻、亮点的项目以及论坛、博客和引擎开发路线图的链接。学习部分还提供了在线文档、视频教程和说明各种功能的案例项目的链接。对于项目部分有一些分类，如引擎亮点功能示范、常见 Gameplay 概念、完整游戏项目案例和由 Unreal 社区及 Epic 合作伙伴贡献的案例项目。一旦熟悉了 UE4 的界面和工作流程，学习的最佳方法之一就是解构已有的项目。

▼ 自我尝试

下载内容示例项目

为了能快速了解 UE4 强大的功能，开始进入 Epic Games Launcher 的学习部分。在引擎功能示范分类中找到内容示例项目，使用案例内容下载并设置一个项目。

1. 在 Epic Games Launcher 中，进入学习标签页。

2. 在引擎功能示例中找到内容示例项目，单击打开它。

3. 在"下载"按钮旁边，确认版本号是否对应你安装的引擎版本号，确认后单击"下载"，开始下载这个大约 2GB 的项目。一旦内容示例项目被安装了，它会被显示在 Launcher 中的工作标签页的保管库中。

4. 在 Launcher 中，到工作标签页找到保管库。然后单击 ContentExamples 下的创建工程。

5. 给这个项目命名或保持默认。

6. 选择你的硬盘上的一个位置或保持默认位置。

7. 验证/选择与你下载的引擎版本匹配的版本。

8. 单击"创建"。经过几秒，Launcher 就创建了一个包含这个功能内容示例的新项目。

9. 在编辑器中打开这个项目。在我的项目下方，双击刚刚创建的项目。

10. 一旦这个项目在编辑器中加载完成，选择文件>打开关卡。

11. 选择任何要打开的关卡，然后双击它，或选中它并单击打开。

12. 一旦打开了这个关卡，通过单击主编辑器工具栏上的播放按钮即可预览这个关卡。

13. 继续打开和预览更多你想看的关卡，并与这个项目所演示的所有功能进行交互。

▲

2.1.1　在编辑器中播放

在编辑器中播放（Play in Editor，PIE）指的是一系列不用编译或打包内容就可以试玩关卡的选项。PIE 预览选项可以在关卡编辑器的主工具栏的播放按钮下找到，如图 2.1 所示。如果你单击了关卡编辑器工具栏中播放按钮右侧的下拉三角，就可以看到许多用来预览关卡的选项。默认情况下，UE4 使用选中的视口选项，当你测试功能时就很方便在有些时候，可能需要在目标平台的分辨率或屏幕纵横比下预览关卡。

选择新建编辑器窗口选项改变预览播放图标，在一个新的窗口中加载关卡的预览。在预览选项的底部是高级设置，你可以通过它打开编辑器偏好设置。然后在屏幕的右侧 Play in New Window 下方的下拉列表设置窗口的分辨率，还可以设置窗口的位置，默认情况下被设置为（0，0），表示显示器的左上角。如果你想让新的编辑器预览窗口被显示在显示器的中心位置，可以启用总把窗口放置于屏幕的中心选项框。

图 2.1

在编辑器偏好设置中的 Play in Editor（PIE）选项

2.1.2　项目文件夹结构

如果你是第一次通过 Epic Games Launcher 从零开始创建一个基于蓝图的项目，需要为这个项目指定一个存储位置并命名。然后编辑器会复制一系列默认文件夹和文件到你的项目文件夹中。在复制完成后，查看项目文件夹，你会找到 Config、Content、Intermediate 和 Saved 文件夹，以及一个.uproject 文件。

➢ Config：这个文件夹包含存储默认编辑器和项目设置及偏好选项的默认.ini 文件。

➢ Content：这个文件夹包含项目中的所有资源，包括从外部导入的和直接在编辑器中创建的。

➢ Intermediate：这个文件夹存储这个项目的工作.ini 设置和偏好文件，以及一个 CachedAssetRegistry.bin 文件。

➢ Saved：这个文件夹包含编辑器自动保存的文件和备份文件，一个用于在内容浏览器中组织资源到资源集合中的 Collections 文件夹，用于目标平台的项目 Config 设置，编辑器日志文件，和你可以在 Launcher 中看到的项目缩略图.png 文件。

随着你在一个项目上的工作不断地进行，更多文件和文件夹会加入进来。

▼ 自我尝试

创建一个不带初学者内容的空项目

为了熟悉一个典型的项目目录结构，自己可以尝试创建一个不带初学者内容的空项目。

1. 在 Launcher 中的工作标签下，打开第 1 章中安装的引擎，单击版本号下面的启动按钮。

2．在 Unreal 项目浏览器中，选择新建项目标签页。

3．在蓝图下面，选择空白模板。

4．确保选中桌面/游戏机选项。

5．确保图像级别被设置为你的硬件所支持的质量级别。

6．确保没有初学者内容被选中。

7．为这个项目选择一个存储位置。

8．为这个项目命名为 MyHour02。当命名一个项目时，不要在名称中使用空格。

9．单击创建项目。一旦这个项目完成创建，它会自动打开。

10．保存到硬盘并最小化这个项目。

▲

　　如果你查看了所有的文件夹，就会看到一些文件已经被创建了，例如配置文件。任何后缀名为.ini 的文件都是配置文件———一个存储编辑器、引擎和游戏偏好设置的文本文件。无论何时你在编辑器中对项目或编辑器的偏好设置作出了修改，这些文件都会被修改和更新。

> **By the Way**
>
> **注意：编辑器偏好设置和项目设置**
> 你可以在关卡编辑器菜单栏的编辑菜单中找到编辑器设置和项目设置。

Content 文件夹

　　Content 文件夹是编辑器存储所有导入的资源以及为项目合并内容的地方，如图 2.2 所示。在这个文件夹中，你可以找到两种文件类型：.uasset 和.umap。一旦你导入了一个外部资源，它将会被保存为一个.uasset 文件，并存储在项目中的 Content 文件夹下。每次创建一个地图并保存时，UE4 会创建一个.umap 文件，并存储在 Content 文件夹中。当你在编辑器中使用内容浏览器时，可以看到 Content 文件夹的目录结构。

图 2.2

左侧是项目的 Content 文件夹，右侧是内容浏览器的源面板

导入内容

UE4 为了导入内容，支持各种文件类型。表 2.1 展示了其中一些常见文件类型及它们关联的是哪种资源类型。

表 2.1   可以被导入编辑器的常见外部文件类型

资 源 类 型	文件扩展名
3D 模型、带绑定的骨架网格物体、动画数据	.fbx，.obj
纹理和图像	.bmp，.jpeg，.pcx，.png，.psd，.tga，.hdr
字体	.otf，.ttf
音频	.wav
视频和多媒体	.wmv
PhysX	.apb，.apx
其他	.csv

> **提示：识别文件类型**
>
> 操作系统默认情况下会隐藏文件扩展名。当你在一个包含大量内容的项目中工作时，很难明确哪个文件是什么类型的。在操作系统上，开启显示文件扩展名的选项可以帮助你快速识别要查找的文件类型。

Did you Know?

存在几种将内容带入引擎的方法。例如，你可以导入在一个外部编辑器中制作的内容，例如 3ds Max 或 Maya 中制作的模型、Photoshop 中制作的贴图、Audacity 中制作的音频。

有两种方法可以将外部应用程序中制作的新内容导入。一种方法是就像下面的 TRY IT YOURSELF 中介绍的使用内容浏览器。另一种方法是到你的操作系统的文件管理器中，选中想要导入的文件，拖曳到内容浏览器的资源管理区域，如图 2.3 所示。

图 2.3
左侧是内容浏览器的源面板，右侧是资源管理区域

▼ 自我尝试

在内容浏览器中创建一个文件夹并导入外部资源

导入资源是最频繁使用的操作之一。在这个自我尝试中，你将学会导入一个资源到一个项目中的常见方法。

1．打开你在前面自我尝试中创建的 MyHour02 项目。

2．单击绿色的"添加新项"按钮下方的显示或隐藏源码面板图标，在内容浏览器中显示源面板。

3．在内容浏览器的源面板中，右键单击 Content 文件夹，选择新建文件夹，命名新建的文件夹为 MyAssets。

4．在内容浏览器的源面板中选中 MyAssets 文件夹，在资源管理区域右键单击，选择"导入资源>导入到"，之后资源对话框弹出。

5．在资源对话框中，找到本书官网，下载 Hour_02 文件夹，在其中的 Raw Assets 文件夹中选择其中一个文件，然后单击打开。这个文件将被添加到 Content 文件夹中。

6．右键单击这个资源的缩略图，单击"保存"，将这个刚刚导入的资源保存好。

▲

Did you Know?

提示：资源图标

在内容浏览器中的资源图标让你可以预览大部分资源，所以就不需要打开它们了。如果你将光标悬停到一个图标上，可以看到关于这个资源的一些信息。例如，在一个资源的图标的左下角的一个小星号告诉你这个资源有没有被保存。当第一次导入一个资源或以一些方式修改资源时，这个星号都会出现。让你知道有需要保存的更改，如果你管理了编辑器而没有保存导入的或修改过的资源，你将丢失那个资源或者所作的修改。按 Ctrl+S 组合键保存所有资源，或右键单击一个资源选择保存。

从一个已有的项目合并内容

另一种添加内容到项目中的方法是从一个已有的项目合并。每个项目都有它自己的 Content 文件夹，存储这个项目的所有资源。合并让你可以从一个项目向另外一个项目移动资源。当合并资源时，你还需要移动，同时保持文件夹结构。

▼ 自我尝试

合并内容

根据下列步骤从一个项目向另外一个项目合并内容。

1．打开你在这一章开头使用的 Content Examples 项目。

2．在内容浏览器的源面板中，选择"Content"（在目录的顶部）。

3．在资源管理区域的搜索栏左侧，单击过滤器，勾选粒子系统。你现在可以在资源管理区域看到这个项目中的所有粒子系统。

4．Ctrl+单击选择你想要合并到项目中的一些粒子系统。

5．在你选中 3 个或 4 个粒子系统后，右键单击其中一个高亮的粒子系统，选择"资源操作>合并"，如图 2.4 所示。

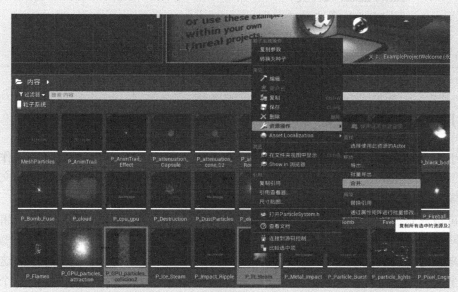

图 2.4

内容浏览器合并操作

6．在资源报告窗口中，不仅显示了这些粒子系统，还包含了它们的依赖，请单击"确定"。

7．为了找到你想要复制资源进去的项目的 Content 文件夹，在浏览文件夹窗口中，找到 MyHour02 项目的 Content 文件夹，并选中这个文件夹，单击"确定"。

注意：内容浏览器筛选器

By the Way

在项目中的内容越多，你就越难找到自己想要找的东西，这就是文件夹组织和命名规则很重要的原因。在内容浏览器的资源视图顶部有一个搜索栏和筛选器工具，这些工具都与源面板中选中的文件夹关联——也就是说，只会显示当前选中的文件夹及其子文件夹中的内容。例如你在顶部选中 Content 文件夹，搜索栏和筛选器工具将应用到 Content 文件夹及其所有子文件夹上。

其他资源类型

许多资源并不是被导入的，而是直接在编辑器中创建的（例如蓝图类、粒子系统和摄像机动画数据）。通过接下来 22 章的学习，你将学会如何添加和创建这些资源类型。

> **提示：为你的项目创建一个原始资源文件夹**
>
> 　　当你在一个大团队大项目上工作时，需要使用一些项目管理软件来保持组织性。当你第一次着手做的时候，在项目的根目录添加一个文件夹来保持追踪原始文件，可以保证很长时间内在编辑器外的外部内容的组织性。
>
> 　　下面是在导入内容到项目前，常见外部资源具有组织性的案例目录结构。
>
> ➢ Raw Assets 文件夹。
> - Models 子文件夹。
> - Audio 子文件夹。
> - Textures 子文件夹。

2.2　资源引用和引用查看器

　　你可能想要手动移动.uasset 文件或者从一个项目向另外一个项目复制。尽管这样的操作在技术上可行，但是由于依赖性问题，不推荐这样做。你应该在内容浏览器中更改位置和文件夹结构，这样编辑器会自动更新依赖。

　　引用查看器可以显示一个资源的依赖，如图 2.5 所示。例如，如果在静态网格物体编辑器中给一个静态网格物体分配了材质，这个静态网格物体就需要知道这个材质在内容浏览器中的位置。反过来，这个材质需要知道它依赖的贴图所在的位置。如果在内容浏览器中将这个材质移动到一个新文件夹中，编辑器会自动更新静态网格物体的资源引用。为了查看一个资源的资源引用，在内容浏览器中右键单击它，选择"引用>引用查看器"。

图 2.5

引用查看器，显示
M_Chair 材质资源
的依赖

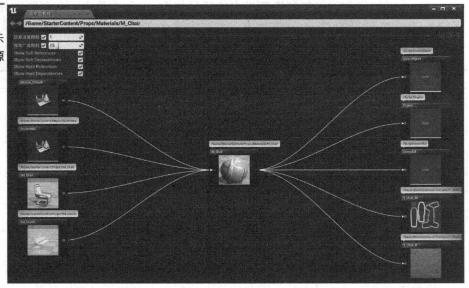

Saved 文件夹包含了 4 个子文件夹：AutoSaves、Backup、Config 和 Logs。编辑器使用 AutoSaves 和 Backup 文件夹为你打开或修改的任何东西创建备份文件和临时工作文件。如果编辑器崩溃了，你可以使用这些文件转危为安。但是它们还会随着你的工作增加项目的大小，所以可能需要定期清空这些文件夹来减小项目大小。Config 文件夹包含用于存储项目设置的.ini 文件。

2.3　Gameplay 框架

Gameplay 框架是一个 C++或蓝图类集，它们管理着每个项目中游戏的规则、用户的输入和化身、摄像机、以及玩家的 HUD。

注意：不仅仅是游戏

By the Way

不要让术语愚弄了你。UE4 最初是用来做游戏的，就有了许多与游戏相关的术语，后来也被用来制作许多不同类型的应用程序。例如，一个 3D 美工可以制作一个在专辑网站上显示 3D 模型的模型查看器。

2.3.1　GameMode 类

在 Gameplay 框架中，GameMode 类用于设置游戏的规则和存储所有其他用来定义游戏核心功能的类。例如，GameMode 是一个用来编写第一人称射击游戏的重生系统或赛车游戏计时器的好东西。下面是在 Gameplay 框架中被分配到 GameMode 的一些类。

➢ DefaultPawn 类。

➢ HUD 类。

➢ PlayerController 类。

➢ Spectator 类。

➢ ReplaySpectator 类。

➢ PlayerState 类。

➢ GameState 类。

在一个 GameMode 及其依赖被创建后，你可以将这个 GameMode 分配给这个项目或项目中的每个独立关卡。许多项目包含两个或 3 个 GameMode，但是当然只有 1 个可以被分配为默认 GameMode。你可以在项目设置的"地图&模式>Default Modes"下设置默认 GameMode。一旦某个 GameMode 被设置为默认的，它将会是游戏中每个关卡使用的 GameMode，除非这个关卡在编辑器的"世界设置"中的 Game Mode Override 属性中覆盖了默认的 GameMode。

2.3.2 Controller 类

一个 Controller 类在游戏中控制一个 pawn。PlayerController 类利用玩家的输入来命令玩家的 Pawn。有两种基本 Controller 类型：PlayerController 和 AIController。PlayerController 管理玩家的输入，通过占有游戏中的 pawn 来控制这个 pawn。玩家输入可以是从键盘和鼠标或游戏控制器到触摸屏，又或是一个 Xbox Kinect 等任何东西。PlayerController 类也是开启光标，显示和设置游戏如何响应鼠标单击时间的地方。游戏中的每个人类玩家可以被分配一个 PlayerController 类。例如，每当一个玩家加入一个多人游戏，一个 PlayerController 类的实例会被创建在 GameMode 类中，成为游戏会话的其他部分，并被分配给这个玩家。PlayerController 在游戏世界中没有可见的物体表示。

2.3.3 Pawn 和 Character 类

在虚幻引擎中，术语 Pawn 指的是玩家的化身。Pawn 类接收来自 PlayerController 类的输入，然后使用这些输入来命令玩家在游戏世界中的物理代表。它有时像在关卡中表现玩家的位置一样基础，有时又像使用一个带有碰撞壳的动画骨架网格物体在游戏世界中移动一样复杂。有几个类可以分配在 GameMode 的 DefaultPawn 属性上，例如 Pawn 类、Character 类和 Vehicle 类。Pawn 类是用于创建各种 Pawn 类型的通用类，而 Character 类和 Vehicle 类可以用于处理特殊情况，但也是大多数游戏中能发现的常见类。因为 Pawn 采用来自 Controller 类的指令，所以 Pawn 可以被 PlayerController 或 AIController 控制。

2.3.4 HUD 类

HUD 类用来绘制 2D 界面内容到玩家屏幕上并创建游戏内平视显示（Head Up Display，HUD），一个游戏的整个 HUD 系统可以编写在 HUD 类中。Epic 也提供了一个被称为 Unreal Motion Graphics（UMG）的编辑器，它是一个用来制作复杂界面和 HUD 的工具集和类集（详见"第 22 章"）。

Epic 为常见游戏类型提供了一些已经有 GameMode 的项目模板。一般来说，每次你创建一个新项目都可以选择一个 GameMode 模板。

▼ **自我尝试**

添加一个 GameMode 到项目

在这一章开始的时候，你创建了一个空白项目，现在练习将 GameMode 作为一个额外功能包添加到该项目。根据下列步骤添加一个 GameMode 到空白的 MyHour02 项目。

1. 打开你在之前的自我尝试中创建的 MyHour02 项目。

2. 在内容浏览器中，单击源面板上方的"添加新项"按钮。

3．在顶部弹出的窗口中，选择添加功能或内容包。这将打开"添加内容到该项目"窗口，如图 2.6 所示。

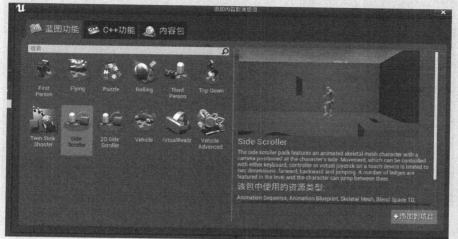

4．在蓝图功能标签页中，选择"Side Scroller"，单击绿色的"+"按钮，将它添加到你的项目中。

5．在内容包标签页中，选择"StarterContent"，单击绿色的"+"按钮，将它添加到你的项目中。

6．关闭"添加内容到该项目"窗口。

在内容浏览器中，你将看到一些新文件夹被添加到项目中。进入 SideScrollerBP/Maps 文件夹，双击"SideScrollerExampleMap"关卡，打开它。通过单击关卡编辑器工具栏中的播放按钮预览这个关卡。然而，如果你打开任何随 Stater Content 添加进来的关卡，它们将使用不同的 Game Mode。进入 StarterContent/Maps 文件夹，打开"Minimal_Default"关卡并预览它，你可以看到 Side Scroller Game mode 并没有起作用，此时你需要修改这个项目的默认 GameMode。

自我尝试

给项目设置默认 GameMode

根据下列步骤为你的项目设置默认 GameMode。

1．打开你在之前的自我尝试中创建的 MyHour02 项目。

2．在内容浏览器中，单击源面板上方的"添加新项"按钮。

3．在关卡编辑器菜单栏选择"编辑>项目设置"。

4．在项目设置窗口的左侧 Project 下方，选择"地图&模式"，如图 2.7 所示。

图 2.7

项目设置

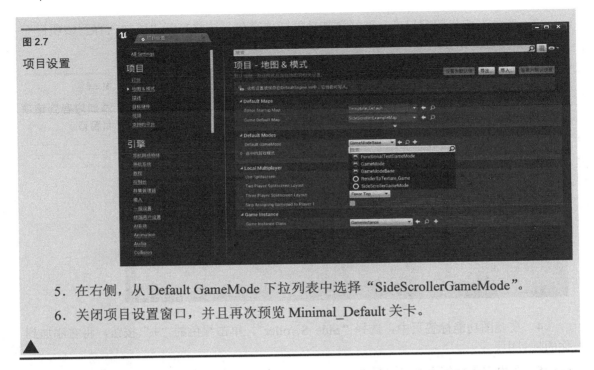

5．在右侧，从 Default GameMode 下拉列表中选择"SideScrollerGameMode"。

6．关闭项目设置窗口，并且再次预览 Minimal_Default 关卡。

你也可以使用编辑器中的"世界设置"标签页中的 GameMode Override 属性，并选择任何添加到这个项目中的 GameMode 给个别关卡分配单独的 GameMode。

2.4　小结

在这一章内，你学习了导入资源，从一个项目到另外一个项目合并内容，以及添加各种功能给一个已有的项目。你还接触到了一些和 GameMode 相关的概念，并学习了如何为一个项目设置默认 GameMode。

2.5　问&答

问：我是否需要为自己创建的每个关卡分配一个 GameMode？

答：不需要。你仅仅需要给项目中的其他需要不同 GameMode 的关卡分配 GameMode。当一个 GameMode 在项目设置中被设置时，游戏中的所有关卡都将使用那个 GameMode。

问：当我合并内容时，编辑器问我是否想要覆盖已有的内容。

答：当你合并内容时，一些资源和其他资源具有相同的依赖，如果它们在不同时间被合并时，编辑器会警告你一些原来的资源将被覆盖，这会破坏第一次合并的资源的依赖。你必须在合并完资源后手动修复这些依赖。

问：什么是.ini 文件？

答：一个.ini 文件是用来为编辑器和项目存储偏好选项和设置的简单文本文件。.ini 文件可以被文本编辑器打开和编辑，但是这是没必要的，因为它们是通过 UE4 编辑器被管理的。

2.6 讨论

现在你完成了这一章，检查一下你是否能回答下列问题。

2.6.1 提问

1. 真或假：从一个项目向另一个项目移动内容的最佳办法是复制.uasset 文件。
2. 真或假：当一个资源被导入或修改后，你不需要在内容浏览器中保存它。
3. 真或假：引用查看器让你可以看到一个资源对其他资源的依赖。

2.6.2 回答

1. 假。从一个项目向另一个项目移动内容的正确方法是合并它。
2. 假。当你第一次导入一个资源或修改一个已有的资源时，你需要保存它。
3. 真。引用查看器让你可以可视化查看一个资源的依赖。

2.7 练习

创建一个空白项目并且导入外部资源。添加两个 GameMode 模板和 Mobile Starter Content，其中一个作为默认 GameMode，另一个分配给一个关卡。

1. 创建一个空白项目。
2. 从内容浏览器中添加 Third Person Game Mode。
3. 从内容浏览器中添加 Flying Game Mode。
4. 从内容浏览器中添加 Mobile Starter Content。
5. 在内容浏览器中，创建一个名为 MyContent 的文件夹，导入来自本书的 Hour_02 文件夹中的外部内容。
6. 分配 Third Person Game Mode 作为这个项目的默认 GameMode。
7. 创建一个新关卡，并且在编辑器的"世界设置"标签的关卡属性中设置 GameMode Override 为 FlyingGameMode。

第3章

坐标系、变换、单位和组织

你在这一章内能学到如下内容。

> ➤ 笛卡儿坐标系和它与 UE4 变换的关系。

> ➤ 缩放、平移和旋转操作。

> ➤ 用于 Actor 的网格系统和测量系统。

> ➤ 场景组织与结构。

> ➤ Actor 组合、分层和附加。

在这一章中，你将学习使用坐标系和变换，以及理解如何使用网格在 3D 空间中创建内容。这一章介绍被用于在编辑器中控制个别 Actor 的类型变换。然后，着眼于如何控制这些变换，以及什么工具可以将它们的使用最大化。接着，你将练习网格系统和测量系统让多个软件包的信息正确转变到 UE4 中。最后，你将练习一些用于 UE4 的组织系统以保持项目的整洁和可读性。

3.1　理解笛卡儿坐标系

理解任何类型的 3D 内容创作都需要理解三维坐标系的使用——笛卡儿坐标系。笛卡儿坐标系是一个计算系统，通过它可以在一个给定区域或空间中获得信息或点。如果你在学校里面已经学过了几何或微积分课程，那可能已经用到了笛卡儿坐标系。当将一个点放在一个 2D 平面上时，如图 3.1 所示。你必须取得两个数字，一个用于 X 轴，一个用于 Y 轴。那么你就可以简单地找到这个点在哪里，并且在那个空间中找到预期的坐标或位置。这个过程在 3D 空间中恰好是相同的，不同的是用 3 个轴来定义点出现在哪里，不再是仅仅使用两个数字。3D 平面使用 X、Y 和 Z 坐标，每个字母对应着一条轴，Z 表示上和下，Y 表示左和右，X 表示前和后。所有 3D 图像都可以通过相对于单个点以给定值描绘出来。通过使用一行这样的插值点，可以将这些点连接起来创建一个形状或体。还可以将这些点用于操纵和移动来描绘一个物体在 3D 空间中的放置和缩放。

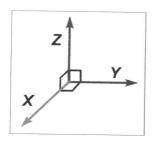

图 3.1

在一个 3D 坐标系中每个方向有一个相关的字母：X、Y 或 Z

3.2 使用变换

接下来的部分将着眼于如何通过 UE4 编辑器中的变换工具进行平移、缩放和旋转。

3.2.1 变换工具

在 UE4 中有一组变换工具用于在 3D 空间中操纵或变换，有 3 种变换类型，如图 3.2 所示。

➢ 平移。

➢ 缩放。

➢ 旋转。

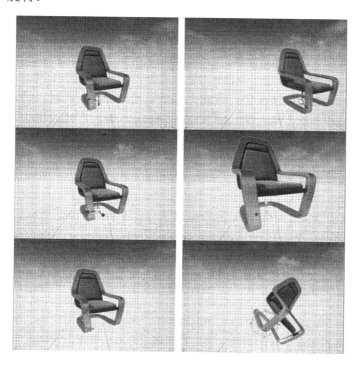

图 3.2

表示每种变换类型的变换控件。从顶部开始，你可以看到用于平移、缩放和旋转的变换及它们对应的控件外观

3.2.2 平移变换

平移变换是 UE4 中最常用的变换工具之一。这个工具可以让你在 3D 空间中从一个位置向另一个位置移动一个 Actor。

你已经知道了一个场景中的 Actor 在 X、Y 和 Z 轴上有一个指定位置。对于每个 Actor 的坐标位置是基于当它最初被放入 UE4 中时的轴心点或原点。为了在场景中移动 Actor，你需要选中想要移动的 Actor，然后选择平移变换工具或按"W"键。然后通过在想要移动的方向的箭头上单击鼠标，移动指针拖曳，可在任何方向上移动这个 Actor。另外，通过在轴心点处的有色方块上左键单击和在两个方向上拖曳鼠标，就可以同时在两个方向上移动了。UE4 对于每个方向轴都有上颜色，让这个工具更加易用。

➢ X=红色

➢ Y=绿色

➢ Z=蓝色

By the Way

> **注意：颜色关系**
>
> 注意不仅在变换控件工具中，颜色与坐标相关，而且在许多细节面板和右键菜单中也是这样的。例如，在细节面板中手动变换选项也有对应的颜色组合。

3.2.3 缩放变换

缩放可以非统一地在 X、Y 或 Z 轴方向上或者统一一次性地在所有轴方向上放大或缩小一个 Actor 的尺寸。当直接从内容浏览器中将一个 Actor 放入一个场景中时，在所有轴上的缩放值为 1。为了改变缩放，首先选中这个 Actor，然后选择"缩放变换"工具或按"R"键。通过在任何有向缩放手柄上移动，可以在任何方向上缩放这个 Actor。同时，通过选中中间的白色方块，可以一次性在每一个方向上统一缩放这个 Actor。最后，通过选中两个缩放轴之间的块，可以一次缩放两个轴。

3.2.4 旋转变换

旋转是在游戏世界中操纵 Actor 的最后一种变换类型。在 UE4 中旋转的处理和其他 3D 程序一样：使用旋转角度。360°表示旋转一周，旋转一周可以出现在 X、Y 和 Z 任何一个轴上。每个轴相对于旋转有一个专用的术语。

➢ Pitch：X。

➢ Yaw：Y。

➢ Roll：Z。

旋转角度对齐工具位于其他变换对齐工具旁边。通过单击旋转工具，可以启用和关闭对齐和设置对齐角度。例如，你可以设置一个 Actor 的旋转和对齐为每 5°旋转或每 30°旋转。

当使用模块集控制特殊测量旋转时特别有帮助。

提示：使用交互式变换工具

你可以按空格键在所有这些变换工具之间循环。

Did you Know?

3.2.5 交互式变换和手动变换

变换可以通过两种方法完成：交互式变换和手动变换。

交互式变换是通过使用移动、旋转和缩放变换工具在世界空间控件中实现低精度改变。这个术语指的是在编辑器中用于控制这些操作的工具。使用这些工具可以在世界控件中自由操纵 Actor 直接得到可视化的确认结果，而不必使用数字值。

另外，手动变换是在细节面板中为一个 Actor 使用特殊值或数集进行的。这个过程是这两种方法中更加精确的，也是当需要精确改变时必须要使用的方法。

3.2.6 世界变换和本地变换

你可以使用两种变换坐标系为 Actor 作出额外的改变：世界变换和本地变换。

世界变换坐标系使用于整个游戏世界，可以理解为上就是上，下就是下，前就是前，等等。这意味着无论一个 Actor 被如何扭曲、转向或改变，都遵循着这些世界坐标系的规则。

反过来对于本地坐标系也是这样的，它是 Actor 特殊规则设置者。当一个 Actor 首次被放入一个场景中时，它实际上和世界坐标系是相同的，但是如果你将这个 Actor 向右旋转 15° 会发生什么？在本地坐标系中，这个 Actor 将遵循新规则，所有变换都是相对于这个 15° 的改变的。

3.3 评估单位和测量

理解单位和测量比例有助于建立游戏世界的风格、环境和连续性。默认情况下，1 虚幻单位（uu）等于 1 厘米（cm），这是需要注意的一个重要细节，你应该将它用于设计和游戏的方方面面，来获得正确的环境、角色、特效等。通过默认设置，一个典型的玩家在游戏世界中是 6 英尺高，它约等于 180cm 或 180uu。改变这个默认值以适应项目的需求，但是无论默认值是什么，都可以使用它作为一个基础值来为所有其他 Actor 的尺寸建立环境。

如果已知一个角色为 180uu 高，可以假设他或她使用的门应该是 220uu 高和 130uu 宽，这样这个角色在探索关卡时就可以穿过这个门。还可以推断出一个正确外观的窗户应该是 180uu 高和 110uu 宽。其他 Actor 的尺寸将遵循这个设定，得到理想的相对尺寸。这样的尺寸关系有助于建立所有 Actor 之间的连续性，并确保关卡设计对于游戏功能的正常性。一些重要的 Actor 尺寸在开始建造前就可以决定了，如楼梯、窗户、门、天花板、墙壁和坡道。在你开始建造 Actor 前知道这些结构的常规尺寸，可以减少后续开发中出现的问题，并且避免因为尺寸错误必须完全重新制作 Actor。

最后，尽管这些规则确实对设计关卡有帮助，但是不必害怕在设计上的创新。理解缩放和比例的规则可以帮助你更好地打破这些规则，通过夸张的形状和尺度创造情节或故事的趣味性。你需要知道这些规则是如何用于保持持续性和可玩性的，但是你可以自由地创新来满足项目需求。

3.3.1　网格单位

你可以在 UE4 中参考网格来移动 Actor。UE4 的网格是一种地图的给定值或比例的切片类型。使用一个网格让你可以为 3D 空间化使用数字测量和建立真实世界环境。在一个网格上的每个空间等于一个数集或值集，如图 3.3 所示。网格是一直存在的，尽管有些时候它不可见。只要任何对齐选项被开启，UE4 对每次移动、旋转或缩放使用网格测量都会开关可视化网格。

图 3.3

网格在 UE4 中是一直存在的，对于游戏世界搭建是非常重要的

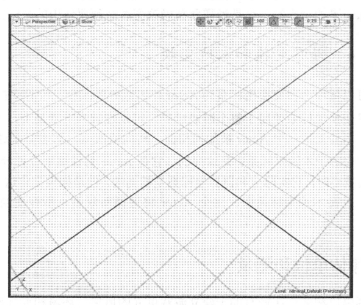

在 UE4 中，每个网格空间默认为 5 的倍数，所以可以简单地将网格上的空间加起来得到一个 Actor 的尺寸。如果将一个 Actor 放置到一个使用 100 作为网格分段尺寸的网格上，而这个 Actor 为 3 网格单位长，那么整个 Actor 的尺寸就等于 300。视口顶部右侧网格图标旁边的这个工具被用于改变网格尺寸，如图 3.3 所示。当你单击当前网格的值时，会出现一个下拉菜单，列出了可选用的网格单位尺寸。

3.3.2　对齐到网格

对于对齐 Actor 到特殊坐标或单位度量，使用网格就会显得特别重要。在游戏 Actor 创建中，网格系统是创建可重用和模块化 Actor 的关键。目前有 3 种变换对齐类型：移动、旋转和缩放（见图 3.4）。每个网格系统在视口顶部相应的变换类型旁边有它自己的独特标量参数或对齐尺寸设置（见图 3.4）。

➢ 平移网格：平移网格使用 5 的倍数，直接与之前说的 UE4 网格一致。

➢ 旋转网格：旋转移动基于 5 的倍数度数，使用最常见的旋转角度：5°、10°、15°、30°、45°、60°、90° 和 120°。还有第二个菜单列出了 360° 的细分，从 2.812° 开始，上升到 5.625°、11.25° 和 22.5°。

➢ 缩放网格：缩放比例一半一半地下降，从 10 开始，下降到 1、0.5、0.25、0.125 等。

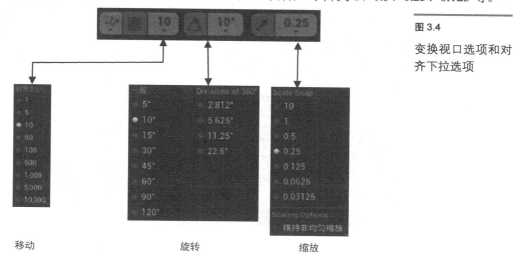

图 3.4

变换视口选项和对齐下拉选项

移动　　　　　　　　　　　旋转　　　　　　　　　缩放

通过选择相应的图标旁边的数字值为一个网格类型调整比例值，下拉列表提供了多个用于选择的基值。同时，你可以通过单击用于变换的图标开启或关闭每个对齐。当对齐激活时，这个符号橙色高亮，被禁用时是灰色的。符号是禁用状态时，你可以不受数量值约束，通过相应的变换方法操纵 Actor。

注意：自定义对齐设置

　　通过选择"编辑器偏好设置>关卡编辑器>视口"，然后从 Grid Snapping 里面选择相应的设置。

By the Way

3.4　组织场景

在一个项目上工作时，使用的 Actor 数量可能会在短时间内大幅增长。因此，无论你是独自工作还是在一个团队内工作，组织场景是确保每个成员理解项目布局和 Actor 层次的关键。同样重要的是，在一个场景或关卡中的 Actor 可以被容易而且有效地找到。接下来的部分将讨论 UE4 中帮助你在开发一个项目时保持组织性的一些东西。

3.4.1　世界大纲视图

UE4 中用于有效组织 Actor 的主要工具是世界大纲视图。你可以使用世界大纲视图将一个场景的所有方面组织到一个易读的菜单中，如图 3.5 所示。默认情况下，打开一个项目时，它出现在屏幕的右上角，也可以通过主菜单栏打开世界大纲视图，单击"窗口>世界大纲视图"。世界大纲视图中每个 Actor 都被标记为它的名称或标签，例如用户给它命名的名称或放入场景后它被给予的名称。Actor 的类型，例如 Static Mesh 或 Light。另外，在每个 Actor 旁边还有一个图标来帮助说明它的类型。

图 3.5

默认情况下世界大纲视图位于屏幕的右上角

世界大纲视图的一个最重要的功能是它让你可以找到场景中的 Actor。场景中的所有 Actor 被列出，并可以通过这个面板顶部的搜索栏搜索。你可以使用这个搜索栏在整个场景中搜索或查找场景中某个类型的 Actor。你也可以通过在关键字搜索前添加一个"-"字符从搜索中排除单词。例如，你制作了一个包含两个区域的地图，将地面 Actor 命名为 area1_ground 或 area2_ground。如果想要查找一个带有单词 ground 的 Actor，但是想搜索所有不带 area1 的 ground Actor，只需要在搜索栏中输入 ground-area1。结果将是所有包含单词 ground 但是不包含单词 area1 的 Actor。

3.4.2 文件夹

世界大纲视图可以像电脑上的文件浏览器一样组织，在文件夹中有独立的文件和文件组合，那些文件夹可以被组织和嵌套。这个系统被用于许多数字组织系统来保持一致性、易用性和有效性。你可以在这类系统中很容易地制作和组织文件夹。在世界大纲视图面板右上角有一个小图标，其形状是一个文件夹上面有个加号。在世界大纲视图中单击这个图标，来添加一个新文件夹并命名。

▼ **自我尝试**

创建一个新文件夹并移动 Actor

这个自我尝试让你可以练习创建文件夹和在文件夹里面移动 Actor。在打开虚幻编辑器的情况下，执行下列步骤。

1. 找到世界大纲视图。

2. 在右上角单击创建一个新文件夹的图标。

3. 命名新文件夹。

4. 进入视口，在关卡中单击一个 Actor 选中它。注意你在场景中选中的 Actor 现在在世界大纲视图中高亮显示。

5. 回到世界大纲视图，在世界大纲视图里面单击并拖曳这个 Actor 的名称到刚刚创建的新文件夹里。

▲

> **注意：创建新文件夹** By the Way
>
> 如果已经在世界大纲视图中选中了一个 Actor，并创建了一个新文件夹，这个 Actor 就会被自动放进那个新文件夹中。

正如图 3.6 所示，世界大纲视图中每个文件夹旁边都有一个眼睛图标。通过单击这个图标你可以切换 Actor 在场景中是否显示。当制作一个场景时，想要快速隐藏某些 Actor 或文件夹中的 Actor 组，这是非常有帮助的。例如，你可能想要隐藏所有光源，移动 Actor，避免选中和移动错误的 Actor。

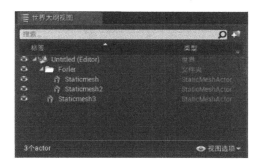

图 3.6

带有文件夹的世界大纲视图。注意那个包含 Staticmesh 和 Staticmesh2 的文件夹，但是 Staticmesh3 在文件夹外

3.4.3 组合

组合是另外一种快速组织项目场景的方法。组合和使用文件夹相似，它可以将一些选中的 Actor 转换为在世界大纲视图中一个独立放置的 Actor。你可以在一个场景中组合 Actor，选中一个 Actor 的同时按"Ctrl"键单击想要加入组合的其他 Actor。然后可以右键单击任何选中的 Actor，在右键菜单中选择组。也可以使用 Ctrl+G 组合键来将选中的 Actor 组合起来。

通过将一系列 Actor 组合起来，可以一次全部平移、缩放和旋转它们。当应用平移、缩放或旋转给一组 Actor 时，记住变换是应用给这个组合中所有 Actor 的中心的。如果将一个场景中距离很远的 Actor 组合到一起时，记住这一点非常重要。

> **注意：组合 Actor** By the Way
>
> 一个 Actor 一次仅可以从属于一个组合，这意味着你无法将一个 Actor 组合放进一个以上的组合中。

一些选项让你可以改变一个组合的设置。每个组合都可以被解锁和锁定。默认情况下，所有组合在创建时就被锁定了，这意味着它的所有部件作为一个单元进行变换。为了操纵一个组合中的每个部件，右键单击这个组合打开右键菜单，选择"组>解锁"。当组合处于解锁状态时，可以单独操纵组合中的 Actor。当完成更改后，可以通过右键单击这个组合中的任何 Actor 选择"组>锁定"再次锁定这个组合。这将再次重置 Actor 的约束作为另一个 Actor 组合。

3.4.4 图层

保证项目的组织性的另一种方法是图层系统。在 UE4 中，图层系统和 Maya 或 Max 中的相似。为了访问图层面板，在主菜单栏单击"窗口>图层"。在这个面板中，可以控制场景的什么部分被组织进图层，可以被开启和关闭。当在图层面板中右键单击时，出现一些可用的选项，如新建图层，用于创建一个新图层，如图 3.7 所示。

你可以通过两种方法添加一个场景中的 Actor 到图层。一个方法是在世界大纲视图中单击 Actor 的名称，然后单击并拖曳它们到图层面板的相应图层上。另一个方法是选中所有想要加入某个图层的 Actor，然后在图层面板中的那个图层上右键单击，在右键菜单中选择"Add Selected Actors to Selected Layer"。也可以从图层移除之前添加的 Actor，右键单击一个 Actor，并在右键菜单中选择"Remove Selected Actors from Layers"。

图 3.7

图层面板

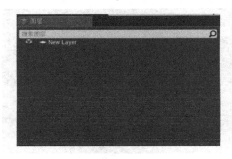

为了选中一个图层中的所有 Actor，右键单击那个图层，在右键菜单中选择"Select Actors"。这是一个强大的方法，可以一次性选中场景中所有相似的 Actor。例如，通过使用图层，将一个场景中的所有光源放入一个图层中，所有静态网格物体放入一个图层中，将所有后期处理效果和粒子效果放入一个图层中。你可以在世界大纲视图中像控制 Actor 一样控制图层，使用图层旁边的眼睛图标开启和关闭图层。

By the Way

注意：组合和图层之间的不同

组合和图层之间有一些不同点，但是最大的不同点是将同一个 Actor 放入多个图层。而一个 Actor 同一时间只能存在于一个组合中，那个 Actor 同一时间可以在多个图层中。这个不同点可以最大化 Actor 配对以及选择的灵活性。

3.5 附加

附加 Actor 到另一个 Actor 可以在它们之间建立父子关系。一旦两个 Actor 被附加，如图

3.8 所示，一个将变成父级，另一个变成子级。子级 Actor 的变换是相对于它的父级 Actor 而言的。这意味着当移动、缩放或旋转父级 Actor 的时候，子级 Actor 将跟随。但是，改变子级 Actor 的变换不会影响它的父级 Actor。一个父级 Actor 可以被附加任意数量的子级 Actor，但是一个子级 Actor 只能有一个父级 Actor。为了将一个 Actor 附加到另一个 Actor 上，在世界大纲视图中选中想要作为子级的 Actor，单击它的名称并拖曳它到想要作为父级的 Actor 的名称上。为了打破附属关系，在世界大纲视图中单击并拖曳子级 Actor 回到它的父级 Actor 的名称上。

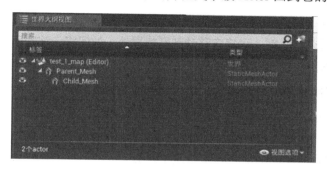

图 3.8

世界大纲视图中显示附加的静态网格 Actor

因为在默认情况下 Actor 的位置、旋转和缩放变换都被设为是相对的，子级 Actor 相对于父级 Actor 作出变换。你可以改变变换的类型，单独让位置、旋转和缩放从相对变换类型改为世界变换类型。例如，可能有时候想让一个子级 Actor 跟随它的父级 Actor 的位置，但是不包含它的旋转或缩放。为此，位置需要被设置为相对类型，但是旋转和缩放需要被设置为世界类型。为了改变子级 Actor 的位置、旋转、缩放的变换类型，选中这个 Actor，在细节面板中的变换下方，单击位置、旋转或缩放旁边的三角形，选择变换类型，如图 3.9 所示。

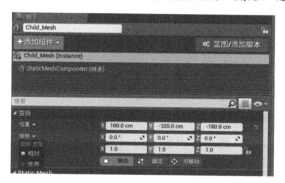

图 3.9

细节面板中显示旋转类型属性

3.6　小结

在这一章中，你学习了使用变换工具来操纵和修改场景中 Actor 的状态。你还研究了如何控制这些变换以获得最大的灵活性。你现在理解了如何修改默认设置来满足项目的需要。这一章中，你学习了在 UE4 的场景中操纵 Actor 时使用网格系统和对齐提升效率并保持精确移动和测量。最后，你学到了在开发中使用图层和组合组织 Actor。通过使用这些工具，你可以在 UE4 中使用坐标系、变换、单位和组织的时候信心倍增。

3.7 问&答

问：**我是否可以使用旧的虚幻度量系统，也就是使用 2、4、8、16、32、64 等，就像在 UDK 里面用的一样？**

答：是的，你可以使用这个系统，在主菜单栏选择"编辑>编辑器偏好设置>Grid Snapping"，开启"Use Power of Two Snap Size"。

问：**在使用网格移动一个 Actor 时，我将它移动到网格界外，如何将它移动回网格界内？**

答：右键单击被移动出网格的 Actor，在右键菜单中选择"变换>对齐/排列>对齐原点到网格"。

问：**当我在世界大纲视图中找到一个 Actor 后，如何在场景中找到它？**

答：在世界大纲视图中选中这个 Actor，在主场景面板（视口）中，只需要按 F 键就可以聚焦到这个 Actor 上了。

问：**当一个组合中只包含一个 Actor 的时候会发生什么？**

答：它会自动变回单个 Actor 而不是一个组合。

3.8 讨论

现在你完成了这一章的学习，检查是否能回答下列问题。

3.8.1 提问

1．UE4 中有哪 3 种变换工具？

2．1uu 等于真实世界中的多少？

3．如果你关闭了网格视图，Actor 是否仍然会沿着网格移动？

4．你是否可以将一个新的光源添加到一个之前就存在的图册中？

5．已经存在于一个组合中的 Actor 是否可以被选中，以及是否可以从这个组合中移除？

3.8.2 回答

1．目前有移动、旋转和缩放 3 种变换工具。

2．1uu 等于 1cm。

3．是的，即使网格关闭，这个 Actor 仍然将沿着网格对齐移动。

4．是的，你可以将一个新光源添加到一个图层，通过选中它，右键单击并选择"Add Selected Actors to Selected Layer"完成。

5．是的，首先右键单击这个组合，选择"解锁"，然后选择组合中不想要的 Actor。删除这个 Actor，然后重新锁定这个组合。

3.9 练习

为了进行这次练习，你需要打开编辑器，并对控制 Actor 的数字参数作出一些更改。然后组合那个 Actor，将它放到一个不同的图层中，控制它的可见性。理解这些控制对于在编辑器中控制 Actor 的所有变换具有通用性。同时，理解如何通过组合和图层组合 Actor 以获得项目的组织性和结构的最大控制。

1. 将任何 Actor 放入关卡中。

2. 在 X 轴缩放这个物体为 $\dfrac{1}{15}$。

3. 向右旋转这个 Actor 25°。

4. 在 Y 轴上移动这个 Actor 12uu。

5. 在 Z 轴上移动这个 Actor 140uu。

6. 将第二个 Actor 放入关卡中。

7. 组合这两个 Actor。

8. 解锁组合，选中第二个 Actor，删除它。

9. 移动剩余的 Actor 到一个新图层中。

10. 命名这个图层为 Newtestlayer。

第 4 章

使用静态网格 Actor

你在这一章内能学到如下内容。

> 开始熟悉静态网格编辑器。

> 导入 3D 模型文件。

> 分配材质和碰撞壳给静态网格资源。

> 放置静态网格 Actor。

> 改变静态网格 Actor 的网格模型和材质引用。

> 设置静态网格 Actor 的碰撞响应。

静态网格物体是在 UE4 工作中遇到的最常见的美术资源和 Actor 类型。静态网格物体指的是从 3ds Max 或 Maya 导入的 3D 模型。它们主要被用于设置装饰和游戏世界搭建。对于你制作的每个关卡都需要静态网格物体。在这一章中，你自己将熟悉导入 3D 模型，使用静态网格物体编辑器，编辑碰撞壳，学习使用静态网格资源和 Actor 的关键要素，并给静态网格资源和 Actor 分配材质。

By the Way

> **注意：第 4 章的项目配置**
> 　　创建一个第三人称模板并且带有初学者内容的新项目。

4.1 静态网格资源

静态网格资源存储着用于定义一个模型的可视化外观及多细节层次（Levels of Detail，LODs）的轴心点（本地坐标系轴）、顶点、边和多边形面。静态网格资源还存储着碰撞壳、插槽，以及用于材质、纹理和光照贴图的 UV 布局。对使用和理解静态网格资源和 Actor 的特性越充分，在后续章节学习一些其他概念时就越容易。

> **注意：多细节层次（LODs）**
>
> LODs 是一个网格模型的不同多边形面数的简化版本。一个网格模型距离摄像机越远，显示这个模型所需要的多边形细节就越少。这是在游戏过程中保证高帧率渲染的有效技术。

By the Way

4.2　静态网格物体编辑器

静态网格物体编辑器让你可以为存储在内容浏览器中的静态网格资源编辑、修改和设置基本属性。静态网格物体编辑器由一个菜单栏、一个开启和关闭显示元素的工具栏、一个查看网格模型的视口、一个用于编辑和修改网格模型属性的细节面板、一个用于添加和编辑插槽的插槽管理器以及一个用于创建独特的碰撞壳的凸分解面板组成，如图 4.1 所示。

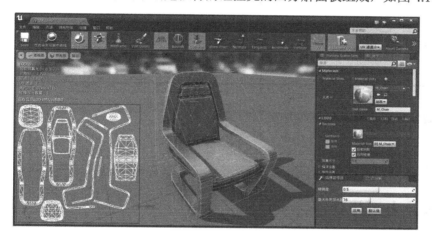

图 4.1

静态网格物体编辑器界面

4.2.1　打开静态网格物体编辑器窗口

为了在静态网格物体编辑器中查看一个静态网格物体，在内容浏览器中双击这个静态网格资源，然后静态网格物体编辑器就会在一个新窗口中打开。你双击的每个静态网格资源都会打开它自己的静态网格物体编辑器窗口。

▼ **自我尝试**

使用静态网格物体编辑器查看一个静态网格资源

使用下列步骤为一个已有的静态网格资源打开静态网格物体编辑器。

1. 在 Launcher 中，打开你在"第 1 章"中创建的项目。

2. 在内容浏览器中，找到 StarterContent 文件夹。如果你还没有在第 1 章中为项目添加初学者内容，单击绿色的添加新项按钮，选择添加功能或内容包。在弹出的窗口中，选择内容包标签页，单击高亮的 StarterContent，单击添加到项目。

3．在 StarterContent 文件夹中，找到 Props 文件夹，如图 4.2 所示。

图 4.2

在内容浏览器中找到一个静态网格资源。左侧面板：源视图。右侧面板：资源管理区域

4．在资源管理区域中（内容浏览器中的右侧面板），双击任何静态网格资源将它在静态网格物体编辑器中打开。

5．练习在静态网格物体编辑器中的视口中移动，在工具栏上开启和关闭显示选项。

By the Way

> **注意：使用静态网格物体编辑器的视口**
>
> 　静态网格物体编辑器窗口的使用方法和主编辑器视口相同。按 F 键可以聚焦视图到网格模型上，Alt+单击+拖曳可以环绕这个网格模型。

4.2.2　导入静态网格资源

两种文件类型经常被用于导入 3D 模型到编辑器中：.obj 和.fbx。当你导入任意一种文件类型时，将打开一个 FBX 导入选项窗口，它提供了大量选项。如果对使用 3D 模型不是很有经验，现在要关注的选项有 Auto Generate Collision（自动生成碰撞）、Import Materials（导入材质）和 Import Textures（导入贴图），这 3 个选项默认是被选中的。在导入时自动生成碰撞壳和光照贴图 UVs 可以提高速度，也可以在静态网格物体编辑器中编辑和修改碰撞壳和光照贴图 UVs。

▼ 自我尝试

导入一个静态网格资源

现在你已经知道了如何为一个静态网格资源打开静态网格资源编辑器了，根据下列步骤将一个新的静态网格资源导入一个项目。

1．打开第 1 章中创建的项目。

2. 进入内容浏览器，找到一个文件夹或新建一个文件夹用来存储这个静态网格资源。

3. 在 Content 文件夹的资源管理视图中右键单击，选择导入，或单击内容浏览器顶部的导航栏中的导入按钮。

4. 在出现的导入对话框中，从 Hour_04 Models 文件夹中找到用于 Archway 资源的.obj 或.fbx 文件，并双击这个文件，或选中这个文件并单击打开。（你也可以通过直接将这个文件拖曳到内容浏览器的资源视图上以跳过这个步骤。）在这个文件被选中并打开后，FBX 导入选项窗口显示出来。

5. 在出现的 FBX 导入选项窗口中，按照图 4.3 所示进行设置。

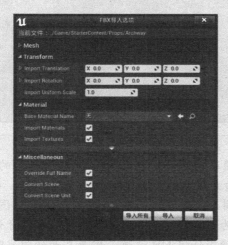

图 4.3

FBX 导入选项窗口

6. 单击导入。

7. 一旦这个模型被成功导入，最好马上保存它。在内容浏览器中，右键单击这个资源的缩略图，从右键菜单中选择保存。

▲

提示：轴心点

当你导入一个网格资源时，这个静态网格资源的轴心点是由模型在 3D 建模软件中相对于世界坐标系的位置决定的——不是模型自己的本地坐标系轴。在 FBX 导入选项窗口中，在 Transform 下方，通过编辑 position、rotation 和 scale 值改变这个网格模型相对于轴心点的相对位置。

Did you Know?

4.3 查看 UV 布局

在一个材质可以被正确显示在模型的表面之前，它需要一个 UV 贴图布局，也被称为 UV 通道。如果一个网格模型已经在 3D 建模软件中正确建立，它应该已经至少拥有了一个 UV 通道。静态网格资源可以包含多个 UV 通道，通常至少有一个用于一个材质的 UV 通道（UV 通道 0）和一个用于光照贴图数据的 UV 通道（UV 通道 1）。为了查看一个静态网格资源的

UV 通道，单击工具栏上的 UV 按钮以开启和关闭 UV 通道的显示。当前 UV 通道被显示在视口中。你可以通过在工具栏的下拉列表中选择一个通道切换显示各个 UV 通道，如图 4.4 所示。

图 4.4

在静态网格物体编辑器视口中显示的网格的 UV 通道

> **By the Way**
>
> **注意：光照贴图 UV 通道**
>
> 　　光照贴图 UV 通道被用于存储一个网格模型表面上的光照和阴影信息。在导入时，编辑器为光照贴图自动生成了一个 UV 通道，也可以在导入后使用静态网格物体编辑器的细节面板选项创建一个光照贴图 UV 通道。默认光照贴图的 UV 通道为 1，因为 UV 通道的序号是从 0 开始的。尽管在技术上可以为光照贴图使用任何 UV 通道，但是在开始学习时还是最好使用默认设置。

▼ 自我尝试

分配材质给一个静态网格物体

根据下列步骤分配材质给一个静态网格物体。

1. 在静态网格物体编辑器中打开一个静态网格资源。

2. 选择"细节"面板，找到 LOD0。

3. 在元素 0 中，单击材质缩略图右侧的下拉箭头，从列表中选择一个材质。你也可以从内容浏览器中拖曳一个材质到这个缩略图上改变分配的材质。

4. 在静态网格物体编辑器的工具栏中单击 Save，保存对静态网格资源作出的更改。

▲

4.4　碰撞壳

　　一个碰撞壳是围绕着网格模型的一个简单原型形状，被用于识别碰撞事件。当两个 Actor

的碰撞壳相互碰撞、接触或重叠时会出现一个碰撞事件。

4.4.1 查看碰撞壳

通过单击静态网格物体编辑器工具栏中的 Collision 图标，你可以在静态网格物体编辑器中查看碰撞壳，如图 4.5 所示。

图 4.5

静态网格物体编辑器工具栏显示 Collision 开启

然后可以通过单击碰撞壳的任何线框边与它交互。你可以按空格键循环切换变换 Gizmo 移动、旋转和缩放这个壳体，如图 4.6 所示。也可以通过按 Delete 键删除选中的碰撞壳。

图 4.6

移动、缩放和旋转 Gizmo。X 轴为红色，Y轴为绿色，Z 轴为蓝色

4.4.2 编辑碰撞壳

在导入时自动生成碰撞可以节省时间，但是根据模型资源的形状，自动生成不可能一直是最好的解决方案。在图 4.7 中，你可以看到围绕在整个 Archway 网格模型上的自动生成的碰撞壳。这个碰撞壳将阻挡 Actor 从这个网格模型穿过，但是它也会阻挡角色从 Archway 下方走过。在这种情况下，需要修改碰撞壳。

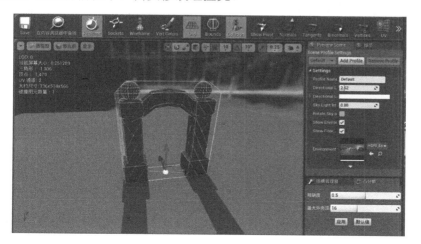

图 4.7

一个自动生成的碰撞壳

By the Way

> **注意：简化碰撞**
>
> 你可以添加多个碰撞壳给一个静态网格资源。为了添加碰撞壳，需要在菜单栏中选择碰撞，然后选择想要添加的碰撞。想加多少个就加多少次。如果需要移除一个碰撞壳，只需要在视口中选中它，然后按"Delete"键。如果想要从视口中移除所有碰撞壳，选择"碰撞>Remove Collision"。

▼ 自我尝试

使用碰撞壳

现在是练习编辑碰撞壳的最好时机。尝试编辑在 Hour_04 文件夹中找到的 Archway 资源。

1．在静态网格物体编辑器中打开 Archway 模型。（可以使用内容浏览器中前面导入的资源或复制之前导入的资源，或者导入一个新的模型。）

2．选择"碰撞>Remove Collision"。

3．选择"碰撞>Add Box Simplified Conllision"，如图 4.8 所示。

4．在视口中选中碰撞壳，按空格键在移动、缩放和旋转之间切换，根据需要将这个简单盒形碰撞壳放到 Archway 顶部。

图 4.8

从静态网格物体编辑器菜单栏选择"碰撞 >Add Box Simplified Conllision"

5．重复步骤 3 和步骤 4 两次，为 Archway 的两个柱子添加碰撞壳。

6．单击工具栏上的 Save 保存对内容浏览器中这个静态网格物体的修改。当结束时，你的碰撞如图 4.9 所示。

图 4.9

手动放置碰撞壳

4.4.3 壳分解

为了效率，碰撞壳是简单的壳原型形状，但是静态网格物体编辑器还有一个被称为壳分解的面板，让你可以为更加复杂的模型自动生成碰撞壳。修改一个静态网格资源的复杂性和壳分解设置将给你不同的结果，如图4.10所示。为了打开壳分解面板，选择"碰撞>Auto Convex Collision"。

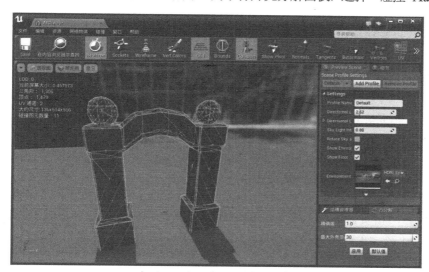

图 4.10

通过壳分解面板生成的碰撞壳

4.4.4 每多边形碰撞

你也可以设置静态网格资源为每多边形碰撞，也是你可以得到的最精确的碰撞。它也是计算最密集的，所以只有需要精确碰撞的时候才使用它。到细节面板中的静态网格物体设置部分，设置"Collision Complexity"为"Use Complex Collision As Simple"，如图4.11所示。这将告诉编辑器要使用复杂碰撞（每个多边形），而不是简单碰撞原型。

图 4.11

用于每多边形碰撞的静态网格物体设置

> **警告：每多边形碰撞检测**
>
> 　　如果在游戏过程中，屏幕上每个静态网格 Actor 都处理为每多边形碰撞检测，这将会占有大量处理能力，而且在运行时会快速降低帧率。

4.5　静态网格 Actor

　　这一章的剩余部分将关注使用静态网格 Actor。静态网格 Actor 是放置在一个关卡中的一个静态网格资源的实例。每个被放置的静态网格 Actor，都有它自己相对于引用的静态网格资源独立的可以修改的属性。改变一个静态网格资源的属性会影响所有引用它的静态网格 Actor。例如，如果从一个网格资源完全移除碰撞壳，所有使用这个静态网格资源的 Actor 将不能生成碰撞响应。但是，改变一个静态网格 Actor 的属性和设置不会影响原始静态网格资源。

4.5.1　放置静态网格 Actor 到关卡中

　　现在你学会了静态网格资源的导入及为它编辑碰撞壳，是时候开始练习放置静态网格 Actor 到关卡中了。为了将一个静态网格资源放入一个关卡中，在内容浏览器中找到它。（你可以使用之前导入的网格模型或者导入一个新的，并将它放到关卡中。）为了将这个网格放入当前关卡，只需要在内容浏览器中拖曳这个资源到当前关卡的关卡编辑器视口中。

　　一旦你拖曳了一个静态网格到关卡中，就创建了一个引用了这个原始网格资源的静态网格 Actor，并且可以看到变换 Gizmo 出现在这个 Actor 的轴心点处。现在你可以看到，在关卡编辑器细节面板中显示它有一些变换属性存储着其在游戏世界中的位置、旋转和缩放，如图 4.12 所示。

图 4.12

主编辑器细节面板中静态网格 Actor 的变换设置

> **提示：复制静态网格 Actor**
>
> 　　如果想快速复制已经放置了的静态网格 Actor，按住 Alt 键，在关卡视口中使用变换 Gizmo 移动或旋转这个 Actor。

4.5.2　移动性设置

在细节面板的变换部分，可以看到一个静态网格 Actor 有 3 个可用的移动性状态：静态、固定和可移动。更改一个 Actor 的移动性状态最终会影响引擎如何为这个 Actor 计算光照和阴影信息。静态网格引擎光照需要被预先计算，固定网格引擎这是一个可以被改变的固定物体，当不移动时允许缓存光照方法，可移动网格引擎在运行时计算光照。如果想要在游戏中移动一个静态网格 Actor 或让它模拟物理，需要设置移动性为可移动。为了修改一个静态网格 Actor 的移动性状态，只需要在变换属性下方单击静态、固定或可移动。

> **注意：静态网格移动或不移动，是一个问题**
>
> 静态网格这个术语可能有一点欺骗性。在这种情况下，静态指的是基础状态。默认情况下，静态网格在游戏过程中将是静态的、不会移动的。如果网格不会移动，你可以构建（预计算）光照信息，这样目标运行时就不需要担心每一帧计算光照了，可以简单地在放置的 Actor 表面加载和显示预计算光照数据。

By the Way

4.5.3　为静态网格 Actor 改变网格引用

正如你在图 4.13 中看到的，静态网格 Actor 引用当它被放入关卡时的初始静态网格资源。你可以通过从内容浏览器中拖放一个新的网格资源到这个静态网格引用缩略图上来改变这个网格引用，或者通过单击当前分配的网格旁边的下拉箭头并选中一个新的网格完成。当改变了这个网格之后，你会在视口中看到它的更新，因为静态网格 Actor 存储着它自己的世界变换数据，刚刚分配的网格将采用那些属性。

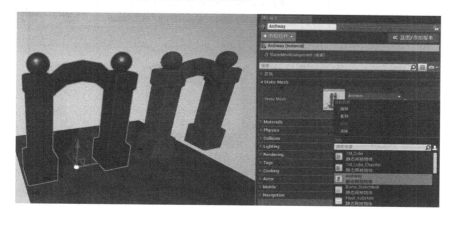

图 4.13

静态网格 Actor 网格引用

4.5.4　在静态网格 Actor 上替换材质

静态网格 Actor 还包含材质引用，这个材质引用最初是根据静态网格物体编辑器中分配给网络资源的原始材质分配的，你可以为每一个 Actor 修改这个材质。图 4.14 为当前选中的静态网格 Actor 在主编辑器细节面板中显示当前分配的材质。你可以从内容浏览器中拖曳一个材质到细节面板中当前材质的缩略图上，或者单击缩略图旁边的下拉箭头选择一个，也可直接在内容浏览器中拖曳新材质到关卡中的任何静态网格 Actor 上。

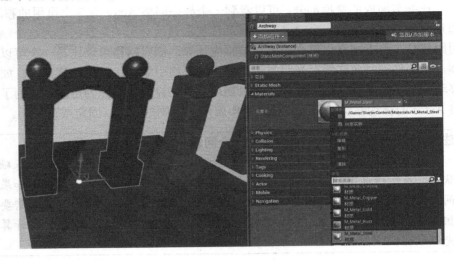

图 4.14

静态网格 Actor 材质引用

4.5.5　在静态网格 Actor 上编辑碰撞响应

你已经学会了如何在静态网格物体编辑器中编辑静态网格资源的碰撞壳。现在你已经能够修改放在关卡中的静态网格 Actor 的碰撞响应了。在关卡中选中一个静态网格 Actor，在主编辑器细节面板中为这个 Actor 找到碰撞设置。现在可以关注碰撞预设、碰撞响应和 Object Type。为了在关卡编辑器视口中查看 Actor 的碰撞壳，按 Alt+C 组合键切换碰撞壳的显示/隐藏。图 4.15 展示了开启了碰撞壳显示的关卡视口。

图 4.15

关卡编辑器视口，显示了 4 个静态网格 Actor，每个引用了一个带有不同碰撞壳的静态网格资源，关卡视口碰撞壳显示标签开启

4.5.6　碰撞预设

在主编辑器细节面板中，单击碰撞预设左侧的三角形，你可以展开窗口看到更多选项。已经分配了一个预设，你可以看到碰撞响应选项是灰色的并且不能被修改，这个预设定义了 Actor 与不同物体类型的碰撞响应的公共设置。为了解锁这些选项，你必须选择"Custom"预

设，图 4.16 显示了碰撞设置。

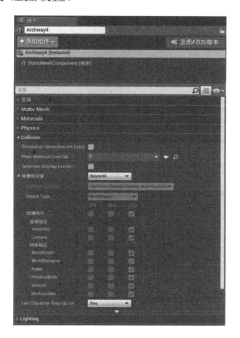

图 4.16
主编辑器细节面板中的静态网格 Actor 碰撞设置

> **提示：自定义预设**
>
> 　　你可以通过在关卡编辑器主菜单中单击"编辑>项目设置"，创建自己的碰撞预设。但当你第一次操作时，直接为选中的静态网格 Actor 选择 Custom 预设并修改碰撞预设是最简单的。

4.5.7　Collision Enabled

在细节面板中的 Collision Enabled 选项可以让你为选中的 Actor 开启或关闭碰撞。当它被设置为其他选项时，即使这个 Actor 引用的静态网格资源拥有碰撞壳，它也将不会处理碰撞交互和事件。

4.5.8　Object Type

在细节面板中的 Object Type 设置可以让你看到这个 Actor 的物体类型，这样，当其他 Actor 与它碰撞时，它们知道如何响应。例如，如果一个静态网格 Actor 在变换下面被设置为静态，那么它的 Object Type 应该被设置为 WorldStatic，但是如果在变换下方被设置为可移动，Object Type 应该被设置为 WorldDynamic。

> **注意：物体类型**
>
> 　　每个可以碰撞的 Actor 都被分配了一个物体类型。目前有 7 种物体类型：WorldStatic、WorldDynamic、Pawn、PhysicsBody、Vehicle、Destructible 和 Projectile。

4.5.9 碰撞响应标签

细节面板中的碰撞响应部分可以设置这个静态网格 Actor 如何与其他已定义物体类型的 Actor 进行响应。

对于碰撞交互存在 3 种碰撞状态。

➢ Ignore：忽略这些物体类型的任何碰撞响应。

➢ Overlap：检查这个网格的碰撞壳是否与另一个网格的交叠在一起。

➢ Block：阻挡其他 Actor 穿过这个网格的碰撞壳。

By the Way

> **注意：资源没有碰撞壳，Actor 就没有碰撞响应**
>
> 如果没有在静态网格编辑器中为静态网格资源分配碰撞壳，那么任何引用这个静态网格资源的静态网格 Actor 都将不能碰撞任何事件，无论这些 Actor 被分配了哪种碰撞响应类型。

4.6 小结

在这一章中，你接触到了静态网格物体和一些与之相关的工具。现在你已经具有导入 3D 模型、使用静态网格物体编辑器、创建碰撞壳、在关卡中放置静态网格 Actor 和修改基本碰撞属性的一些经验了。当然，学习静态网格物体需要更多时间，但是你现在已具备了一些基础知识。

4.7 问&答

问：我知道你可以导入一个静态网格物体到 UE4 中，但是反过来你是否可以导出一个静态网格物体？

答：是的，在内容浏览器中右键单击这个静态网格资源，选择"常见>资源操作>导出"，然后在打开的对话框中单击保存。

问：我是否可以修改一个静态网格资源的轴心点？

答：不可以，至少不能直接在静态网格编辑器中实现。但是你可以在外部 3D 建模软件中调整原始网格资源，然后重新导入这个网格。如果你没有原始网格模型，你可以从项目中将它导出为一个.fbx 文件。

问：什么是插槽管理器面板？它的功能是什么？

答：插槽管理器面板让你可以在一个网格模型上创建点，用于建立父/子层次关系，也就是说，用来将一个 Actor 附加到另一个 Actor 上。当你在蓝图中移动一个 Actor 时，这些关系是非常有帮助的。

4.8 讨论

现在你完成了这一章的学习，检查自己是否能回答下列问题。

4.8.1 提问

1．真或假：将一个网格模型设置为每多边形碰撞是最佳的。

2．你需要一起按哪个键和 **Alt** 键在关卡编辑器视口窗口中显示碰撞壳？

3．真或假：默认情况下，光照贴图 UV 布局被存储在 UV 通道 1。

4．真或假：如果一个静态网格资源没有被分配碰撞壳，引用这个网格模型的静态网格 Actor 将仍然具有碰撞响应。

5．真或假：如果你给一个静态网格 Actor 分配了一个新材质，它将替换分配给静态网格资源的材质。

4.8.2 回答

1．假：为了效率，最佳办法是使用为碰撞使用简单形状。

2．**Alt + C** 组合键可以切换在关卡视口窗口中碰撞壳的显示与否。

3．真：默认情况下，UE4 为光照贴图使用 UV 通道 1。

4．假：如果一个静态网格资源没有被分配一个碰撞壳，那么任何引用了这个静态网格资源的静态网格 Actor 都将无法处理任何碰撞事件。

5．假：分配一个新材质给一个静态网格 Actor 只会影响这个 Actor。

4.9 练习

在网上找一些.fbx 和.obj 模型文件，或者使用在 Hour_04 文件夹（来自本书官网 www.sty-ue4.com）中提供的文件，并导入它们。编辑它们的碰撞壳，并将它们放入一个关卡中。

1．在内容浏览器中创建一个 Maps 文件夹。

2．新建一个默认地图，并将它保存到刚刚创建的 Maps 文件夹中。

3．在内容浏览器中创建一个 Mesh 文件夹。

4．导入一个.obj 模型文件。

5．导入一个.fbx 模型文件。

6．给每一个静态网格资源分配一个新材质。

7．通过使用预设和自动壳分解改变它们的碰撞壳属性。

8．将静态网格 Actor 放入关卡中几次。

9．对于每个网格，更改移动、缩放和旋转变换。

10．为每个静态网格 Actor 分配独特的材质。

11．保存这个关卡到 Maps 文件夹。

第5章

使用光照和渲染

你在这一章内能学到如下内容。

> 学习光照术语。

> 使用不同类型的光源。

> 如何应用光源属性。

> 构建光照设置。

在这一章内，你将学习使用光源 Actor。首先你将看到所有可用的光源类型。然后查看如何在关卡中放置光源 Actor，修改它们的设置并控制它们对游戏世界内其他 Actor 的影响。

尽管光源是被放入关卡和编辑器的最简单的 Actor，但是理解它们是如何工作的、如何与其他 Actor 交互以及如何应用渲染设置是比较困难的。

By the Way

> **注意：第5章的配置**
> 　创建一个第三人称模板并且带有初学者内容的新项目。

5.1　学习光照术语

当处理光照 Actor 属性时，一些基本关键概念有助于理解选项。

> 直接光（Direct lighting）指的是光直接落到 Actor 的表面上，不受其他 Actor 的干涉。光线从光源直接移动到网格模型的表面。这样静态网格 Actor 会接收这个光源的全部颜色光谱。

> 间接光（Indirect 或 bounced lighting）指的是由场景中另外的 Actor 反射来的光。因

为光波的被吸收或被反射是依赖于表面属性和网格模型颜色的。反射光会带有一些颜色信息，同时将这些颜色信息传递到路径中的下一个表面上。间接光影响整个环境光强度。

➤ 静态光（Static light）指的是用于不会移动的物体和光源的光照。对于不移动的东西，光照和阴影必须只计算一次（在构建时），这样会得到更好的性能和更高的质量。

➤ 动态光（Dynamic light）指的是在运行时可能移动的光源和物体的光照。因为这种类型的光照每帧都需要计算，它通常比静态光更慢，而且质量也更低。

➤ 阴影（Shadow）是引擎从光源的视点对一个模型的轮廓进行快照，然后将快照得到的图像投射在其他 Actor 的表面上，在照亮的 Actor 的反面上。静态网格 Actor 和光源 Actor 都有可以被勾选阴影选项。

5.2　理解光源类型

在虚幻引擎中存在 4 种基本光源 Actor：点光源、聚光源、定向光源和天空光源。如图 5.1 所示，它们都拥有相似的属性设置。但是，每种光源类型也有自己独特的设置。

图 5.1

在模式面板的光照部分可以找到光源 Actor

5.2.1　添加点光源

点光源的效果就像一个真实世界中的灯泡，从空间中的单个点向所有方向平均发射光照。这是最常见的光源类型，特别是在室内场景中。

▼ 自我尝试

添加点光源到一个场景中

根据下列步骤创建一个不带光照的空关卡，然后添加各种类型的光源。

1. 创建一个新的空关卡，它应该是黑色的。
2. 在模式面板中，选择基本，拖曳一个 Cube 到关卡中。
3. 在细节面板中，设置位置为（0,0,0），设置缩放为（20,20,1），创建一个地板平面。
4. 在模式面板中，选择光照，拖曳一个点光源到关卡中。

5. 在细节面板中，设置位置为（400,0,200）。

6. 在模式面板中，选择基本，拖曳一个 Cube 到关卡中。注意从点光源到地板上投射的阴影。

7. 在细节面板中，设置位置为（500,100,90）。

8. 对光照和立方体的各种参数进行调整，查看它们有什么影响。

9. 保存并命名这个关卡为 LightStudy。

图 5.2 展示了这次自我尝试的结果。

图 5.2

点光源

5.2.2　添加聚光源

在 UE4 中，聚光源从一个圆锥体形状的顶点向指定方向发射光线，就像是现实世界中的射灯一样。通过改变聚光源 Actor 的旋转变换可以改变聚光源的方向。你可以调整 Attenuation Radius 来设置光线从聚光源放置的位置走过的距离。Inner Cone angle 和 Outer Cone angle 属性影响光从圆锥体中央完整强度到边缘无光照的光照变化速度。这些值越接近，光照的边缘就越硬。

▼ **自我尝试**

添加一个聚光源

根据下列步骤将一些聚光源添加到之前自我尝试中创建的关卡中。

1. 打开在之前的自我尝试中创建的 LightStudy 关卡。

2. 从场景中删除点光源。

3. 在模式面板中，选择光照，拖曳一个聚光源到关卡中。

4. 在细节面板中，设置位置为（600,60,300）。

5. 尝试调整颜色并放置更多光源。

图 5.3 展示了本次自我尝试的结果。

图 5.3

红色和蓝色聚光源相互重叠，制造出紫色的光照

5.2.3 添加天空光源

天空光源可捕捉一个离关卡很遥远的部分，即所有比 SkyDistanceThreshold 远的东西，然后给它应用光照。这意味着天空的外观和它的光照及反射将匹配，无论天空来自大气还是天空盒或遥远的山顶上的分层云。使用天空光源是一个照亮整个关卡和影响阴影颜色的好办法。

> **注意：雾 Actor**
> 因为天空光源的作用，你可能需要添加大气雾或指数级高度雾 Actor 到场景中查看场景中天空光源的结果。

By the Way

自我尝试

添加天空光源

根据下列步骤添加天空和天空光源到你正在处理的关卡中。

1. 打开在之前在自我尝试中创建的关卡，从关卡中删除你想要删除的光源。

2. 在模式面板中，选择所有类，拖曳一个天空球（BP_Sky_Sphere）到场景中，这就是天空。

3. 在模式面板中，选择光照，拖曳一个天空光源到关卡中。注意场景采用了天空的颜色。

4. 尝试调整天空和天空光源的属性查看各种效果。

图 5.4 展示了这次自我尝试的结果。

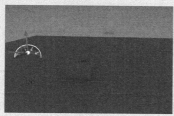

图 5.4

天空光源

5.2.4 添加定向光源

定向光源模拟从无限远处发射的光线。被这个光源投射的所有阴影都是平行的，使用定向光源模拟太阳光是非常不错的选择。当你在关卡中使用一个定向光源时，将它放置在哪里并没有影响，只对它面向的方向有影响。

▼自我尝试

添加一个定向光源

根据下列步骤添加定向光源到你的场景中。

1．打开在之前在自我尝试中创建的关卡。

2．在模式面板中，选择光照，拖曳一个定向光源到关卡中。

3．使用旋转工具改变这个定向光源的方向，并查看效果。

4．制作天空，在世界大纲视图中选中"Sky Sphere"。

5．在细节面板中，设置 Directional Light 属性为 Directional Light Actor。现在天空控制着这个定向光源。

6．调整 Sky Sphere 和 Directional Light 的属性查看各种效果。

图 5.5 展示了本次自我尝试的结果。

图 5.5

带有天空光照的
定向光源

▲

5.3 使用光源属性

场景中每个光源的属性面板中都显示了大量属性，包括表 5.1 中列出的属性。

表 5.1 　　　　　　　　　　　　　　　　光源属性

属　　性	说　　明
Intensity（强度）	决定光照亮度，对于点光源和聚光源，1700 流明相当于 100W 的灯泡
Light Color（光照颜色）	决定光照的颜色。颜色是叠加的，所以如果你将一个红色的光照在一个蓝图的物体上，它会变成紫色

续表

属　　性	说　　明
Attenuation Radius（衰减半径）	决定光将能到达的最大距离。从光源处最大到半径边缘为 0 的光照衰减
Cast Shadows（投射阴影）	决定物体是否被这个光源投射阴影。计算动态阴影是处理器密集运算的
Inside Cone Angle（内圆锥角）	设置聚光源的亮区角度
Outside Cone Angle（外圆锥角）	设置聚光源的衰减区域角度。如果这和 Inside 角度接近，你的聚光源区域会是锐利的
Temperature（色温）	让你可以根据 Kelvin 色温比例来设置光照颜色。如果你尝试匹配真实世界光照颜色，这是非常有用的。为了设置这个选项，你需要勾选 Use Temperature 选项框

当然还有更多属性，让你可以完全控制游戏中的光照，但是这些已经足够让你学习了。

警告：性能

不好的光照选择会对性能造成巨大的影响。例如，使用太多动态光源会导致一些性能问题。另外，光源的衰减半径也会对性能造成影响，所以需要有节制地使用较大的衰减半径值。

5.4　构建光照

UE4 中用于构建光照的工具被称为 Lightmass。Lightmass 包含许多超出本书范围的设置，但是，你可以通过选择"窗口>世界设置"控制其中一些设置，在 Lightmass 下可以找到所有设置，如图 5.6 所示。

UE4 可以使用动态光照渲染关卡中的所有光照和网格模型，这样做会影响性能和质量。如果 UE4 知道一个光源不会移动，它可以为那个光源及它发射的光线在游戏世界中接触到的所有静态 Actor 预先计算光照和阴影。存储预计算光照在运行时是低处理器密集型的，它需要占用内存。

你可以使用 UE4 中的构建光照工具来为关卡中的静态网格和光源 Actor 以及 BSP 预先计算光照和阴影（查看第 9 章了解关于 BSP 的信息）。这些信息被存储为图像，嵌入到关卡中，你可以通过选择"窗口>世界设置>Lightmass>Lightmaps"找到。

一旦构建了光照，编辑器将为任何静态光源显示预先计算的光照数据。当添加一个新的光源到关卡或移动光源和网格模型中时，光照被渲染为动态并实时更新，直到光照被重新构建。

为了构建光照，单击工具栏中 Build 按钮旁边的三角形（如图 5.6 所示）。在弹出的子菜单中，选择"Light Quality>Preview"可以快速得到结果。当准备好最终的关卡时，在这里选择"Light Quality>High"。设置为 High 质量等级会花费更多时间进行生成，但是生成的光照结果也更加准确。

图 5.6

构建按钮

5.4.1　Swarm Agent

注意当构建光照时，后台自动启动了一个名叫 Swarm Agent 的应用程序。Swarm Agent 管理着编辑器与 Lightmass 之间的通信。当构建光照时，Swarm Agent 会追踪和显示构建进度。

随着关卡的复杂性增加，计算和构建光照所需要的时间也会增加。Swarm Agent 也可以被设置为与网络上的远程机器通信，利用它们的处理能力来减少计算时间。对于小型项目和关卡，不会涉及，当需要时到网络渲染是很好的。

By the Way

注意：重新构建光照

　　每次移动一个被设置为投射静态阴影的光源或被设置为静态的静态网格 Actor 时，编辑器都会提醒你重新构建光照。你拥有的光源和物体越多，构建光照花费的时间就越长。当使用光照时，最好遵循迭代过程，仅在作出重大更改时构建光照。你可以不重新构建光照而直接预览和试玩关卡，但是在你重新构建光照之前，这些光照是不正确的。

▼ 自我尝试

为场景构建静态光照

根据下列步骤为你制作的场景添加静态光照。

1．创建一个新的默认关卡。

2．在内容浏览器的 StarterContent/Shaps 文件夹中找到 Shape_Cube 静态网格资源，将它放到关卡中，让它处于地板上方。

3．从主菜单栏中，单击构建按钮旁边的下拉箭头展开选项。

4．选择"光照质量>预览"。

5．单击构建图标构建光照。一旦光照构建完成，这个静态网格 Actor 的阴影将更新，并显示刚刚构建的光照和阴影。

6．现在改变预先计算阴影的质量。选择创建默认关卡时添加的 Floor 静态网格 Actor。在关卡细节面板下方，找到 Lighting，启用 Overridden Light Map Res，并设置它的值为 1024。

7．单击构建图标再次构建光照，你将看到阴影质量变了。图 5.7 展示了这个光照贴图分辨率改变的结果。

图 5.7

左侧是默认光照贴图分辨率的静态光照；右侧光照贴图的分辨率为 1024

> **注意：调整光照贴图分辨率**
>
> 你可以根据需要对关卡中的每个 Actor 更改覆盖光照贴图质量，或者在静态网格物体编辑器中改变静态网格资源的默认光照贴图分辨率。增大这个分辨率会对光照构建时间造成影响。

5.4.2 移动性

每个光源都有一个移动性选项，让你可以选择静态、固定或可移动。这些设置帮助 UE4 决定哪些是动态光照的，哪些是需要预先计算并保存（烘焙）到光照贴图中的。

➢ 静态光源是在运行时不会以任何方式被改变或移动的光源。光照信息被先于游戏构建，并被存储在一个被称为光照贴图的特殊贴图里面。静态光照给予了高性能，但是不能用于这个光源半径内可移动的物体。使用这个静态设置的主要原因是为了性能，例如在移动设备上。

➢ 可移动光源投射完全动态的光照和阴影，它们可以改变位置、旋转、颜色、亮度、衰减、半径和它们拥有的每一个其他属性。它们的光照不会被烘焙到光照贴图上，它们不能有任何间接光照。通常这些光源对于渲染来说开销是很大的，并且不会像静态或固定光源一样高质量。如果是一个移动的角色就需要使用可移动光源，例如一个拿着手电筒的玩家角色。

➢ 固定光源像静态光源一样不可以移动，但是，它们的亮度和颜色可以在运行时被更改。这会非常有帮助，例如，不会移动但是可以开关的光源。静态设置可以得到中等的性能和高质量。

表 5.2 帮助你决定为静态网格 Actor 使用哪种移动性设置。

表 5.2　　　　　　　　用于光源和网格模型的静态和可移动设置

静态网格设置	光 照 设 置		
	静态	固定	可移动
静态	烘焙光照	烘焙光照	烘焙光照
可移动	动态阴影	动态阴影	动态阴影

如果要改变关卡中任何光源 Actor 的移动性设置，要选择该光源，在关卡细节面板的变换属性下方，选择需要的移动性设置。在默认场景中找到的定向光源的移动性设置已经被设置为固定。所以，如果你将放入关卡的 Shape_Cube 静态网格 Actor 的移动性改为可移动，将改变编辑器为该 Actor 投射阴影的方式。

自我尝试

投射动态阴影

根据下列步骤改变静态网格 Actor 的移动性设置，让它投射动态阴影。

> 1. 继续使用在之前自我尝试中创建的关卡。
>
> 2. 在这个关卡中选择 Shape_Cube 静态网格 Actor; 在关卡细节面板的变换下方，单击可移动设置它的移动性为可移动。

▲

5.5 小结

这一章从强调一些基本光照术语开始。你学习了 UE4 中的不同光源类型及它们的作用，如何放置光源和配置它们的设置。你也学习了构建光照和移动性设置是如何影响静态光照和动态光照的。光照是 UE4 中最复杂和最强大的一个，它可以说是非常关键的，我们还有足够的时间学习详细知识。现在你已经学会了照亮场景所需的所有东西了。

5.6 问&答

问：我可以添加多少光源到一个场景中？

答： 这个问题不容易回答。如果你说的是比较小的，不会与大部分物体重叠的静态光源，可以添加几百个或几千个。另一方面，只使用一个大半径的动态光照覆盖整个场景应该是太少了。最佳的方式是实验和查看是什么工作。

问：为什么我的场景中的阴影或光照看起来不正确？

答： 如果你的光源是静态的，可能需要通过单击工具栏中的构建按钮再次构建光照。

问：游戏开发者用什么方法让一些场景看起来像是真的一样？

答： 查看 UE4 中的所有案例场景，学习光照设置。你可以指出一些用于获得各种效果的技巧。就像魔术一样，烟雾和镜子一直被用于游戏开发。

问：为什么光照贴图在构建光照时被生成，嵌入到关卡中？

答： 关卡中的光源和 Actor 的放置对于每个关卡来说都是不同的，所以生成的光照信息仅与那个关卡关联。

5.7 讨论

现在你完成了这一章，检查是否能回答下列问题。

5.7.1 提问

1. 为了使一个光源照亮整个场景，你需要使用什么类型？

2. 什么时候你应该使用一个静态或固定光源？

3. 什么时候你应该使用一个固定或可移动光源？

4．什么是 Lightmass？

5.7.2 回答

1．为了使一个光源照亮整个场景，可以使用一个天空光源或定向光源。

2．当你的光源和光线投射到的所有东西都不会移动时，使用静态或固定光源。

3．当你的光源或光线投射到的 Actor 需要被移动时，使用固定或可移动光源。

4．Lightmass 是 UE4 的静态光照引擎，在构建光照时会使用它。

5.8 练习

在本次练习中，通过放置 BSP、静态网格物体和所有不同类型的光源搭建一个简单的场景。

1．创建一个空关卡。

2．在模式面板中，选择"Geometry"，拖曳一个盒体到视口中。

3．当这个盒体被选中时，在细节面板中，在 Brush Settings 下方，设置 X 和 Y 为 1000，设置 Z 为 20。UE4 创建了一个大平台。

4．在模式面板中，选择基本，拖曳一个玩家起始点到这个平台中央表面上方。

5．在模式面板中，选择基本，拖出两个 Cube。将它们放在平台上方。

6．选择其中一个 cube 静态网格 Actor，在细节面板中，Physics 下方，启用 Simulate Physics。

7．添加一个定向光源，设置旋转为（0,200,45），设置 Light Color 为（255,205,105）。

8．添加一个点光源到场景中，放在平台上方。设置它的 Intensity 为 15000，Light Color 为（255,0,255），和 Attenuation Radius 为 250。

9．添加一个聚光源到场景中，将它放在平台上方 300 单位处。设置它的 Intensity 为 30000，Light Color 为（210,255,15），Inner Cone Angle 为 22，及 Outer Cone Angle 为 24。

10．在模式面板中，选择视觉效果，拖曳大气雾到场景中。

11．添加一个天空光源。设置它的 Intensity 为 10，Light Color 为（215,60,15）。

12．单击工具栏上的构建按钮构建光照。

13．在关卡中走动预览这个关卡，到处推动物理立方体查看它是如何与放置的光源交互的。

14．对所有光源 Actor 进行调整，记住在你预览关卡前要重新构建光照。

第 6 章

使用材质

你在这一章内能学到如下内容。

- ➢ 理解材质和它们是如何使用的。
- ➢ 使用基于物理渲染 PBR。
- ➢ 使用材质编辑器。
- ➢ 使用贴图类型、分辨率和导入贴图。
- ➢ 理解材质节点和常量节点。
- ➢ 使用材质实例和材质参数。

在这一章中，你将学习什么是材质，如何在 UE4 中使用它们。首先你会对基于物理渲染 PBR 有一个基本的了解。接下来，你将学习每个材质的输入类型，以及它是如何实时渲染的。然后将熟悉认识贴图尺寸、贴图分辨率和设置，以及如何将它们用于材质设置。你还会学到如何使用材质编辑器创建一个新材质并使用，学习材质实例和材质参数。最终，你将创建自己的材质设置。

> **By the Way**
>
> **注意：第 6 章的配置**
> 创建一个带有初学者内容的空项目。

6.1 理解材质

在 UE4 中，材质或 shader 是一个集贴图、向量和其他数学计算协同为资源创建表面类型和属性的组合，如图 6.1 所示。第一次看材质可能会感觉有些复杂，但是材质确实是 UE4 中看得到的简单部分。你可以使用材质来为玩家描述一个资源的表面属性，并建立可视化环境和风格。材质主要通知 UE4 光照对每个表面是如何反应的。UE4 中的资源应用了专门的材质。默认情况下，不同的物体有一个标准默认的 UE4 材质应用给它们。当你查看游戏中的一个石头、一棵树或者一面水泥墙的时候，这些资源都被应用了特殊的材质，让它们具有独特的外观。

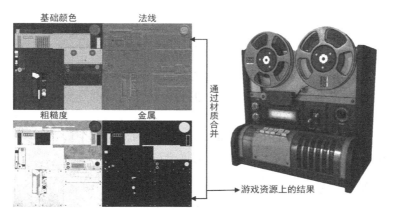

图 6.1

在一个材质中一些东西和贴图的合并做出了在游戏中的最终结果

6.2 基于物理渲染

UE4 的材质系统为实时渲染使用了基于物理的渲染（physically based rending，PBR）。PBR 相对于游戏制作贴图和材质来说是一个比较新的概念。以前，PBR 是直接将光照细节放入贴图给予资源形状和表面体的处理的一部分。该方法存在一个问题，当资源被移动到不同类型的照明场景中，场景中的阴影信息、光照信息、光源方向和阴影之间会存在可见的不一致的地方，这样的不一致会导致游戏世界的连续性和可信性出现破裂。

现在，由于处理能力和 UE4 的技术进步，可以使用材质参数让资源形成它们自己的光照和阴影信息。这可以避免资源被"烘焙"，或者被永久地放入贴图中。另外，你可以让资源在任何时间任何光照环境下使用，而不需要重新制作贴图。所有这一切越简单，用于游戏资源的贴图制作就越一致。

> **注意：PBR 材质系统**
>
> PBR 在过去几年内已经适用于主流游戏开发了，但是影视行业一直将它用于 3D 动画和渲染。PBR 让不同的材质在不同的光照环境下表现得更加真实，它也实现了产品化过程中贴图和资源的重用，在每个场景中更加真实的光照。

6.3 材质输入类型

为了创建极好的材质和贴图，则需要使用材质编辑器。下面将为你介绍最常使用的材质编辑器输入。

6.3.1 基础颜色

基础颜色，有时也被称为 albedo 或 diffuse，是在减去所有阴影和光照细节后一个表面的材质的核心颜色描述。基本上，基础颜色输入采用 albedo 贴图，这是你创建的材质的纯颜色或向量值。它是不带阴影和光照信息的，仅显示你想要在材质中表现的颜色。它可以使用一个贴图输入或者一个简单的向量值，也就是使用数字来表示一个颜色。

6.3.2 金属

金属材质输入被用于描述材质是否是金属。这个输入是材质编辑器中最容易理解的部分之一，它也是让材质正确渲染的最重要的节点之一。UE4 使用金属性的方法对用户非常友好，让你可以快速控制和理解材质的金属性。这个贴图上的每个像素通常都是黑色或白色，或者带有一些灰色。黑色表示那里的材质是非金属，例如石头、砖或者木头；白色表示那里的材质是金属的，例如铁、银或铜。通常，如果一个材质是非金属的，对这个输入使用一个简单的向量 0。你也可以使用一个灰阶贴图或一个贴图的通道来减小这个输入。

By the Way

> **注意：金属性与基于高光的 PBR**
>
> 目前有两种为游戏制作贴图的 PBR 系统类型。UE4 使用的是基于金属性的系统，一些其他引擎用的是基于高光的系统。这两种系统都可以产生几乎相同的结果。它们之间的主要区别是美术人员制作游戏引擎可以最佳解读贴图的方式。

6.3.3 粗糙度

粗糙度（也被称为光泽度或微表面细节）是 PBR 系统中最具有艺术灵活性的方面。你可以使用这个贴图来表示被制作的材质表面的粗糙度和历史。粗糙度描述了微型细节，并描述了从表面上投射的光的量或光泽。例如，如果你在制作一个新的钢材质，这个材质的基础颜色和金属性将是非常简单的；你将需要在颜色或噪点变化上有一点儿改变，但是应该使用粗糙度来描述所有微小表面细节，如轻微的划痕、灰尘或污渍。很少会使用一个单一颜色的粗糙度，因为在真实生活中没有任何表面不存在磨损或变化。你可以使用灰阶贴图来减少粗糙度，因为没有颜色信息被用来描述粗糙度。

6.3.4 法线

你可以为法线输入使用法线贴图或三维向量值（X、Y 和 Z 坐标，正如"第 3 章"中描述的）。法线输入描述光线与表面在哪个方向上反射。法线贴图在资源上伪造高清表面细节和形状，通过诱导光照根据一个贴图上的每个像素显示细节。法线贴图输入类似于其他 3D 软件和渲染中所使用的凹凸贴图，但是在制作中有一些小改动。

理解法线输入在最初可能有一点儿艰难，但是如果你将一个法线输入分解成为在这个过程中调用的每个通道，就很容易理解了。贴图的每个通道（红、绿和蓝）复合起来，每种颜色表示不同的表面方向角。红色表示 X 轴，或者光照向表面的从左到右的方向。绿色标识 Y 轴，或者从上到下的方向。蓝色表示 Z 轴，或者从前到后的方向，如图 6.2 所示。

> **注意：绿色通道**
>
> 　　绿色通道根据你使用的 3D 建模软件的不同，有时候会有一些变化或翻转。Maya 使用一个正常格式，而 Max 和 UE4 使用翻转的绿色通道对法线贴图进行渲染。为了在 UE4 中翻转绿色通道，在内容浏览器中选中并打开这个贴图，选择 "Flip Green Channel" 选项。

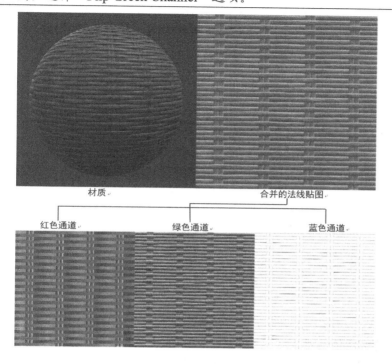

图 6.2

法线贴图的每个通道都有 UE4 用来决定表面的体和形状的有向光照信息

　　想象一下，一个被光照亮的平坦多边形。当光线照射在它上面时，这个多边形简单地作出反应，显示出它像一个平坦的表面一样被照亮，光线照射到这个表面上，反射向同一方向。现在考虑制作一个砖墙表面。为了做到这一点，如果你没有成千上万面的模型，可以创建一张法线贴图来模拟砖墙将显示的较小的表面细节。这个法线贴图，当在材质编辑器中被连接使用时，当光线打到一个表面上的特殊材质时，就会通知 UE4 应该按照那张贴图中每个像素指定的信息反射。当将相同的光照射到这个表面上时，它相应地作出反应，给你一种实际上不存在的外形和细节的幻觉。

6.4　创建贴图

　　贴图是用于 UE4 中着色和给予材质和资源的可视化语言的基础。下面将探索如何创建和使用贴图。

6.4.1　贴图尺寸

　　贴图尺寸是制作过程的一个重要部分。制作一个不使用特定比例约束的贴图可能会导致这个贴图渲染不正确，被扭曲或变形，或者根本不能被导入。今天的游戏使用一个通用贴图分辨率集。

6.4.2　2 的幂

理解贴图如何在 UE4 中被渲染的关键是知道指定的贴图分辨率。为了 UE4 实时处理贴图分辨率，所有贴图根据到玩家摄像机视图的距离被渲染。所以如果你看到一个资源在游戏世界中越靠近摄像机，这个物体上的贴图分辨率与贴图被制作和导入时的分辨率越接近。随着玩家摄像机越来越远，为了理解显示的颜色和形状，较小的贴图细节是不必要的，因此随着玩家距离这个资源越来越远，UE4 开始通过持续减半贴图分辨率来减小贴图尺寸，这个过程被称为 mipping 或 mip mapping，如图 6.3 所示。

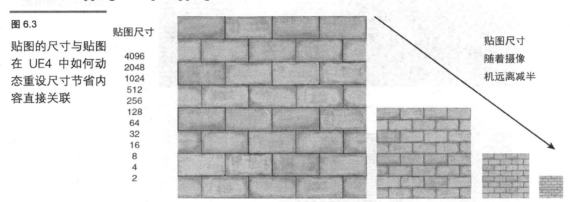

图 6.3

贴图的尺寸与贴图在 UE4 中如何动态重设尺寸节省内容直接关联

现在你对 UE4 如何使用和渲染贴图有了理解，准备好了讨论纵横比或比例。贴图尺寸从256 像素（px）开始，两倍两倍地增大（512 像素、1024 像素、2048 像素，有时候会是罕见的 4096 像素）。这些倍数很重要，因为它们让贴图可以在 UE4 中很容易地被 2 除或乘。如果有必要，贴图尺寸还可以变小到 128 像素、64 像素、32 像素、16 像素、8 像素、4 像素甚至是 2 像素。一张贴图在高度或宽度上可以是这些尺寸中的任意一个，但是对于宽度和高度必须都是这些尺寸中的一个。例如，大部分贴图被制作为一个方形比例（如 512 像素×512 像素或 1024 像素×1024 像素），但是这并不意味着要为每个维度使用相同的像素大小。一个被制作为 512 像素高和 1024 像素宽的贴图也是非常好的，因为 UE4 在渲染时单独为每个维度减半。也就是说，UE4 会将它减小到 256 像素×512 像素，然后减小到 128 像素×256 像素。

6.4.3　贴图文件类型

为了从创建的贴图制作材质，需要导入这些贴图到内容浏览器。为了正确导入并将那些贴图放入材质编辑器，需要使用某些文件类型和设置。下列文件类型目前可以用在 UE4 中。

- .tga
- .psd
- .tiff
- .bmp
- .float

- ➤ .pcx
- ➤ .png
- ➤ .jpg
- ➤ .dds
- ➤ .hdr

6.4.4 导入贴图

现在你理解了如何制作贴图和哪些格式是可以被接受的，就可以导入一些贴图到内容浏览器中了。

自我尝试

导入贴图到内容浏览器

为了导入一张自己的贴图到编辑器中，打开 UE4 并根据下列步骤操作。

1. 通过单击工具栏上的内容按钮或按 Ctrl+Shift+F 组合键打开内容浏览器。
2. 在你的电脑中选中一个导入贴图的存储位置。
3. 右键单击内容浏览器右侧的空白区域，选择"导入资源<导入"。
4. 选择 Windows 中的文件夹并浏览找到你想要导入的贴图。
5. 单击打开。

注意：拖曳

By the Way

为了导入任何资源（保留贴图、模型、视频文件和其他资源）到 UE4 中，也可以直接在电脑上点选一个本地文件，然后将它拖曳到内容浏览器中。例如，如果在桌面上保存了一个文件，你可以单击拖曳它到内容浏览器。

6.5 创建材质

下面的自我尝试将带你在内容浏览器中创建一个材质。

自我尝试

在内容浏览器中创建材质

在内容浏览器中创建材质，打开 UE4 并根据下列步骤操作。

1. 打开内容浏览器，如图 6.4 所示为材质编辑器。

2. 从 Content 文件夹中选择创建这个材质的位置。

3. 右键单击内容浏览器右侧的空白区域，选择"创建基础资源/材质"。

4. 重命名这个新材质。

图 6.4

材质编辑器

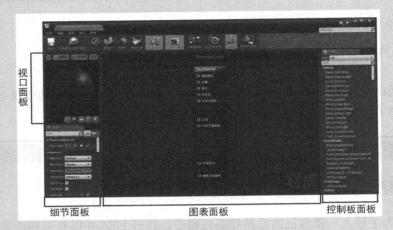

在材质编辑器中有 4 个主要使用的面板，以及主工具栏。

> **视口面板**：在材质编辑器的左上角是视口面板，提供当前材质的实时预览。它显示材质被编译后的最终结果。你可以通过使用它下方的形状选项改变显示这个材质的模型，还可以通过使用它上方的选项改变其可视化或透视属性。

> **细节面板**：在视口面板下方是属性面板。这是你可以改变整体材质属性和材质在游戏空间中使用的渲染技术的地方，如不透明选项、次表面属性和着色模型。这个面板对于高级材质编辑特别有用。

> **图表面板**：中间的面板是图表面板，这是所有用于当前材质的可视化编辑的地方。它是可以让你拖曳图片进来或使用特殊节点在当前材质中制作不同效果的地方。这也是连接你放入 UE4 中的贴图到一个材质来获得最终效果的地方。

> **控制板面板**：这是最右侧的面板。它保存了所有可以在材质中制作特殊效果的特殊节点和数学函数。

材质编辑器的每个面板在构建最终材质和优化结果过程中都起一部分作用。

6.5.1 输入和输出

你可以将图表面板看作是一个电流从左到右流通的面板。当到达最终节点时，也就是材质节点，图表面板创建所有材质效果组合显示在游戏中。材质节点对于任何新材质都是默认存在的，包含了所有最终材质属性，如图 6.5 所示。

每个用于图表面板的节点，无论是贴图节点还是特殊节点，都有输出，有时候还可以输入，可以连接到最终材质节点上。节点的输出在它的右侧。如果存在一个输入，它会出现在节点的左侧。你可以将节点连接起来制作影响材质最终结果的不同效果。为了将一个节点连接到另一个节点，只需要单击该节点的输出连接，然后拖曳可视化连接到另一个节点的输入。

> **注意：额外节点**
>
> 当你使用材质编辑器时，可以使用一些浮动节点（未连接到最终材质节点的节点），但是它们不会出现在最终结果中。材质只采用连接到材质节点的节点，它会忽略所有其他节点。

By the Way

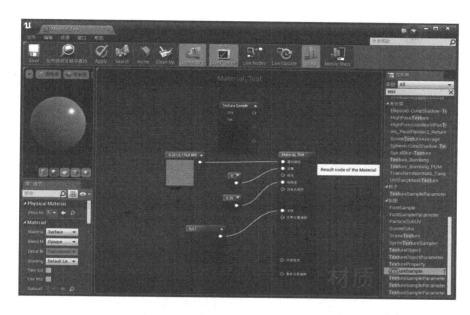

图 6.5

节点通过输入和输出连接到最终材质节点

6.5.2 值节点

现在你理解了材质编辑器的一些部分，可以通过使用常量值来创建一个简单的材质。常量值是可以根据使用的数值来创建值或颜色的数字。你可以从控制板中找到这些值节点，然后将它们作为输入用在一个材质中。

两个最经常使用的值节点是 Constant 节点和 Constant3Vector 节点。Constant 节点表示单个数字或值。Constant3Vector 节点表示一个向量或 3 个数字，每个表示一个相应的 RGB 值。例如，一个 Constant3Vector 节点被设置为（1,4,6），它意味着 1 用于红色、4 用于绿色、6 用于蓝色。

材质编辑器中最经常使用的节点有相应的快捷键可以快速放置。放置一个简单的 Constant 节点，你可以按 1 并单击图表面板实现。放置一个 Constant3Vector，可以按 3 并单击图表面板实现。你也可以在控制板面板中找到这些节点，然后将它们拖曳到图表面板中使用。当在图表面板中放置这些节点后，你可以单击节点，在左侧的属性面板中更改这个节点的值、名称和其他方面。接下来你将练习如何使用向量值来创建一个材质。

▼ **自我尝试**

使用向量值创建一个材质

为了使用向量值创建一个材质，在你刚刚创建的材质上打开材质编辑器，根据下列步骤操作。

1. 通过按 1 并在图表面板中单击创建一个 Constant 值节点。

2. 单击这个 Constant 节点的输出，并拖曳连接到材质的粗糙度输入上。

3. 单击这个 Constant 值节点，在细节面板中查看这个节点的信息。

4. 在细节面板中，将 Constant 值节点的值从默认值 0 改为 1。（注意视口面板中粗糙度的改变。）

5. 通过按 3 并在图表面板中单击可以创建一个 Constant3Vector 值节点。

6. 单击这个 Constant3Vector 节点，在细节面板中查看这个节点的信息。

7. 在细节面板中，更改 R 的值为 1。（如果颜色值没有出现在细节面板中，单击细节面板中的 Constant 选项左侧的小箭头。R、G 和 B 选项出现，你可以单独更改它们控制红色、绿色和蓝色值。）

8. 单击并拖曳 Constant3Vector 的输出到材质节点的基础颜色输入上。（注意颜色改为纯红色，如图 6.6 所示）。

图 6.6

注意当材质节点接收新的输入时出现的改变

6.5.3　材质实例

材质实例是多次重用材质和避免一次又一次重新制作材质的关键。通过更改一个材质中的一些节点，你可以让材质中的特殊节点动态改变。例如，如果你的主材质被一个 Constant3Vector 节点更改为绿色，通过将这个节点改为一个参数，你可以在那个材质的其他实例中很容易地修改这个颜色，而不需要从零开始制作整个材质。

　　为了使用材质实例，主材质必须有动态地将特殊节点转变为基于参数的节点的能力。在最初的材质编辑器中，可以右键单击任何常量节点或向量节点，然后在右键菜单中选择"Convert to Parameter"，如图 6.7 所示。在将这个材质节点转为一个参数后，你可以在细节面板中重命名它，然后在细节面板中修改主材质的任何值或信息，这些都将是你在材质实例中可以修改任何设置的默认值。为了从材质创建一个材质实例，只需要在内容浏览器中右键单击这个材质，选择创建材质实例。这个材质实例适应我们原来创建的父材质的参数。

图 6.7

当一个常量节点被改为一个参数时，它可以被重命名和加标签。然后它可以在材质实例中动态改变

　　当你双击刚刚从主材质创建的材质实例时，可以在细节面板的参数组中看到参数设置。单击你想要修改的参数旁边的勾选框，可以在材质实例中激活参数，这样就可以修改参数了。

创建一个材质实例

打开内容浏览器，根据下列步骤创建一个材质实例。

1. 打开你刚刚在材质编辑器中创建的主材质。
2. 右键单击之前添加的"Constant3Vector"，并选择"Convert to Parameter"。
3. 在细节面板中，重命名这个"Constant3Vector"节点为"Color Param"。
4. 保存更改并关闭材质编辑器。
5. 在内容浏览器中，选择右键单击主材质，选择创建材质实例。
6. 重命名你刚刚创建的材质实例为 Mat_Inst，然后在内容浏览器中双击打开它。

7. 找到细节面板的参数组部分，单击 Color Param 前面的多选框，这个参数现在被激活。

8. 更改颜色值为：设置 R 为 0，G 为 1，B 为 0。（注意颜色变为绿色，如图 6.8 所示。）

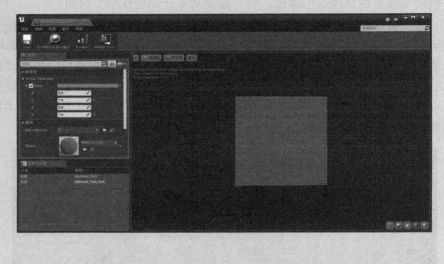

图 6.8

在材质参数中，你可以选择颜色，并将它改为任意颜色而不需要修改源材质

6.6 小结

你现在理解了为什么材质是产品管线中如此重要的部分，以及它们是如何在 UE4 中被创建和使用的。理解 PBR 需要一些练习，使用这个新系统可以产生更加逼真并且全面可信的游戏世界、游戏资源和角色。使用材质实例和材质参数能帮助你提升产品化速度和总体内存保护。通过使用更明智的材质实例和材质参数，你可以节能时间和能量，创建更大的游戏空间，更容易使用有相似材质设置的资源。一个好的材质和 Shader 技术美术师可以找到制作创新的、可重用的对于多个材质实例易读并灵活运用材质的方法。

6.7 问&答

问：我是否必须在 UE4 中使用 PBR 系统？我习惯使用旧系统了，材质编辑器中仍然有高光输入吗？

答： 是的。你需要使用 PBR。几乎所有函数和设置被构建为适用于 PBR。高光输入节点对于最终结果有一些影响，但是它不再像旧版虚幻引擎中那么强大。

问：我是否可以创建和导入一个大于 4096 像素的贴图？

答： 是的，这是可以的，但是不建议这样做。实时渲染一个大于 4096 像素的贴图不仅对于 UE4 困难，对于计算机也一样困难，法线渲染这么大的贴图会让帧率出问题。

问：为什么有些材质输入是灰掉的，不可用的？

答： 材质设置使用特殊的输入来生成最终结果。材质节点的细节面板控制哪些输入在这种材质类型的连接中可见。例如，如果你在制作一个玻璃材质，那可能需要一个不透明输入，但是如果你制作一个砖墙材质，不透明输入就不再需要了。

问：是否可以有多个输出节点连接到一个节点的某个输入端口上？

答：不可以，每个节点的一个输入只接受一个输出。有些时候对于数学函数和其他特殊节点，节点有多个输入节点，但是对于这些类型的节点有多个输入槽。

问：我是否可以更改一个材质实例使其关联到其他材质？

答：是的，这是可以的。在材质实例的细节面板中，你可以重新链接一个不同的基材质给当前材质实例。记住这个材质实例会更新和更改与那个新材质中关联的参数，可能会丢失一些之前参数设置的信息。

问：我是否可以删除主材质，保留它的一个材质实例？

答：不可以，材质实例需要使用来自基材质的信息。但是，你可以切换材质实例引用哪个材质。你只需要确保它有一个获取信息的材质。

问：如果我更改了主材质，材质实例会改变吗？

答：这是使用材质实例的好处！材质实例会尝试对所有实例保持更新。如果你在一个材质实例中激活了一个参数，这个材质实例尝试保留这个值，但是会更新其他没有激活的参数或添加后来产品化中添加的参数。

问：控制板中的所有其他节点是什么？我也可以使用那些节点创建材质吗？

答：那些节点是数学公式、计算和其他特殊节点的一个集合，在材质中除了使用基本常量值和贴图输入获得特殊效果外，你都可以自由使用它们。实验和输入节点查看哪些节点可以给你想要的效果。

6.8 讨论

现在你完成了这一章，检查自己是否能回答下列问题。

6.8.1 提问

1．PBR 是什么的缩写？

2．一个贴图的分辨率为 512 像素×256 像素，这个分辨率是否是可以用在 UE4 中的一个好的贴图分辨率？

3．哪个材质输入决定材质的色彩？

4．材质编辑器中的哪个面板显示了材质的预览？

5．为什么说材质实例很重要？

6.8.2 回答

1．PBR 是 Physically Based Rendering 的缩写。

2．是的，这是 UE4 中的一个有效尺寸。当垂直和水平分辨率不同时，贴图分辨率 512

像素×256 像素仍然遵循规则，可以在 UE4 中被相应减小尺寸。

3．基础颜色输入决定材质的色彩。

4．在材质编辑器中视口面板显示了材质的预览。

5．材质实例让你可以快速迭代，并对参数值作出更改而不需要创建整个新材质。

6.9 练习

在本次练习中，你将创建一个基础材质，为它的粗糙度、基础颜色和金属性创建值，并且创建一个材质实例控制材质的变化。创建材质和材质实例是控制场景的外观和感觉以及光如何在资源的每个方面反应的重要部分。理解每个直接影响游戏可视化的输入是完全理解任何游戏世界搭建的重要方面。最后，理解材质实例和材质参数将使你在项目中得到材质的最大灵活性和可重用性。

1．在内容浏览器中创建一个材质。

2．命名这个材质。

3．打开这个材质，并为粗糙度和金属性创建常量值。

4．为基础颜色创建一个 Constant3 Vector。

5．转换所有 Constant 节点和 Constant3 Vector 节点为参数。

6．重命名所有新参数并给它们赋予默认值。

7．从主材质创建一个材质实例。

8．激活并更改材质实例中的参数的设置。

第 7 章

使用音频系统元素

你在这一章内能学到如下内容。

> 理解音频基础。

> 使用音效 Actor。

> 创建 Sound Cue。

> 使用 Audio Volume 控制音效。

在这一章内，你将学习虚幻引擎中的音频。我们将从学习 UE4 中的音频基本组件开始，然后学习如何在场景中使用音效 Actor 放置音效，也将学习 Sound Cue 的强大能力和使用 Sound Cue 编辑器。

注意：第 7 章的配置

使用第一人称模板和初学者内容创建一个新项目。

By the Way

7.1 音频基础

无论制作的是什么游戏，音效都可能在体验中发挥着重要作用。从场景中的环境音效到角色之间的对话，甚至是背景音乐，游戏中的音效都可以创造或破坏用户体验。大部分时候，玩家不会意识到这些，但是音效是整个游戏中的一个很重要的部分。

7.1.1 Audio Component

UE4 中的音效系统很强大，它有大量组件和术语。刚开始，可能是无所适从的，但是你会逐渐全部理解的。如果你感觉在其他时候深入学习音效更合适，都可以跳到后续课程中，等到你学习了更多复杂功能后再回来继续学习。

这里有该课程涵盖的一些基础组件。

➢　一个声音波形表示所导入的音频文件和存储在那个文件中的回放设置及存储。

➢　一个环境音效 Actor 值被用于表示场景中的音频源。

➢　Sound Cue 资源和 Sound Cue Editor 让你可以合并音效和修改器来修改最终输出。

➢　声音衰减资源负责定义一个音效是如何根据玩家到这个音效的源头的距离被听到的。

7.1.2　导入音频文件

UE4 支持无损未压缩的.wav 文件。如果你的源音频文件不是.wav 格式，可以通过使用免费的 Audacity 音频编辑器及其他软件将它们转换成.wav 格式。Epic 也在它的案例项目和资源商城中提供了大量音频内容让你开始学习。

By the Way

> **注意：Audacity**
>
> 　　Audacity 可以从 http://www.audacityteam.org 下载。

导入音频的最简单方法是直接从操作系统的文件管理器中拖曳一个.wav 文件到内容浏览器中，或者单击内容浏览器中的导入，找到并选择要导入的文件。一旦文件被导入，你可以双击这个音频资源在通用资源编辑器的细节面板中查看它的属性。接下来的自我尝试中，你将学习导入一个.wav 文件。

▼ 自我尝试

导入音频文件

在内容浏览器中，创建一个名为 MyAudio 的文件夹。然后根据下列步骤导入.wav 文件。

1．找到 Hour_07 文件夹，找到 storm.wav 文件。

2．单击并拖曳 storm.wav 到内容浏览器中的 MyAudio 文件夹中，一个新资源就创建了。

3．重复步骤 1 和步骤 2 导入 thunder.wav 文件，它也在 Hour_07 文件夹中。图 7.1 展示了你刚刚导入的资源 storm 和 thunder，以及一个 Steam01 资源。

图 7.1

内容浏览器中的
声音波形资源

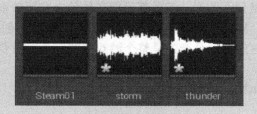

▲

当你将一个音频文件导入内容浏览器时，双击这个资源，可以在通用资源编辑器中编辑这个声音波形资源的属性。你可以设置大量属性，包括压缩质量、是否默认循环、音高，甚至可以添加字幕信息。现在你不需要修改任何东西，图 7.2 展示了通用资源编辑器的细节面板。

图 7.2

声音波形的属性

7.2 使用音效 Actor

对于声音波形来说，如果没有一个音频源来播放是没有任何作用的！环境音效 Actor 是让你可以在一个关卡中播放音效的组件。创建它们的最简单方法是拖曳一个声音波形资源到场景中。你可以在一个场景中创建许多环境音效 Actor，并给予它们各种属性。表 7.1 展示了当一个环境音效 Actor 被选中时，细节面板中可用的属性。

表 7.1   环境音效 Actor 属性

属　　性	说　　明
Sound	指向一个声音波形资源或 Sound Cue 资源
Is UI Sound	决定音效资源是否在游戏暂停时播放
Volume Multiplier	设置音效的整体音量
Pitch Multiplier	设置音效的整体音高
Instance Parameters	为音效启用附加每实例参数
Sound Class Override	可选地为音效资源分配一个组

▼ 自我尝试

放置一个环境音效 Actor

继续前面的自我尝试，现在是时候添加一个音频源了。

1. 打开内容浏览器并找到你在之前的自我尝试中导入的一个声音波形资源。

2. 单击并拖曳这个资源到场景中。

3. 你可以在世界大纲视图中找到这个新 Actor，细节面板中会出现它的属性。

4. 单击播放。你能听到这个音效，但是不能分辨它的来源。

▲

7.2.1 设置 Attenuation

对于出现在 3D 空间中有一个位置的音效，你需要为其指定 Attenuation（衰减）。Attenuation 是音效随着你远离它在 3D 空间中的位置衰减的效果。表 7.2 展示了 Attenuation 属性。

在接下来的自我尝试中，你将使用 Override Attenuation 设置来控制声音从一个放置的 Actor 开始传递的距离。

表 7.2   Attenuation 属性

属　　性	说　　明
Attenuate	启用通过体积使用衰减
Spatialize	启用在 3D 空间中放置音效
Distance Algorithm	指定用于这个衰减模型的体积类型与距离算法
Attenuation Shape	指定衰减体积的形状，通常是一个球体
Radius	指定体积的整体尺寸。在这个半径外，听不到音效
Falloff Distance	指定出现衰减的距离
Non-Spatialized Radius	指定空间定位开始的距离

▼ 自我尝试

覆盖衰减

继续前面的自我尝试，现在是时候设置衰减了。

1. 在世界大纲视图中，从列表中选中环境音效 Actor。

2. 在细节面板中，Attenuation 属性下方，启用 Override Attenuation。一个黄色的线框球体将出现在关卡中的 Actor 周围，这表示声音可以传递的距离。

3. 单击分类下方 Override Attenuation 左侧的三角形展开设置。

4. 设置 Radius 为 200，Falloff Distance 为 50。

5. 预览该关卡。如果你站在衰减球体外，将无法听到该音效。

你可以为每个放置好的环境音效 Actor 调整衰减。你也可以创建可重用的声音衰减，应用给声音波形资源或环境音效 Actor。

> **提示：共享衰减设置**
>
> 随着一个项目的开发，创建一个声音衰减资源，然后让许多音效 Actor 共享它，这是一个不错的办法。这让大量声源调整设置变得更加容易。

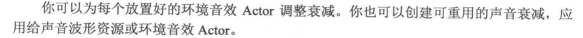

7.2.2　使用 Modulation 属性

调试效果添加运动和深度音效。Modulation 设置可以让你控制音高和音量的最小和最大调制，以及设置一个高频率增益因子。表 7.3 列出并描述了调制属性。

表 7.3　调制属性

属　　性	说　　明
Pitch Modulation Min	当随机决定一个音高因子时，指定较低边界
Pitch Modulation Max	当随机决定一个音高因子时，指定较高边界
Volume Modulation Min	当随机决定一个音量因子时，指定较低边界
Volume Modulation Max	当随机决定一个音量因子时，指定较高边界
High Frequency Gain Multiplier	为这个组件生成的音效指定一个应用给高频增益的因子

7.2.3　创建 Sound Cue

现在，你已经学会了如何应用声音波形资源添加环境音效 Actor，但是对于任何使用声音波形的地方，你也可以使用 Sound Cue。对音频进行控制。如果想随机地修改声音怎么办，例如脚步声或风吹过树的沙沙声？如果想要应用调制和其他效果怎么办？这就是 Sound Cue 发挥作用的地方。Sound Cue 编辑器具有下列面板和按钮，如图 7.3 所示。

> **图表面板**：这个面板显示了从左到右的音频流程。通过一个扬声器图片的输出节点表示最终输出。

> **控制板面板**：这个面板列出了你可以拖进图表面板中连接起来制作复杂音效的各种音频节点。

> **Play Cue**：这个工具栏按钮播放整个 Sound Cue，相当于播放输出节点。

> **Play Node**：这个工具栏按钮仅播放来自选中节点的声音（包括它前面的）。

为了打开 Sound Cue 编辑器，你首先需要创建一个 Sound Cue 资源。在接下来的自我尝试中，你会创建一个新的 Sound Cue，然后添加一个 Wave Player 节点。

图 7.3

Sound Cue 编辑器

▼ 自我尝试

制作一个 Sound Cue

继续前面的自我尝试，这里你将添加一个 Wave Player 节点到 Sound Cue。

1．在内容浏览器中，单击添加新项按钮或右键单击内容浏览器的资源管理区域空白处，弹出新建资源对话框。在创建高级资源下方，从音效列表中选择声音提示。

2．命名这个新的 Sound Cue 为 thunder，然后双击它打开 Sound Cue 编辑器。

3．为了添加这个 thunder 资源，请从控制板面板中拖曳一个 Wave Player 节点到图表视口面板中。

4．在 Wave Player 节点的细节面板中，选择你的音效资源，拖曳它的输出到扬声器的输入端上，此时可以看到如图 7.4 所示的结果。

5．通过单击 Sound Cue 编辑器的工具栏上的 Play Cue 按钮，预览 Sound Cue 的回放。

6．从内容浏览器中拖曳 Sound Cue 到场景中，预览关卡。

图 7.4

Sound Cue 编辑器播放一个音效

当一个 Sound Cue 正在播放时，为了辅助调试，当前激活的节点的连线会变为红色。这让实时跟踪 Sound Cue 的构造变得简单。

在一个 Sound Cue 中混合音效

继续前面的自我尝试，通过一个带有 mixer 节点的 Sound Cue 来制作一个雷暴的大气效果。

1. 打开你在前面的自我尝试中创建的 Sound Cue，添加第 2 个 Wave Player 节点，分配你在之前导入的 Storm.wav 文件。

2. 确保每个 Wave Player 节点都被设置为 Looping。

3. 从控制板面板中拖曳一个 mixer 节点到图表面板中。

4. 从每个 Wave Player 的输出端拖曳到 mixer 的一个输入端上。

5. 测试并保存你的 Sound Cue。当你完成后，Sound Cue 应该如图 7.5 所示。

6. 预览关卡。

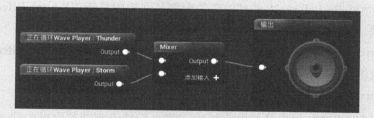

图 7.5

混合了两个音效的 Sound Cue

7.2.4 高级 Sound Cue

你可以通过 Sound Cue 完成极其复杂的超出这一章内容的行为。接下来的步骤是阅读 Epic 的文档和案例，它们包含了每种可用的节点的信息。图 7.6 展示了其中一个高级 Sound Cue。

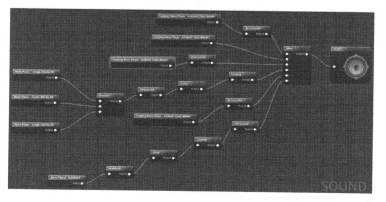

图 7.6

这个 Sound Cue 将声音波形与各种属性混合起来，包括 Attenuation（衰减）、随机、循环和延时

7.3 使用 Audio Volume 控制音效

Audio Volume 不是音效资源，但是它们可以用于在场景中控制和应用各种音效，你也可以在区域中使用它们控制从哪里听到声音。例如，在一个小隧道里面的一个 Audio Volume 可能有 revert（混响）效果来模拟在这样一个隧道中听到的模拟弹性回声效果。

Reverb 效果可以控制一些元素，如混响、回声、空气吸收和其他参数。你可以很容易地调整放置到关卡中任何 Audio Volume 上的元素。

▼ 自我尝试

使用 Audio Volume

在本次自我尝试中，你将创建一个 Audio Volume，通过一些混响效果来模拟一个封闭空间环境。从本课程前面的任何没有封闭空间的场景开始，根据下列步骤操作。

1. 在关卡编辑器中，添加一个 Audio Volume 到关卡中，选择"模式>体积>Audio Volume"，拖曳 Audio Volume 到关卡中。黄色线框表示了这个体积的边界。

2. 在场景中选中"Audio Volume Actor"，在关卡细节面板中单击"Reverb Effect"来添加一个新的混响效果。

3. 在出现的菜单中，选择"创建新资源>混响"，命名新的混响效果为 MyEffect，这将添加这个新的混响资源到内容浏览器中。

4. 在内容浏览器中，双击"MyEffect"混响资源，打开通用资源编辑器。

5. 在混响效果的通用资源编辑器的细节面板中，将光标悬停到细节面板中的 Reverb Parameters 列表中的每个参数上查看对它的说明。为了创建一个明显的回声/失真效果，将 Desity 设置为一个非常低的数，Reflection Gain 设置为一个较高的数。随意尝试其他值，如图 7.7 所示。当你完成时，单击工具栏上的"Save"按钮。

6. 在关卡编辑器中预览，单击"播放"，注意任何声音的播放，以及雷声效果。现在进入 Audio Volume，再次聆听。你应该对 Audio Volume 的使用有了概念。

图 7.7

混响参数

7.4 小结

在这一章中，你学习了在 UE4 中使用音频。从学习音频的基础和让音频工作的组件开始，探索了环境音效 Actor。你学习了如何测试音效和使用衰减，学习了使用 Sound Cue 编辑器并制作了第一个 Sound Cue。然后学习 Audio Volume 完成了这一章的学习。

7.5 问&答

问：UE4 是否支持 2D 音频？

答：当然支持，2D 音频通常没有衰减的音效，本课程涵盖了衰减音效。对于蓝图，有一个 PlaySound2D 节点可以完美用于 2D 和用户界面音效。

问：当使用衰减时，我是否可以使用其他形状而不是球体？

答：可以的。在环境音效 Actor 的 Override Attenuation 设置中，查找 Attenuation Shape 属性，从选项中选择一个。

问：我不满意音效在游戏中有衰减。我可以通过什么来改变这种情况？

答：在环境音效 Actor 的 Override Attenuation 设置中，有一个名为 Distance Algorithm 的属性，你可以设置它来改变声音衰减的方式。

7.6 讨论

现在你完成了这一章，检查一下自己是否能回答下列问题。

7.6.1 提问

1. 真或假：你只可以在 Sound Cue 资源中让声音循环。
2. 真或假：为了导入一个音效，它必须是未压缩的.wav 文件。
3. 真或假：如果你想要添加一个混响效果，可以使用一个 Audio Volume。
4. 真或假：你可以使用 Sound Cue 来混合音效。
5. 真或假：如果你使用环境音效 Actor 在关卡中播放背景音乐，应该希望它有衰减。

7.6.2 回答

1. 假。你可以在通用资源编辑器中设置任何声音波形资源循环。在内容浏览器中，双击声音波形资源打开通用资源编辑器。
2. 真。.wav 文件是常见的音频文件类型。
3. 真。你可以根据自己的需要在一个关卡中放置许多 Audio Volume Actor，给每一个应用不同的混响效果。

4. 真。Sound Cue 资源和 Sound Cue 编辑器让你可能混合和修改声音波形资源。

5. 假。典型的背景音乐应该是玩家在关卡中游戏过程中始终不变（不衰减）的音效。这样你不会想使用衰减。

7.7 练习

在这一章的一个自我尝试中，创建了一个混合了两个声音波形的 Sound Cue 资源。但是你放置的循环雷声听起来并不真实。如何改进它？对于本次练习，通过使用一个 delay 和一个 looping 节点来改进这个效果的质量。

1. 打开你在"在一个 Sound Cue 中混合音效"自我尝试中创建的"Sound Cue"。

2. 从控制板面板中拖曳一个 Delay 节点到图表视图面板中。连接 wave player:thunder 节点的输出端到 Delay 节点。在"Sound Cue"编辑器细节面板中，设置"Delay Min"为 1，"Delay Max"为 5。

3. 从控制板面板中拖曳一个 Looping 节点到图表视图面板中，连接 Delay 节点的输出端到 Looping 节点。

4. 连接 Looping 节点输出端到已放置的 Mixer 节点。当你完成后，Sound Cue 应该如图 7.8 所示。

5. 预览关卡。

图 7.8

这个 Sound Cue 在雷声音效的循环之间有一个随机延时

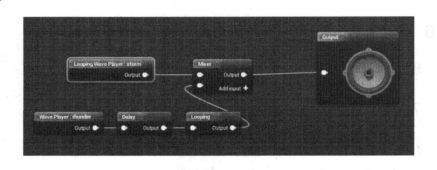

第 8 章

创建地貌和植被

你在这一章内能学到如下内容。

> 使用地貌工具和设置。

> 使用高度图。

> 如何使用地貌材质。

> 如何使用植被工具和设置。

这一章将学习地貌的创建和使用。在创建一个自定义的地貌材质后，使用地貌工具来描画并将分层结果应用到一个刚刚形成的地貌上。然后学习创建植被资源和使用 UE4 的植被工具并放置它们到游戏空间中。

> **注意：第 8 章的配置**
> 创建一个第三人称模板并带有初学者内容的项目。

8.1 使用地貌

当在任何新项目上工作时，你可能发现静态网格物体并不能满足你让玩家探索空间的需求，特别是当创建室外空间时。在这样的情况下，就要使用地貌。地貌工具很强大，可以进行大片分段可编辑的地貌创建，这意味着你可以快速编辑扩展游戏空间并进行有效的渲染以调整游戏。

8.1.1 地貌工具

UE4 中有许多工具可以用于创建和编辑地貌及其参数，你可以在左上角的模式面板中访问默认地貌控件。你可以单击地貌按钮（最中间的按钮），有一个山峰的图表，如图 8.1 所示，打开地貌面板。你也可以按 Ctrl+3 组合键快速打开地貌面板。

图 8.1

你可以通过单击模式面板中的地貌按钮或按 Ctrl+3 组合键访问地貌面板

地貌面板中有 3 个主要标签页。

➢ 管理：这个标签页控制地貌的构建和管理方面。

➢ 雕刻：这个标签页改变地貌几何体的体积和形成。

➢ 描画：这个标签页控制应用到地貌表面的材质类型。

除非你使用这些选项创建了你的第一个地形，否则当前的雕刻和描画标签页会是灰色的，表示不可用。

8.1.2 管理标签页

地貌面板的第一个部分是管理部分，在这里你可以创建地貌和管理已有的地貌。有两种方法开始一个新地貌：你可以根据设置的参数创建一个新地貌，或者根据导入的高度图创建一个地貌。本课程将讨论如何从零开始创建地貌。

8.1.3 高度图

高度图是一个根据灰阶值提供高度变化信息的贴图。在贴图上的白色表示地貌高度增加，黑色像素表示地貌高度降低。高度图类似于其他 3D 软件中的凹凸贴图。这些贴图可以在许多其他雕刻或相片编辑程序中制作，然后在 UE4 中导入并使用，它们也可以直接来自于 UE4。

当你重新创建一个真实世界的位置，并且想使用真实的地形来模拟游戏空间中的区域时，高度图就非常有帮助。同时，你可以使用一个高度图作为蒙版来通知 UE4 什么区域使用哪种指定类型的植被或地貌材质。为了使用高度图作为蒙版，你必须从编辑器中导出它，并在外部应用程序（如 Photoshop）中保存为相应的文件类型。然后你可以将它重新作为贴图导入，并将其作为蒙版。

本课程不会带你通过使用外部高度图来学习地貌制作，因为你将在 UE4 中制作一个地貌，你可以使用 UE4 中的雕刻标签页工具制作一个内部的高度图。你甚至可以从 UE4 中导出你雕刻的地貌的高度图，在外部程序中使用一个贴图格式编辑。贴图格式是常用的贴图格式，保留高度图变化和细节，丢失较少数据。

8.1.4 创建地貌

当创建一个新的地貌时，你有一些选项需要设置。首先是哪个材质被用在地貌上。我们将在之后的"地貌材质"部分讨论材质，但是现在，注意这是学习材质和被附加到新地貌上的材质层的开始。

紧接着材质和材质层设置的是用于新地貌的变换设置，如图 8.2 所示。在这里你可以指定这个新地貌被放在世界空间的哪里，以及它的尺寸和旋转。

地貌控制的下一个部分是地貌 LOD（Level of detailing）技术，这样可以让地貌快速而有效地渲染。这些控制被标记为 Section Size 和 Sections per Component，涉及一次性给玩家显示多少信息。一个较大的 Section Size 意味着在这个组件或部分中渲染较少，这对 CPU 更容易。Sections per Component 值越高，UE4 细分和决定每个部分渲染什么质量的能力越好。在确保高帧率和理想的地貌分辨率之间有一个微妙的平衡，在这里经验是关键，因为对于一个项目来说使用什么数字最佳很难回答。

接下来你可以更改构成整个地貌的每个地貌区块的密度和尺寸。默认情况下，UE4 规定，每个细分地貌区块或平面的密度为 1 像素每米。在垂直方向，或 Z 轴方向，默认设置为 100，高度范围在 256 米左右。这些是在为一个新的地貌操纵和控制这些面板中的密度和尺寸时的重要度量。如果知道了这些度量，你可以通过使用分辨率设置和整体地貌分段的数量以及组件设置来控制整个地貌的顶点数。通过合并这些设置，你可以平衡每个地貌区块的分辨率或顶点密度。

注意：Section Size

为了确保得到最佳帧率，Section Size 是地貌面板中最受监控的设置。增大 Section Size 太多，会因为加强的处理能力要求导致帧率下降和编辑器可用性降低。

By the Way

用于创建新地貌的最后两个选项是地貌面板底部的填充世界和创建按钮。创建按钮仅确认设置完成并使用设置创建一个新的地貌。填充世界按钮创建一个地貌，其尺寸可以填充整个当前可用的游戏空间。

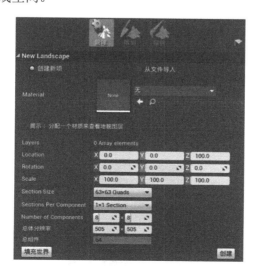

图 8.2

地貌面板中用于创建一个新地貌的管理菜单

创建一个新地貌

为了创建一个新地貌，打开地貌面板并执行下列步骤。

1. 设置 Section Size 为 31×31 Quads。
2. 设置 Sections per Components 为 2×2 Sections。
3. 设置 Number of Components 为 10×10。
4. 单击 "创建" 按钮创建新地貌。

▲

8.1.5 地貌管理

现在你创建了一个新地貌，就可以使用新的选项来控制和管理这个新地貌了。在管理标签页中，你可以看到默认工具是选择按钮，可以使用它来选择用于编辑的地貌区块。当你单击 "选择" 按钮时，出现一个下拉菜单，显示出用于控制刚刚创建的新地貌的其他选项。在这个菜单里的一些选项是用来删除和添加组件的，你可以使用这些选项来将已有的地貌中的一些区块删除或者添加新区块。另一个选项 "变更组件尺寸"，你可以编辑起初创建的地形的组件值。另外，你可以使用地貌面板中的管理工具下的 "移动到关卡" 选项来移动区块到某关卡。这是用于流加载区域或关卡的一个更高级的开发选项，可用于减少渲染能力来显示在玩家视图中不需要永久存在的区域。最后，还有用于创建附加地貌的选项以及控制链接到当前选中地貌的控制样条线（Spline）。

By the Way

> **注意：Spline**
>
> Spline 是一系列运行在地貌上方的连接点。Spline 对创建可延展的道路、人行道和其他更自然的沿地貌表面的结构特别有帮助。

8.2 雕刻形状和体积

现在你创建了一个新地貌，可以开始雕刻形状到地貌中了。雕刻标签页有 3 个下拉菜单：工具、画刷和衰减，如图 8.3 所示。

图 8.3

地貌面板中的雕刻
标签页

8.2.1 工具菜单

工具菜单包含用于控制地貌的表面和体的定义，每个工具与工具类型都有相关的特殊设置。

➢ **雕刻**：这个工具可以在地貌网格上向上或向下雕刻。

➢ **平滑**：这个工具画刷可以平滑或减小由雕刻工具影响的区域之间的差异。

➢ **平整**：这个工具可以将你激活平整工具后第一次单击地貌位置的指定高度与当前地貌进行平整，它会根据选中的值上下移动地貌地形。

➢ **斜坡**：这个工具通过点之间的阶梯不断变化形成斜坡连接两个地貌区域。

➢ **水力侵蚀和腐蚀**：这个工具模拟真实世界中发生的地面腐蚀或磨损，在游戏空间地貌上模拟这个效果。

➢ **噪点**：这个工具给地貌应用一个总体噪点，使用设置来决定噪点量和密度。

➢ **重新拓扑**：这个工具通过减少面组件之间的变化的差异和空白来减小拉伸。

➢ **可见性**：这个工具隐藏或显示地貌网格上选中的面。

➢ **选择**：这个工具标记地貌网格上的选择。

➢ **复制/粘贴**：这个工具选择地貌的一个区块粘贴相似的高度设置到另一个区块上。

8.2.2 画刷菜单

画刷菜单让你可以选择用在地貌上的工具形状，目前有 4 种画刷。

➢ **循环**：这是最基本的默认画刷，它是一个圆形的画刷。

➢ **Alpha**：这个画刷使用一个指定的贴图作为蒙版，像高度图一样通过灰阶值影响。

➢ **图案**：这个画刷在整个地貌上使用重复模式，就像一个用于雕刻的蒙版。

➢ **组件**：这个画刷影响被雕刻区域的整个组件片。

8.2.3 衰减菜单

衰减菜单让你可以控制画刷对被雕刻地貌的影响强度，有 4 种衰减类型。

➢ **平滑**：这是最常用的衰减类型，是在化率的强弱部分之间的软混合。

➢ **线性**：这是一个直接的常量衰减。

➢ **球形**：这是一个对画刷中心影响较弱、向着画刷边缘影响增强的衰减。

➢ **尖端**：这是一个在画刷中心影响较强、向着边缘快速衰减、直至边缘影响消散的衰减。

8.2.4 描画

你可以使用地貌面板的描画标签页描画材质层到地貌网格上，这个标签页提供了许多和雕刻标签页相同的设置和工具。就像在雕刻标签页中一样，描画标签页中的 3 个主要工具是工具、画刷和衰减。每个部分都使用和雕刻标签页相同的规则和应用，但是应该给描画材质应用这些规则。

8.2.5 地貌材质

地貌材质设置有点不同于普通材质设置。为一个地貌创建材质使用制作新材质相同的过程，除了在材质编辑器中使用一个名为 LandscapeLayerBlend 的特殊节点定义图层之间的混合，如图 8.4 所示。通过使用这个节点，不同的贴图被使用和被分到指定图层在地貌设置菜单中调用。为了使用这个节点，只需要通过材质编辑器右侧的控制板面板添加。然后你可以单击这个节点，然后单击这个节点上的"+"号添加图层。你可以添加和使用一个以上图层。

一旦放置在材质中，贴图通常会被合并或混合到一个常规材质中，进入 LandscapeLayerBlend 节点的图层中，然后被放到最终材质的相关输入中，例如基础颜色或法线。你需要小心且正确地命名这些图层，这样 UE4 才能正确地在地貌中定义图层。

▼ 自我尝试

创建一个新的地貌材质

为了创建一个新的地貌材质，并使用你自己的贴图，根据下列步骤操作。

1. 在内容浏览器中创建一个新材质，并命名为 Landscape_Material_Test01。

2. 到这个材质的细节面板中为地貌启用这个材质，在 usage 选项下方勾选 Used with Landscape。

3. 从控制板面板为这个新材质创建一个 LandscapeLayerBlend 节点。

4. 为这个地貌材质导入你想使用的贴图。（对于本次练习，我们将使用 Dirt_01 和 Grass_01 名称的贴图。）然后从内容浏览器中拖曳这些贴图到新材质，或创建贴图采样。Grass_01 和 Dirt_01 基础颜色贴图以及相关的贴图（法线、粗糙度等）现在应该在这个材质中以贴图采样的形式出现。

5. 在 LandscapeLayerBlend 节点中，设置用于这个地貌材质的图层数。为此，选择 LandscapeLayerBlend 节点，到细节面板中。单击 Layers 右侧的"+"按钮。创建两个图层，因为你想要在地貌中混合两个材质。

6. 对于刚刚在 LandscapeLayerBlend 节点的细节面板中创建的图层，使用 Layer Name 选项命名图层为 Dirt 和 Grass。连接 Grass_01 的基础颜色贴图到 Grass 图层，连接 Dirt_01 的基础颜色贴图到 Dirt 图层。

7. 连接 LandscapeLayerBlend 节点到材质节点的基础颜色输入。对于每种贴图类型（法线、基础颜色、粗糙度等），复制刚刚创建的 LandscapeLayerBlend 节点，连接 Landscape LayerBlend 节点到材质节点的相应位置。

8. 默认情况下，在材质预览中不显示贴图，为了测试这些图层，可以到 Landscape LayerBlend 节点，修改 Preview Weight 为任何大于 0 而小于 1 的值。

▲

地貌材质是分层的，不同于普通材质，它们使用不同的混合形式。对于 LandscapeLayerBlend 的每一个图层在细节面板中都有一些可用的混合类型，如图 8.4 所示。目前有 3 种地貌图层混合类型。

> **LB_WeightBlend**：这是用于任何地貌图层类型的默认混合类型。它可以通过一个 0 到 1 之间的附加值混合。在地景上描画的这个图层越多，图层变得越可见。

> **LB_HeightBlend**：这个类型是根据 LandscapeLayerBlend 节点的高度图图层输入和分配的相关联的高度图混合的。

> **LB_AlphaBlend**：这个类型类似于为普通材质进行顶点混合，使用一个蒙版来分开图层之间的贴图过渡。使用一个指定的贴图，图层将使用 alpha 贴图的灰阶值分开和过渡。

通过连接贴图到它们的图层，然后到相应最终材质节点，你可以将这个材质作为一个分层地貌材质使用。然后通过地貌的细节面板将这个材质应用给地貌。一旦一个贴图被连接到一个图层，控制面板将显示相应被选中的图层，并描画到地貌上。

注意：地貌材质节点

材质编辑器中还有其他地貌节点帮助控制地貌对图层和贴图的使用。实验并探索其他节点，查看它们是如何被应用给一个项目中的地貌的。

By the Way

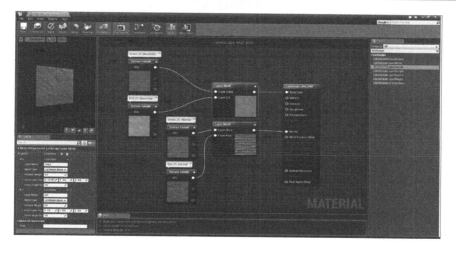

图 8.4

材质编辑器中的 LandscapeLayer Blend 节点让你可以控制许多地貌图层。在这里，你可以看到用于描画地貌的两个材质类型之间的图层混合设置

自我尝试

使用新材质设置地貌

一旦创建了一个地貌，并为它创建了材质，就可以通过下列步骤将这个材质应用给这个地貌。

1. 选中这个地貌，转到细节面板。

2. 在 Landscape 中，添加你的材质到 Landscape Material 处。你前面创建的材质被应用于这个地貌。

3．为了使用你在材质中创建的图层进行描画，必须创建地貌层，在模式面板中单击"地貌"按钮，如图 8.5 所示。

4．在地貌面板中选择描画标签页。

5．查看你之前在材质中创建的图层，现在连接到地貌的 Target Layers 选项。在细节面板中单击每个图层左侧的"+"号为材质中的每个图层创建一个新的地貌层。现在那些图层可以被选用和被启用以在地貌上描画。

6．选择要描画的目标图层，在地貌上单击并拖曳开始描画。选择另一个目标图层开始描画那个图层。

7．为了修改画刷尺寸、画刷衰减或其他描画选项，在画刷设置或工具设置中的 Target Layers 上方更改这些设置。

图 8.5

地貌面板中包含
管理、雕刻和描画
标签页

8.3　使用植被

植被是在场景中被放在地形网格或其他资源上并与其直接关联的一个资源集合。植被资源通常指的是树木、石块、草、灌木和其他与其下方的资源相连的资源。植被面板对于使用决定被放置在哪里的参数和限制设置快速将大量资源放入场景非常有用。手动将草地和树木放到一个开放的开阔地上需要花费很长时间，但是通过使用植被标签页，你可以通过使用画刷工具快速放置这些资源。植被 Actor 可以是内容浏览器中找到的任何静态网格模型。只需要将一个网格模型拖曳到植被标签页上（从左数起第 4 个，其中有一个叶子图标），让这个模型可以被用作一个植被画刷资源，如图 8.6 所示。

植被标签页的左侧有 5 个可用的标签页。

➢　**描画**：对于植被最常用的标签页，描画能控制静态网格的描画选项并影响表面类型。

> **重新应用**：这个标签页给所有已放置的植被静态网格应用当前设置。如果需要在放置后改变植被静态网格的设置，这会非常有用。

> **选择**：这个标签页让你可以在整个世界空间中的植被静态网格中选择某个选择组合。

> **套索选择**：这个标签页让你可以选择植被静态网格的某个选择组合。

> **填充**：这个标签页让你可以使用预期的植被静态网格填充场景中的全部选择。

描画标签页中的设置控制画刷的尺寸或被影响的区域。同时也有密度选项控制你使用这个工具时被放置的资源密度。最后，描画标签页中的多选框可以控制画刷将影响场景的什么部分。例如，关闭地貌选项，仅影响 BSP 和静态网格物体，从场景中的画刷应用静态网格。

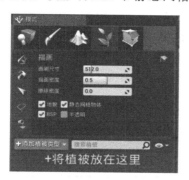

图 8.6

植被标签页

为了在一个场景中放置植被，你必须已经添加静态网格到植被标签页中，如图 8.7 所示。然后，你可以成组或单独选中它们选择和描画所有静态网格。只需要单击这个资源的图标，并勾选左上角的多选框，即可启用一个静态网格；想要关闭它，请勾空那个多选框。当你在场景中使用植被画刷工具时，所有开启的资源会被一起描画。之后，你可以单击右侧列表中每个静态网格右上角的保存符号保存。现在列表中的每个资源都有自己的参数，表明它是如何在画刷中散开和被使用的。每个值或设置都有默认值或设置，如果你从列表中单击一个静态网格，可以通过单击每个资源旁边的多选框，在下方显示/隐藏选项。这些选项影响密度、角度、方向、缩放和许多其他可以改变静态网格在场景中放置的因素。

图 8.7

植被静态网格设置

为了描画当前植被，只需单击场景中的任何地方。当你这样做时，可以根据每个植被静态网格的设置开始放置资源了。为了删除描画的资源，按 Shift 键并单击鼠标左键，拖曳在之前描画的表面区域描画。为了从植被工具中完整移除一种静态网格，只需要从植被标签页中右键单击选择那个资源，然后选择删除，这样场景中这个网格的所有实例都被移除。

▼ 自我尝试

放置植被

为了放置植被，在植被标签页打开的情况下，根据下列步骤操作。

1. 从内容浏览器中拖曳一个静态网格 Actor 到植被面板，将植被放在这里的区域。
2. 更改植被静态网格的密度为 50。
3. 更改半径为 2。
4. 在之前创建的地形上单击并描画。
5. Shift+单击描画区域，删除已经放置的植被静态网格。

▲

8.4 小结

这一章你练习使用了 UE4 中的地形工具，学习了如何操纵地貌的形状和表面。你也对如何创建地貌材质层和描画那些材质层到地貌上有了一个理解。然后你知道了植被工具和如何使用静态网格描画植被到场景中。理解这些工具将扩展你制作更大的可玩游戏空间的能力，帮助你快速使用树木、灌木和其他植被类型填充地貌。

8.5 问&答

问：为什么我应该使用一个地貌而不是一系列静态网格？

答： 对于较大的游戏空间，地貌渲染更加有效，允许最多的开发者同时控制地貌的各个视觉方面。静态网格物体必须被单独控制，而且没有地貌所拥有的剔除和渲染开发。

问：在我将植被静态网格描画到场景中后，可以选择它吗？

答： 可以的。当你在植被面板中时，你可以单独选择已经描画的静态网格并变换它们。

问：是否可以像普通材质一样为地貌材质使用基础颜色、法线、粗糙度和金属属性？

答： 可以。当你为每个输入创建层设置节点时，确保每个层相对于同类层是有相同名称的。例如，dirt 层的名称相对于法线、粗糙度和基础颜色在地貌层节点中是相同的，才能一起正确工作。

8.6 讨论

现在你完成了这一章的学习，检验自己是否可以回答下列问题。

8.6.1　提问

1. 你可以在植被标签页中使用动画网格吗？

2. 一旦你创建了一个地貌，可以更改它的设置吗？

3. 材质中什么节点被用来分层地貌材质？

8.6.2　回答

1. 不可以，只有静态网格是被允许的。那些静态网格通过它们的材质由顶点变形来模拟运动，但是你不能直接使用带有动画的骨架网格物体。

2. 可以，你可以在地貌面板的更改组件尺寸部分改变地貌的设置。

3. 你可以使用 LandscapeLayerBlend 节点分层地貌材质。

8.7　练习

对于本次练习，你可以使用新设置创建一个新地貌，给地形表面添加一些变化。然后创建一个地貌分层材质，将它链接到地貌上，以备在描画标签页中使用。最后，添加一个静态网格物体到植被工具，使用它在地貌表面描画。本次练习帮助你理解如何从零开始创建一个新地貌，并描画分层材质和网格模型到它的表面。

1. 创建一个新地貌。

2. 使用雕刻标签页雕刻地貌表面。

3. 使用斜坡工具融合雕刻表面的两个区域。

4. 使用平滑工具平滑地貌的一个雕刻区域。

5. 创建一个新的分层地貌材质。

6. 添加这个分层地貌材质到这个地貌。

7. 描画不同图层到地貌上。

8. 添加多个静态网格物体到植被工具。

9. 从植被标签页描画每种静态网格。

10. 从植被标签页同时描画所有静态网格。

第9章
游戏世界搭建

你在这一章内能学到如下内容。

> 添加一个关卡到一个项目。

> 如何装扮一个关卡。

> 合并放置好的 Actor 为一个蓝图类。

这一章的目标是熟悉编辑器的主界面和学习一个典型的游戏关卡结构。你将练习搭建游戏世界和设置装饰技能，并练习在前面学习到的技术。搭建游戏世界是将 Actor 和美术资源放入一个关卡的过程。在游戏世界搭建的过程中，关卡设计师和环境美术之间的分界线是模糊的。（在一些生产环境中，搭建游戏世界可能是由关卡设计师负责的。）在这一章中，你将制作一个新项目，使用已有的资源，创建一个新关卡，放置各种类型的资源，并且让自己熟悉游戏世界搭建的技巧。

By the Way

> **注意：第 9 章的配置**
>
> 使用第三人称模板并带有初学者内容创建一个新项目。

▼ 自我尝试

设置一个项目

对于这一章，你需要一个基于第三人称项目模板的新项目，并根据下列步骤设置它。

1. 打开 Launcher，并加载主编辑器。

2. 选择新建项目创建一个新项目。

3. 在蓝图标签页中，选择 "Third Person" 游戏模板。

4. 选择桌面"游戏机"。

5. 选择最高质量。

6. 选择具有初学者内容。

7. 单击创建项目。

▲

注意：内容包

By the Way

　　对于这一章，你可以使用初学者内容。如果不想使用，你可以在 Launcher 的学习部分找到免费的内容或者从虚幻商城下载免费的 Infinity Blade 内容。在 Launcher 中，虚幻商城里面，输入 Infinity，然后查找 Infinity Blade 的资源。如果想使用来自已有项目的内容，你需要将它/它们合并到项目中。如果你下载了 Infinity Blade 内容，它将被添加到你的存储中，在 Launcher 的工作标签页下，你可以将它添加到你的项目。

9.1　搭建游戏世界

　　游戏世界搭建需要取决于你正在开发的游戏类型，但是基本过程适用于大部分产品。现在，你可以使用已有的资源工作，不需要担心游戏性或建模和给新内容画贴图。这样，你可以熟悉编辑器界面，并专注于你的游戏世界搭建技能。

　　好的游戏世界搭建，包括使用合适的比例、颜色、光照、音效和资源放置，建立一个气氛，唤起玩家所需的情绪反应。设置装饰不仅要好看，还需要引导玩家游历关卡，建立沉浸感。

9.1.1　环境叙事

　　如果你是在做一个游戏，这是一个好机会，已经有一个既定的故事决定你的关卡需要描述位置。当你在设置装饰时，它可以帮助你为自己制作的每个空间形成视觉故事。在你开始搭建一个关卡前，查看你所需要使用的所有视觉资源，并通过创建一个简单的故事解释玩家移动到你创建的空间时会发生什么。这将有助于你对之后的资源放置和光照作出决定。

▼ 自我尝试

创建一个默认关卡

　　每个项目都是从一个默认地图开始，让你可以快速测试 GameMode 和玩家的控制。你已经创建了一个项目，现在需要在它里面创建一个关卡。

1. 在内容浏览器中，创建一个文件夹，命名为 Maps。

2. 在主菜单栏中，选择"文件>新建关卡"或按下 Ctrl+N 组合键。

3．在弹出的对话框中选择"Default"关卡。

4．保存你刚刚创建的关卡到 Maps 文件夹。

9.1.2　关卡的结构

在刚刚创建的关卡中，查看世界大纲面板，你可以看到这个默认地图已经有一些放置好的 Actor 了。花点儿时间选中，在细节面板中查看每个放置好的 Actor 名称、Actor 类型和属性。现在有 Floor Static Mesh Actor 建立了一个地面平面，Player Start Actor 定义了当玩这个关卡时 Pawn 出生的位置。存在两个光源：Sky Light 捕捉一个帮助场景整体照明的立方图和一个建立了太阳方向的 Directional Light。Atmospheric Fog Actor 近似模拟行星大气中光的散射。最后有一个名为 Sky_Sphere 的蓝图类，通过使用蓝图控制一个 StaticMesh 上的动态材质来控制关卡中天空的外观。如果你将视口切换为顶视图，一直放大，可以看到天空圆顶缩放大于网格。

By the Way

注意：**Directional Light**

　　Directional Light 的位置并不重要，重要的是它的方向。来自 Directional Light 的光从游戏世界外开始发射，沿着 Directional Light 的方向传播。因为这个光源是在无限远处的,这种光源被用于模拟太阳,并且没有直接的衰减。

9.2　搭建游戏世界流程

现在你设置好了一个项目，让我们来讨论一下流程。当设置装饰时，使用下面的迭代流程进行分阶段工作是很好的方法。

1．比例和范围。你需要建立比例和设置关卡的范围，通常可以使用简单的原型体对象完成。

2．壳和阻挡。处理关卡所需要的建筑和结构的过程是通过放大大型建筑和结构的形式完成，如建筑物、墙壁或其他结构元素。你可以使用原型形状，最终在资源完成后替换。

3．道具和资源放置。这个阶段涉及放置道具和装饰资源，如与本项目相关的长椅、灌木和垃圾桶。

4．光照和音效。在这个阶段，你可以放置光源和 Ambient Audio Actor。

5．测试和完善。这里涉及以玩家的视角试玩这个关卡，识别、调整和修复错误。

重复步骤 3～5，直到你满意为止。接下来的内容将带你学习这个过程的所有部分。

9.2.1　建立比例

当搭建一个关卡时，为游戏环境建立一个适当有效的比例是设定关卡情境的一个重要方面。为此，你需要知道玩家角色的尺寸。在 UE4 中，记住 1 虚幻单位（uu）默认等于真实世界的 1 厘米，所以如果在你的游戏中平均角色高度为 6 英尺，它将会是 182.88 厘米（1.82 米）或 182.88uu 高。即使你还没有完成最终角色的建模，放置角色的临时可视化外观也可以完成大部分比例建模。

为比例放置一个参考

使用一个角色资源甚至是一个表示平均角色尺寸的简单原型形状可以帮助你设置关卡的比例。根据下列步骤放置一个由第三人称游戏模板提供的 Skeletal Mesh。

1. 打开你在前面的自我尝试中创建的默认关卡。

2. 在内容浏览器中找到 "ThirdPersonBP>Character>Mesh"，找到 SK_Mannequin 资源。

3. 拖曳 SK_Mannequin Skeletal Mesh 到你的关卡中，放在 Floor Actor 上。

4. 保存并预览此关卡。图 9.1 展示了 SK_Mannequin 放置比例参考。

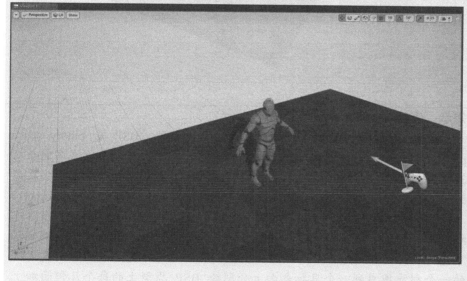

图 9.1

角色比例参考

9.2.2 建立范围

现在你创建并保存了一个默认地图，是时候建立这个关卡的范围了。通常并不是关卡越大就越好，但许多美工和设计师新手都会犯这样的错误，他们的项目范围过大，并且急于尝试搭建大规模的 MMO 级关卡。这很有可能面临挫折，并且增加解决随之而来的问题。如果开始时就遵守好的经验法则，选择质量而不是数量。随着你对 UE4 和编辑器更加熟悉，你就可以增加项目的复杂性。

这一章将为你展示如何从默认 Floor Static Mesh 开始，进行一些小修小补。在模式面板中选择放置标签页，从左侧列表中选择 Geometry，你现在可以看到可以放在关卡中的 BSP Actor 的列表。单击拖曳一个盒体 BSP Actor 到关卡的视口中。在放置的立方体 Actor 已选中的情况下，在 Brush Settings 下方，设置 Y 为 440 单位，Z 为 50 单位。现在将这个 BSP 盒体放在 Floor Static Mesh 的上方，这样盒体的底面边和 floor 的顶边对齐，如图 9.2 所示。这将是关卡的地面。它并不壮丽，但却是一个好的开始点。

图 9.2

一个盒体 BSP 被放置建立关卡

Did you Know?

提示：使用 BSP Actor

BSP Actor 是 UE4 中程序化生成的几何原型。BSP 是 binary space partitioning 的缩写，这些 Actor 是 3D 几何体，但是被处理的方式不同于从 3D 建模软件中导入的模型。BSP 对于快速阻隔出一个关卡非常有用。在谈到 BSP 的时候，你有可能听过另一个术语 constructive solid geometry（CSG），表示它们是连续的形状。你可以为多个 BSP 执行简单的布尔建模任务，通过从 Additive 到 Subtractive 改变它们的状态。你可以在编辑器中通过使用简单的平面投影给它们加上纹理，也可以通过将内容浏览器中的一个材质拖曳到一个目标表面上分别给 BSP 原型上的每个几何面加上纹理。

通过在模式面板中切换到几何体编辑标签页，你可以给 BSP Actor 进行其他简单建模任务。但是，如果你需要一些更加复杂的东西，则应该使用建模软件，然后导入一个 Static Mesh。当使用 BSP 时，最好直接在细节面板的 Brush Settings 下直接设置它们的尺寸，避免缩放。

9.2.3　壳和阻挡

当建立好地面后，你可以开始阻隔出这个关卡的结构资源。在内容浏览器中的 StarterContent

文件夹的 Architecture 中，你可以找到可以使用的 Static Mesh。选中"wall_door_400x300 Static Mesh"资源，将它拖曳到关卡中，并将它放在 BSP 盒体旁边，面向 floor。在其他侧面和屋顶继续这样做，直到完成一个简单的盒体，如图 9.3 所示。

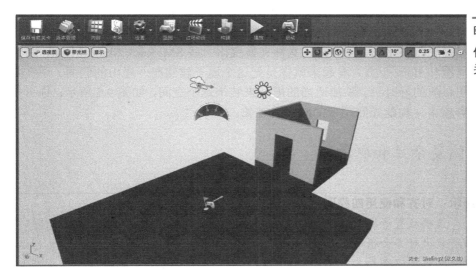

图 9.3

使用 BSP Actor 的关卡外壳和阻挡

一旦搭建完一个简单的房间，请拖曳生成另一个盒体 BSP Actor，围绕这 floor 网格制作墙壁。当你完成后，最终的阻隔看起来如图 9.4 所示。

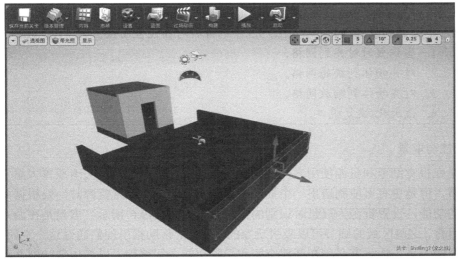

图 9.4

关卡搭建过程

9.2.4 放置道具和资源

在阻隔出一个关卡后，你可以在它里面放置道具和资源。在内容浏览器中，Starter Content 文件夹下有一个名为 Props 的文件夹，可以在里面找到用于装饰关卡的资源。因为你是在一个虚拟空间中工作，所以不必担心结构的准确性，但是你也不想让玩家看到幕布后面的东西，所以需要打破平衡。从 Props 文件夹拖曳出一些 SM_Rock Static Mesh，将它们放在屋子外的周围和 floor 下方，看起来就像是把这个屋子建立在一座山的侧面。现在是开始给一些面分配材质的好时机。添加适当的模型来装饰这个空间，如图 9.5 所示。你可能注意到添加的内容越多，构建光照花费的时间就越长。

9.2.5 视觉复杂性和取景

Did you Know?

提示：对齐和使用四视图

正确放置资源并排列它们会很烦琐。当平移、缩放或旋转 Actor 的同时启用变换对齐会很有帮助（变换对齐在"第 3 章"中已经学过）。它也可以帮助改变视口布局为 4 个面板，这样你可以在排列东西的时候使用顶视图、侧视图和前视图。为了改变视口布局，可以单击对齐设置同行最右侧的最大化或恢复该视图图标，如图 9.5 所示。

图 9.5
变换、网格设置
和视口切换

下面的列表可以用于识别图 9.5 中的 4 种对齐设置面板。
1. 当拖曳时对齐到网格。
2. 对齐物体到旋转网格。
3. 对齐物体到缩放网格。
4. 最大化/恢复视口。

1. 视觉复杂性与取景

视觉复杂性是在视觉细节和资源使用之间找到一个平衡点。随机在一个关卡放置大量资源可能会增加细节，但是更有可能制造出一个拙劣而混乱的体验。当放置资源时，要根据故事情节考虑空间的功能，设置资源为取景时识别的关键位置，如图 9.6 所示。取景是在游戏世界中创建迷你组合，这些区域的细节可以吸引玩家的注意力，帮助指引他们通过这个空间。尝试创建有趣的空间关系，让玩家必须在开放空间和受限空间之间移动，以增加趣味性并帮助定义细节区域。

图 9.6

道具和资源放置及
分配材质

2. 使用模块化资源

你可能注意到了 StarterContent 中提供的许多 Static Mesh 是用于模块化建模的。好的模块化建模资源是根据一致的单位和正确的本地轴心点位置建模的，所以它们很容易对齐到一起。这有助于减小设置装饰所需的时间，但是也增加了重复性和一致性的概率。因为使用了模块化资源，所以好的装饰设置是快速的，但是需要掩盖相似资源的重用来创造一个令人信服的空间。

> **提示：网格和对齐**
>
> 使用模块化资源和网格对齐的缺点会让你的关卡太过均匀和网格化。所以你必须在关卡上做一个特殊的通道，在这里做一些小的变换改变，让一切变得尽可能自然。

Did you Know?

3. 合并 Actor 到单个蓝图类

当设置装饰时，合并资源是一个不错的主意，你可以使用几种方式来合并资源。就像在第 3 章中讨论的，在世界大纲面板中移动放置好的 Actor 到一个文件夹中，分配 Actor 到图层。虽然在游戏世界搭建过程中这些方法是快速而有益的，但它们对于正在工作的关卡是独特的。合并 Actor 到单个蓝图类，可以让你更好地实现组合和附加。这样做还可以获得跨多个关卡可重用的 Actor，并且最后还可以使用脚本功能。

> **提示：合并资源**
>
> 当设置装饰时，你不一定总能找到需要的资源或专门有一个建模师负责创建新内容。如果你有创造力，可以使用已有的资源合并为一个蓝图类来构建一个新资源。在创建这些资源并将它们放在关卡中后，你可以像其他 Actor 一样平移、缩放和旋转它们。

Did you Know?

▼ 自我尝试

创建一个简单的蓝图类

蓝图类在后续的课程中会深入讲解，但是在这里你将学习一种将多个 Actor 合并为一个可重用的蓝图类的简单方法。

1. 在内容浏览器中创建一个文件夹，命名为 MyBlueprints。

2. 在内容浏览器的 Starter Content 中找到一个圆柱体 Static Mesh 资源。

3. 将这个圆柱体网格放入你的关卡中，并缩放到想要的尺寸。

4. 通过从内容浏览器中拖曳一个材质到这个 Static Mesh Actor 上给这个放置好的圆柱体分配一个材质。

5. 在 Starter Content 中找到 Fire01_Cue Sound Cue 资源，将它拖曳到关卡中，并将它放在圆柱体顶部。

6. 在模式面板的放置标签页中添加一个点光源 Actor。放置这个光源，使其在圆柱体上方。设置 color（颜色）、intensity（强度）、attenuation radius（衰减半径）为你想要的值。

7. 在 Starter Content 中找到 P_Fire 粒子系统，将它添加到关卡中，并放在圆柱体上方。

8. 选中关卡中第 2~7 步中所有放置了的 Actor。然后单击主工具栏上的蓝图图标，选择组件为蓝图类。

9. 如图 9.7 所示，在出现的对话框中，选择一个路径，将这个蓝图类命名为 P_Fire_Blueprint，然后单击创建蓝图。

图 9.7

合并放置的 Actor 为一个可重用的蓝图资源

10. 在关卡编辑器的主界面，选择"文件>保存所有"。

11. 在内容浏览器中，找到刚刚创建的蓝图资源，将它多次拖曳到关卡中。

4. 创建游戏世界远景

游戏世界远景指的是距离玩家可以探索的区域很遥远的区域。游戏世界远景制造了一个假象，好像这个关卡在远比实际更大的世界里，如图 9.8 所示。游戏世界远景的常见例子有远处的山脉和城市。游戏世界远景的概念也可以被用于更加直接的空间，例如玩家可以看到但进不去的房间，或建筑物之间的栅栏。

当你搭建一个关卡时，想用一些不同的方法来实现这个概念。下面将提供一些建议让你参考。

图 9.8

游戏世界远景的常见实现

就像你在图 9.8 中所看到的，一块大石头被悬空放在空中以建立世界远景。如果玩家看到这个石头不是悬空的会更好。添加一个指数级高度雾 Actor 到关卡中帮助模糊玩家的视图，如图 9.9 所示。

图 9.9

使用指数级高度雾装饰关卡

9.2.6 光照和音效

进入装饰过程的第 4 个阶段，是时候开始放置光源和环境音效 Actor 了。

1. 光源

光源是设置装饰的一个重要方面。它将空间和所有已放置的 Actor 结合起来形成一个一致的视觉体验，它建立了情境，最终玩家的情绪会响应环境。初学者往往将注意力放在调整光源的强度上，而忘记了配置关卡中光源的颜色。这是设置关卡情境的一个重要事情，变化光源的颜色也会帮助引导玩家从一个空间到另一个空间。

当使用光源时，在视图模式之间切换很有帮助，如带光照、细节光照和仅光照。在这种方式下，你可以看到放置在关卡中的每个资源的表面都是灰色的，让你可以看到放置在游戏世界中的所有光源的颜色和强度，以及它们是如何一起工作的，如图 9.10 所示。根据需要添加点光源 Actor 和聚光源 Actor 到关卡中。然后调整 Intensity 强度、Light Color 光照颜色和 Attenuation 衰减设置。不要忘记已经放置了的定向光源 Actor 和天空光源 Actor。

图 9.10

设置视口视图模式为仅光照，帮助你不带材质查看关卡中的光照

转到"第 5 章"，复习如何使用光源。

提示：视图模式

你可以很容易地改变视口的视图模式，通过使用下列快捷键选择一个模式。

➢ 线框：按 Alt+2 组合键。

➢ 不带光照：按 Alt+3 组合键。

➢ 带光照：按 Alt+4 组合键。

➢ 细节光照：按 Alt+5 组合键。

➢ 仅光照：按 Alt+6 组合键。

➢ 光照复杂度：按 Alt+7 组合键。

提示：无表现添加光源

因为光源 Actor 很容易放置，初学者经常照亮关卡中的区域，但是忘记放置可见源。无论它是一个灯笼、一个灯泡还是一个火炬，确保有一个 Actor 表示光照是从哪里发出，给出照亮空间的物体。

2．阴影颜色

改变场景中的光源的颜色和强度可以帮助建立情境，但是记住阴影一直是黑色的。当你不能直接改变场景中阴影的颜色时，可以通过放置一个天空光源将它们的颜色变淡。在关卡中选中天空光源 Actor，在细节面板中，在 Light 分类下，调整 Light Color 光照颜色和 Intensity 强度来达到你想要的效果。

3. Lightmass Importance Volume

如果你已经通过这个过程构建了光照，可能注意到构建光照花费的时间会随着关卡中内容数量的增加而增加。当你构建光照时，Lightmass 计算光线在关卡中的反弹次数（默认 3 次反弹）。如果一条光线照射在一个表面上，反弹出去，继续传递而不再射中另一个表面时，UE4 会继续处理这条光线，直到它离开这个关卡。为了最小化这个过程，你可以设置 Lightmass Importance Volume 来定义光线不再被处理的区域。当你这样做的时候，可以极大地降低构建光照花费的时间。

Lightmass Importance Volume 位于模式面板的体积分类中。一旦将它添加到一个关卡中，你可以在细节面板中的 Brush Settings 下调整这个体积的尺寸和形状。当放置这个体积时，你应该让它围绕并包含住这个关卡的重要区域。

4. 音效

简单的环境音效可以给静态关卡带来生机。音效对玩家的感知有巨大影响。如呼啸的风声、鸟儿鸣叫、远处的雷声和发动机的杂声等音效都是好的环境音效，有助于给静态世界注入生命气息，而环境音效通常是循环的。

为了添加环境音效 Actor 到关卡中，在内容浏览器中找到一个 Sound Wave 资源，拖曳到关卡中，然后调整属性。在 Attenuation 下方，勾选 Override Attenuation 设置，然后调整半径和衰减距离。

转到"第 7 章"，复习使用音效 Actor。

9.2.7　试玩和完善

在你完成游戏世界搭建过程的剩余部分后（如形成关卡），请放置 Static Mesh Actor 并设置光照和音效，你需要通过试玩来检查所有工作是否完善。希望你在工作过程中已经定期试玩自己的关卡了。如果你没有，现在也是一个好时机，单击关卡编辑器工具栏上的 Play 按钮，在关卡中走动。

尝试从玩家的视角查看关卡并找出问题，查找不易注意的细节之处。细节可以在许多方面表现出来，如没有被分配材质的面或浮在地表的物体或沉入地下的物体。查看资源放置，检查道具是否一直在房屋的周围，没有插入到室内？也要确保建筑空间不是完全对称的，在关卡中没有那么多不同的材质，因此玩家的眼睛永远不能休息。

在你对关卡做出必要的改善后，可以添加一些其他 Actor 让关卡的最终外观带来巨大改变。你可以在模式面板的视觉效果下找到这些视觉效果 Actor，如球体捕捉反射、雾和 Post Process Volume Actor。当你在关卡中放置这些 Actor 时，正确调整它们，这些 Actor 会让最终的游戏看起来更专业。

1. 反射

球体和盒体捕捉反射 Actor，从它们的位置捕捉关卡的图像，如果近处的 Actor 有带有反射属性的材质，会反射到附近的其他 Actor 上。虽然这些 Actor 不能创建准确的反射，但使用它们是非常有效和高效的，因为场景捕捉是在运行前被计算的。你可以根据需要将它们放在关卡中。

2. 雾 Actor

游戏厂商过去使用雾来掩盖关卡中很小且较少的资源，以及为了裁剪远处的资源来改进渲染效率的效果。今天，雾更是一种美学的选择，但是请小心，因为雾很容易让场景变得平淡，因为它会在光照中洗掉对比度。

目前有两种雾 Actor 可以被你放到场景中。

➢ 大气雾：大气雾通常被用于室外关卡，并模拟大气光散射。它直接与放在关卡中的一个定向光源一起工作。

➢ 指数级高度雾：指数级高度雾根据高度控制关卡中雾的密度：低处比高处有更高的雾密度。

3. Post Process Volume Actor

后期处理可以让你给场景应用摄像机效果。你可以调整一些属性，如渲染图像的景深、动态模糊和场景颜色，可以使用 Post Process Volume Actor 在场景中一个原型形状定义的区域应用这些效果。一旦 Post Process Volume Actor 被放入关卡中并被选中，你可以在细节面板下的 Brush Settings 下调整这个 Actor 的尺寸和形状。当摄像机进入 Post Process Volume Actor 时，摄像机效果将被应用。图 9.11 展示了关卡在放置调整了颜色校正、场景颜色和景深属性在 Post Process Volume Actor 放置前和放置后的效果。

图 9.11

一个装饰好的关卡，后期处理前（顶部）和后期处理后（底部）

你可以在场景中放置多个 Post Process Volume Actor，也可以放置一个。通过在细节面板 Brush Settings 下的 Post Process Volume 分类中启用 Unbound 让它影响整个关卡，在这里你还可以找到你可以控制的所有其他属性。

9.3 小结

在这一章中，你学习了添加一个新的关卡到项目中，并且学习了大量关于装饰关卡的新技能。你也学习了关于创建游戏世界的一些基本概念并使用了在前面课程中学到的技能。在这一章中，你可以看到一个好的装饰师应该像一个室内设计师和一个景观设计师一样思考，在基于离散的环境叙事中创造有趣的区域。

9.4 问&答

问：当我在关卡中放置 Static Mesh Actor 时，它们相互交叉，为什么一些重叠的面会闪烁？

答：当放置 Static Mesh Actor 时，让它们相互交叉是可以的；但是如果有多边形是共面的（即共享相同的空间），渲染引擎就不知道该显示哪个多边形，这样就导致闪烁，因为 UE4 在尝试确定排序问题。为了修复这个问题，只需要偏移其中一个资源。

问：当我预览一个关卡时，为什么能够穿过一些 Static Mesh Actor？

答：最有可能的是，这些静态网格资源丢失了碰撞壳。为了修复这个问题，请到内容浏览器中找到这些静态网格，在 Static Mesh Editor 中打开，并生成一个新的碰撞壳。参见"第4 章"。

问：当我尝试在 Sky_Sphere Actor 上调整天空颜色时，我的选择没有效果。为什么？

答：默认情况下，Sky_Sphere 的颜色是由定向光源决定的。你可以改变定向光源的旋转，或选中 Sky_Sphere Actor，在细节面板中，取消选择 Colors Determined By Sun Position。然后你可以在 Sky_Sphere Actor 上修改覆盖设置。

问：为什么我会在放置的一些 Static Mesh 上看到 preview 字符？为什么我被提醒光照需要构建？

答：如果你的 Static Mesh 和光源 Actor 的移动性被设置为静态，你必须构建光照来为那些 Actor 创建光照和阴影数据。如果你的关卡不是太大，光照构建不会花费很长时间，定期构建光照是无害的。

问：为什么我一直会看到"there is no Lightmass importance volume"的消息？

答：你需要添加一个 Lightmass Importance Volume 设置到场景中，并设置它的尺寸恰好让所有其他资源被包含在它的体积内。

问：我必须使用 BSP 来围出关卡吗？

答：不是的。只使用静态网格资源也是可以的。

问：我的角色可以跳过墙来到关卡外。如何阻止这种情况？

答：根据资源的比例，玩家可能有能力跳得比这个资源更高，这真的是一个预先规划的问题。在你装饰整个关卡前，最好知道 pawn 的能力。但是，你可以放置模式面板下的体积中的 Block Volume Actor 来定义玩家不可穿过的不可见区域。

9.5 讨论

现在你完成了这一章的学习，检查自己是否能够回答下列问题。

9.5.1 提问

1. 如果为一个关卡构建光照花费的时间太长，你可以设置什么选项以通过剔除传递到定义区域外的光线来缩短构建时间？

2. 如果你使用了带有反射属性的材质，但是反射没有出现，你应该添加哪种 Actor？

3. 如果 Pawn 跳过墙并掉在关卡外，你可以放置什么 Actor 来制作不可见的碰撞壳？

4. 真或假：在世界大纲面板中组合并链接 Actor 是仅有的合并 Actor 的方法。

5. 真或假：游戏世界远景的概念仅仅指的是玩家无法探索到的远距离的地方。

9.5.2 回答

1. 如果为一个关卡构建光照花费太多时间，你可以添加一个 Lightmass Importance Volume 来缩短构建时间。

2. 如果你使用了带有反射属性的材质，但是反射没有出现，你应该放置球体或盒体反射捕捉 Actor 到关卡中。

3. 如果 Pawn 可以跳过墙，掉到关卡外，你可以在关卡中放置 Blocking Volume Actor。

4. 假；已经放置的 Actor 可以合并到一个蓝图类中，可以在你的项目中的所有关卡中被重复使用。

5. 假；远距离的地方一般是游戏世界远景最常见的表现，它也指的是任何玩家能够看到但是不能达到的邻近区域。

9.6 练习

对于本次练习，使用空关卡模板创建并装饰第二个关卡。空关卡模板没有任何能在 Default 模板中找到的已经放置的 Actor。开始熟悉并使用所有需要的 Actor 来设置一个基本的关卡是一个很好的练习，使用已有的资源和材质装饰一个小环境，应该会有一个一致的视觉主题将空间和焦点物体联系到一起。你需具备对实现常见装饰概念的理解能力，例如视觉复杂性和处理世界远景。

1. 在你为这一章创建的项目中，从主菜单栏中选择"文件>新建关卡"，如按 Ctrl+N 组合键。

2. 在出现的对话框中，选择空关卡。

3．保存刚刚创建的关卡到 Maps 文件夹。

4．添加一个 BSP 盒体，并在细节面板的 Brush Settings 下，设置 X 为 2000、Y 为 2000、Z 为 50。

5．添加一个玩家起始 Actor。

6．添加一个定向光源。

7．添加一个天空光源。

8．添加一个大气雾 Actor。

9．添加 Sky_Sphere 蓝图 Actor。

10．从另一个项目合并静态网格、材质、粒子系统和想要的资源，或从商城添加内容包。

11．装饰这个关卡。

12．添加一个指数级高度雾 Actor。

13．添加一个 Lightmass Importance Volume Actor。

14．添加球体反射捕捉 Actor。

15．添加一个 Post Process Volume Actor。

第 10 章

制作粒子效果

你在这一章内能学到如下内容。

➢ 理解粒子和类型数据。

➢ 使用 Cascade 编辑器。

➢ 使用发射器和模块。

➢ 使用曲线编辑器。

➢ 为粒子设置材质。

➢ 触发粒子系统。

粒子系统是构成游戏中视觉效果的部分。你可以为爆炸、枪口火焰、在风中飘落的树叶、瀑布、魔法能量、闪电、雨、灰尘和火焰等使用粒子。在 UE4 中，你可以通过 Cascade 编辑器操纵许多不同的特点来制作各种特效。这个实时粒子编辑器和 UE4 的模块化控制粒子行为的方法可以让你快速而轻松地制作最复杂的粒子效果。在这一章中，你将学习 UE4 中的不同类型的粒子，学习如何使用 Cascade 编辑器创建和控制粒子行为，学习如何使用 SubUV 贴图，学习如何通过关卡编辑器使用粒子效果。

By the Way

> **注意：第 10 章的配置**
>
> 对于这一章，你需要打开 "Hour_10" 文件夹。这个文件夹包含了有用的贴图和可以进一步理解这一章中粒子系统的概念。

10.1 理解粒子和数据类型

在视频游戏中，一个粒子是空间中的一个点，遵循一系列决定其位置和各种视觉属性的规则。通常有一些形式的模型网格被附加在这些点上，导致玩家会看到粒子。存在许多不同类型的粒子，每种粒子都有一个不同类型的网格或结构附加到它的点。

UE4 包括下列粒子发射器类型，每种适用于不同的情形。

- ➤ **Sprites**：是目前最常见的发射器类型，一个 Sprite 是一个面向摄像机表面上有定义视觉效果的一个贴图的方片网格。Sprite 经常被用于烟雾和火焰，但是它们可以被用于创建许多其他特效。特效通常是通过默认面向摄像机的 Sprite Emitter 制作的。

- ➤ **Mesh data**：通过使用这种类型的发射器，一个粒子被附加到一个多边形网格上。这可以制作来自爆炸的崩落的石块或飞溅的碎片等很好看的特效。

- ➤ **Anim-trail data**：仅用于 Skeletal Mesh 和动画，Anim-Trail Data Emitter 使用来自 Skeletal Mesh 的插槽创建尾迹，这对于制作剑或其他近战武器的轨迹很好用。

- ➤ **Beam data**：这种类型的发射器是绘制在最近创建的粒子之间的一系列面向摄像机的方片。这种类型通常被用于激光、闪电或相似的特效。

- ➤ **GPU Sprites**：它与默认的 Sprite 非常相似，但 GPU Sprite 的不同在于它是完全在图形处理器上模拟，这让你可以模拟和渲染比 CPU 更高数量级的粒子。Sprite 默认的一些功能对于 GPU Sprite 不可用，但是，当需要模拟大量的特效时，使用 GPU Sprite 最有用，例如火花、烟花、雪或雨。

- ➤ **Ribbon data**：这种类型的发射器在每对相邻放置的粒子之间绘制四方片，通过平滑曲线实现插值混合。这种类型经常被用于移动发射器来创建机车或弹丸尾迹。

这一章主要关注 3 种最常见的粒子发射器：Sprite、GPU Sprite 和 Mesh Data。

10.2 使用 Cascade 编辑器

UE 4 有一个名为 Cascade 的强大的粒子编辑器。Cascade 界面和它里面的选项一开始看起来可能有点吓人，但是这种让粒子行为多功能和模块化的方法让 Cascade 成为了一个非常有用的工具。

一个粒子系统是一个或多个粒子发射器（可能是不同类型的）形成特效的一个集合。每个粒子发射器产生任意数量的粒子，并控制它们的行为和表现。你可以通过从任何粒子发射器中添加或移除的模块来控制这些行为。

模块可以控制粒子效果的粒子大小、颜色、速度和旋转等，它们也可以处理碰撞。

你可以通过在内容浏览器中双击任何粒子模板来打开 Cascade。Cascade 编辑器有 6 个主要部分，如图 10.1 所示，下面是对它们的说明。

这个部分包括工具栏、视口面板、发射器面板、模块面板、细节面板、曲线编辑器。下面是对这 6 个部分的说明。

- ➤ **工具栏**：就像 UE4 中的其他编辑器一样，工具栏是你可以保存修改和处理资源级的操作的地方。重要的常用选项有 Restart Sim 和 Restart Level，使 UE4 从零开始制作一个粒子系统。

- ➤ **视口面板**：这个面板为你的粒子系统提供了一个完整的预览视口，同时可以使用常见移动控制。

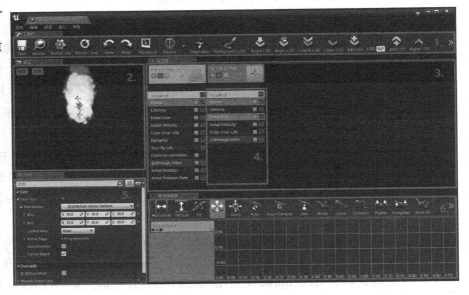

图 10.1

Cascade 的 6 个重
要部分

➢ **发射器面板**：这个面板包含选中的粒子模板中的所有发射器。每个发射器是粒子的
一部分，控制不同的粒子，并通过一个列表示。你可以通过右键单击空白位置添加
一个新的发射器。

➢ **模块面板**：这个面板控制在发射器面板中所选中的发射器的行为。每个模块被显示
为一行，同时有一个类型名称和一个多选框来启用或禁用这个模块。你可以通过右
键单击这个列并在右键菜单中选择一个模块来添加一个新模块。

➢ **细节面板**：这个面板显示了所选中的模块的可用属性。当没有选中模块或发射器时，
它显示的是这个粒子模板的全局属性。

➢ **曲线编辑器**：这个面板通过曲线可视化显示属性值，允许在一个粒子的生命周期中
出现复杂的特效。它通常被用于淡入或淡出粒子，随着时间的推移改变它们的大小，
并操纵它们的速度。你可以通过单击单个模块上的图表图标在曲线编辑器中查看模
块的曲线。

10.2.1　使用发射器和模块

为了理解如何使用 Cascade 创建粒子特效，你需要理解在一个发射器中模块是如何操纵
粒子的。模块可以描述的修改范围和各种行为是非常重大的。

一个发射器描述一个粒子集，它如何描述那些粒子完全取决于组成这个发射器的模块。
模块可以影响粒子的移动、行为、颜色和外观、绘制什么类型的数据、粒子的生命周期中的
复杂事件等。

模块在粒子发射器面板的发射器竖条中显示为单独的行，你可以通过在发射器面板中右
键单击发射器给发射器添加模块，也可以通过细节面板修改模块的不同属性和参数。

1．必需模块

每个发射器带有 3 个必需模块。第一个看起来一点儿也不像是一个模块，但是它有一些发射器的信息，如发射器的名称和质量信息。这个模块位于发射器竖条的顶部，并显示了这个发射器的名称和这个发射器的特效的一个缩略图渲染。在这个模块上你可以通过单击发射器名称下方的多选框禁用整个发射器。

最顶层模块下方是一个黑色条，表示可插入这个粒子发射器类型数据的一个槽。这个模块一直存在，但是你可以将它留空。不使用不同类型的数据将导致粒子发射器产生 CPU Sprite 粒子。

下一个必需模块是实际上被命名为 Required 的模块，保存着一个粒子发射器生效必需的参数。关于应用材质的信息，发射器的生命周期，发射器是否循环，都可以在这里找到。查看 Required 模块中的所有参数是一个好主意。将来，你会频繁地回到这个模块。

最终，最后一个必需模块是 Spawn 模块，负责被创建的新粒子数量和它们的发射频率或速率。没有这个模块，就不会产生任何粒子。

2．模块属性

每个模块有一个属性集，用于控制那个模块如何影响它包含的粒子。Distribution（分布）控制每个粒子如何决定为给定属性使用什么值。可用的分布常分成一些不同的类型。

> **注意：向量分布和浮点分布** **By the Way**
>
> 这些分布中的每一个都有单个标量的浮点值和 3 个浮点值的向量。分布的类型（无论是浮点还是向量）是由属性自身决定的，不能被用户更改。
>
> 为了获得关于分布和它们是如何在 Cascade 中工作的更多信息，阅读官方文档。

➢ **Distribution Float/Vector Constant**（浮点/向量常量分布）：一些属性仅有一个值，如发射器的 Duration（持续时间）。无论在模拟的什么时刻，常量分布总返回相同的值。其他属性（如 Lifetime 模块的 Lifetime 属性）不需要是常量的，但是可以用作常量。

➢ **Distribution Float/Vector Constant Curve**（浮点/向量常量分布曲线）：属性需要在粒子系统或发射器的生命周期内被改变，那些属性可以被解释为曲线。在每个粒子的生命周期中的相同点，属性将以相同的方法评估这个曲线。这经常被用于在粒子的生命周期中以可预见的方式改变粒子的颜色或不透明度。尽管可以在细节面板中手动调整，曲线最好通过曲线编辑器编辑。

➢ **Distribution Float/Vector Uniform**（浮点/向量均匀分布）：没有被强制为常量的属性可以被各种不同的分布方法解释。最简单的分布方法是均匀分布，它可以返回最小值和最大值，并返回两者之间的一个均匀随机值，如图 10.2 所示。这些分布经常被模块用来影响粒子的初始状态。例如 Initial Size 模块可以使用一个均匀分布来给每个粒子一个随机缩放值。

➤ **Distribution Float/Vector Uniform Curve**（浮点/向量均匀分布曲线）：均匀曲线分布式是最高级分布，它提供了基于时间变化的结果，就像常量曲线一样。但由均匀分布提供控制随机，这些分布最好被用在当特效同时需要随机和随时间调制时。和常量曲线一样，最好使用曲线编辑器对均匀曲线分布进行修改。

图 10.2

使用向量均匀分布设置的一个例子，描述了每个粒子的随机速度。在这种情况下，*X*和*Y*速度范围从−10.0到10.0，同时 *Z* 速度范围从50.0到100.0

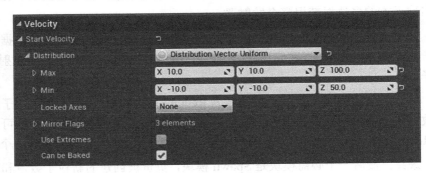

> **注意：Initial 和 Over Life**
>
> 一些模块的名称中包含 Initial 或 Over Life（如 Initial Color、Color over Life）。这些名称准确地描述了模块的行为，它们在如何被评估方面有可量度的差异。当一个模块的名称中包含 Initial 时，曲线分布和均匀曲线分布在这个发射器的持续时间内计算，且不超过粒子的生命周期。例如，如果 Initial Color 被定义为一个从红色到绿色的曲线，整个发射器将保持激活，新粒子开始获得更多绿色，而在粒子出生初期保持它们初始的红色。
>
> 相反，如果一个模块名称中带有 Over Life，曲线分布和均匀曲线分布为每个粒子的生命周期评估。例如，如果 Color Over Life 被定义为一条从红到绿的曲线，那么每个新粒子，开始时是红色，分别过渡到绿色。

10.2.2　使用曲线编辑器

许多模块都利用曲线分布。通过细节面板手动编辑曲线是允许的，但是有点不直观。幸运的是，Cascade 带有一个功能齐全的曲线编辑器，让操纵和创建曲线变简单。

你可以通过在发射器面板中单击单个模块上的图表图标在曲线编辑器中看到曲线。图 10.3 展示了曲线编辑器的一些最重要的功能，包括工具栏、通道可视化工具、属性可视化工具和关键帧。这些功能在下面给出说明。

➤ **工具栏**：工具栏有许多用于处理和操纵曲线所必需的工具按钮。图 10.3 中高亮的前 3 个按钮是框架工具，被用于快速设置曲线视图的匹配所有可见曲线的最小值和最大值。

➤ **通道可视化工具**：每个曲线分布是一个单一浮点曲线或组成一个向量分布的曲线集。对于向量分布，这 3 个红、绿、蓝框可以被用于查看向量的个别通道。当你单击这些框中的任意一个时，在编辑器中匹配的曲线会被启用或被禁用。

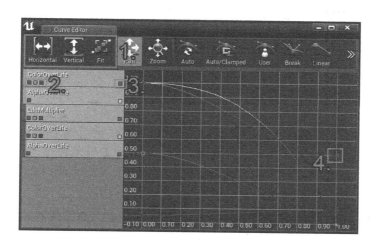

图 10.3

曲线编辑器显示了一些曲线,其中有一些感兴趣的高亮点

> **属性可视化工具**:这个框启用或禁用关联所有通道的可见性。你可以通过使用它来禁用一个属性的所有曲线的显示。

> **关键帧**:和许多其他曲线编辑器或动画编辑器一样,这个曲线编辑器是使用放置好的关键帧工作。你可以直接通过键盘快捷键或右键单击并手动设置值来操纵关键帧。

添加关键帧和在视口总导航的过程可以采用一些习惯用法。表 10.1 中列出的控制方法对于使用曲线编辑器有效定义特效是非常宝贵的。

表 10.1　　　　　　　　　　　　　曲线编辑器控制

控 制	说 明
单击 + 在背景上拖曳	平移视图
鼠标滚轮	缩放
单击一个关键帧	选中这个关键帧
Ctrl + 单击一个关键帧	切换一个关键帧的选中状态
Ctrl + 单击一条曲线	在单击位置添加一个关键帧
Ctrl + 单击 + 拖曳	移动当前选中
Ctrl + Alt + 单击 + 拖曳	框选
Ctrl + Alt + 单击 + 拖曳	框选并加入当前选择

10.3　使用常见模块

许多模块可供使用,但是一些模块几乎一直被使用。值得一提的是,它们的多功能性和独特性,接下来对它们进行详细介绍。

10.3.1　Required 模块

Required 模块,如前文所述,可以处理发射器需要的最低限度的大部分信息。在本小节中介绍的这个模块的一些最重要的属性不能被忽视。

Emitter（发射器）分类中包含下列重要属性。

> **Material**（材质）：这个属性决定在发射器中的每个粒子使用哪个材质（你将可以在这一章学习对粒子有效的材质）。

> **Use Local Space**（使用本地空间）：布尔属性决定这个粒子系统是否完全相对于它的 Actor 的位置、旋转和缩放，还是应该在世界空间中模拟。这个标签默认为 false，表示这个发射器在世界空间中移动，粒子留在后方。这也意味着粒子忽略了包含它的 Actor 的旋转。启用这个标签的一个好时机是当你需要某个特效完全停留在一个角色上时，例如枪口火花或简单的发动机燃烧。

> **Kill on Deactivated**（在禁用时销毁）和 **Kill on Completed**（在完成时销毁）：这两个属性主要是为了效率，你可以使用它们自动清理粒子系统。Kill on Deactivated 在它被销毁时销毁发射器，而一旦 Emitter Duration 设置的时间耗尽 Kill on Completed 就销毁发射器。

Duration 分类包含下列与发射器的持续时间和循环关联等属性。

> **Emitter Duration**（发射器持续时间）：这个属性是一个浮点值，决定粒子系统的单次循环的长度。因为这是一个以秒为单位的值，所以如果 Emitter Duration 被设置为 5.0，发射器在 5 秒内完成一次循环。值得注意的是，粒子在技术上具有比 Emitter Duration 设置更长的生命周期。

> **Emitter Loops**（发射器循环）：这个属性是一个整型值，决定发射器循环的次数。当这个值为 0 时，发射器无限循环。

最后，SubUV 分类控制使用 SubUV 贴图时不同属性的尺寸和控制。在这个模块中的一系列属性决定 SubUV 贴图是如何被管理的。SubUV 贴图通常用来在粒子上显示简单动画来创建复杂的多层粒子效果。你将在这一章学习如何使用 SubUV 贴图。

10.3.2　Spawn 模块

Spawn 模块总是被用于决定有多少新粒子被创建和它发生的频率。它大致可以分为两类：per-second spawns 和 burst。第 1 种分类决定每秒多少粒子被生成，而第 2 种分类表示发射器应在特定时间内强制产生设定数量的粒子。

Spawn 分类包含下列属性。

> **Rate**（频率）：这个属性是一个浮点分布，决定每秒生成的粒子数量。

> **Rate Scale**（频率缩放因子）：这个属性是应用在 Rate 属性上用来调节粒子数量的第 2 个标量。Rate 乘以 Rate Scale 的结果决定于指定帧发射的粒子数。

Burst 分类稍微比 Spawn 分类更复杂一些，因为它可以让你决定在指定时间强制发射特定数量的粒子，这个分类包含下列属性。

> **Burst List**：这个属性包含用于生成一组粒子的计数和次数。你可以通过单击 Burst List 数组上的"+"图标添加新的 Burst 部件。一个 Burst 部件包含 3 个属性：Count、

Count Low 和 Time。Count 和 Count Low 决定在指定帧内发射粒子的最小数和最大数，具体数目由时间决定。当 Count Low 为负数时，发射器只发射通过 Count 定义的粒子；否则，它会从这两个属性之间拾取一个随机数。重要的是要注意，Time 是一个 0.0～1.0 的值，1.0 表示发射器的最大持续时间。

➢ **Burst Scale**：这个属性是一个分布，缩放由 Burst List 属性决定的值。

10.3.3 Lifetime 模块

在绝大多数粒子系统中，Lifetime 模块应该被看作是一个必需模块，这个模块决定粒子存在的时间。这个模块只有一个属性，那个属性可以是任何分布类型。你可以使用 Lifetime 模块给粒子一个随机寿命。

需要记住的是，许多模块都依赖于粒子的寿命，因此改变 Lifetime 模块可以极大地改变其他模块修改粒子行为的速度。

10.3.4 Initial Size 和 Size By Life 模块

在任何粒子系统中，你最需要控制的其中一件事情就是粒子被显示的大小和缩放比例。Initial Size 和 Size by Life 模块经常为了这个目的被一起用在许多特效中。为了找到这些模块，可以右键单击发射器，选择"Add Module > Size"。这里有这两个模块的更多细节。

➢ **Initial Size**：该模块设置粒子在生成时的大小。它经常和 Distribution Uniform Vector 设置一起使用，在不同粒子之间制作一些随机变化。

➢ **Size By Life**：该模块处理在粒子的寿命过程中调整粒子的尺寸的重要任务。你可以将这个设置和 Initial Size 模块一起使用来随着时间推移扩大或收缩粒子。一个常见的使用是曲线分布，大小从接近或等于 0 开始，然后快速增大到接近于 1 的一个值。这会导致视觉效果类似于快速膨胀，如爆炸等特效中的普通特征。

10.3.5 Initial Color、Scale Color/Life 和 Color Over Life 模块

这个模块专用于处理粒子的颜色，类似于处理大小的模块。除了每个粒子的 RGB 颜色属性外，这些模块可以控制每个粒子的 alpha（透明度）。通过修改 alpha，可以轻松地隐藏每个粒子的创建和删除，对于软特效特别有帮助，如烟雾或火焰。

在许多情况下，将颜色值提升到 1 以上，会导致后期处理 Bloom 效果生效，可以被用于制作灼热明亮的特效，如火花或火焰。

这些模块需要将材质应用给被设置为粒子颜色节点输入的粒子发射器，这里是关于这 3 个模块的更多细节。

➢ **Initial Color**：该模块像 Initial Size 模块一样，设置每个粒子生成时的颜色。这个模块经常被用于随机每个粒子的初始颜色。

> ➤ **Scale Color/Life**：这个模块采用粒子的已有颜色，并在粒子的生命周期内调整结果。曲线分布可以用于这个模块制作很好的特效。你可以使用 Scale Color/Life 模块和 Initial Color 模块来制作略微不同的随机粒子，随着时间改变颜色或透明度，因为结果颜色值是这两个模块的组合。

> ➤ **Color Over Life**：这个模块不同于前面的 By Life 模块，这个模块直接设置粒子的颜色值，这意味着它的设置会覆盖 Initial Color 或 Scale Color/Life 模块设置的值。Color Over Life 模块通常被隔离使用来补充其他两个模块的作用。

10.3.6 Initial Velocity、Inherit Parent Velocity 和 Const Acceleration 模块

Cascade 包含几个专用于处理粒子运动的模块：Initial Velocity、Inherit Parent Velocity 和 Const Acceleration Modules。许多粒子特效只需要最简单的模块，可以专用于在一个常量方向上应用速度或加速度。下面是这 3 个模块的详细说明。

> ➤ **Initial Velocity**：这个模块决定任何粒子的起始速度。这个模块和 uniform distributions（均匀分布）一起使用可以很好地在任意方向或大小上创建少量随机变化。

> ➤ **Inherit Parent Velocity**：这个模块的功能和它的名称相同。如果当粒子生成时，发射器以任意速度移动时，这个模块将应用父发射器（或 Actor）的速度和方向给这些粒子。这对于使用依赖物理特性的粒子来说是很棒的，特别是当被附加到 Actor 上，在游戏世界中移动时。

> ➤ **Const Acceleration**：这个模块均匀地应用一致的加速度给发射器中的所有粒子。这是用于模拟重力的最佳模块。大多数粒子特效拥有不同的物理元素（如火花、灰尘、岩石或水），应该使用 Z 值为负值的 Constant Acceleration 来模拟重力的效果。

10.3.7 Initial Location 和 Sphere 模块

在 Location 分类下有许多与每个粒子的初始位置相关的模块。当没有使用这些模块中的任何一个时，Cascade 简单地在发射器的原点处生成粒子。这些位置模块经常被堆积起来制作有趣且多样的特效，但是通常这两个简单模块是绰绰有余的。

> ➤ **Initial Location**：到目前为止，最常用的位置模块，Initial Location 模块使用一个向量分布来拾取每个粒子的开始位置。当使用 Distribution Uniform Vector 设置时，这个模块可以使用生成的新粒子来填充一个盒状体积。这个模块对于制作大气区域填充效果特别重要。

> ➤ **Sphere**：类似于 Initial Location 模块，Sphere 模块处理生成位置。然而，不同的是 Sphere 模块通过一个球体体积分布粒子，这个球体的半径可以通过一个分布设定，但是通常一个常量分布就足够了。除了 Initial Location 外，Sphere 模块还可以用于为每个粒子应用一个速度比例。这是非常有用的，因为这个模块应用的速度与球体的表面对齐。由此产生的特效对于从一个点源产生的火花或微粒效果很好。

10.3.8 Initial Rotation 和 Rotation Rate 模块

粒子系统的局限性之一是它很难使得单个粒子看起来非常不同于旁边的粒子。使用随机大小和随机颜色可以帮助制作多样性的错觉,但是另一个重要的功能是随机旋转每个粒子。

基于旋转的模块可以帮助你在特效中制作有趣的运动和多样性。这里是对这两个模块的一些说明。

- **Initial Rotation**:这是一个简单的模块,只是设置每个粒子的起始旋转。通过使用一个 Distribution Float Uniform 设置,Initial Rotation 模块可以在几乎所有特效中制作我们需要的多样性。旋转的比例从 0.0 到 1.0,1.0 是粒子的一个完全旋转。

- **Rotation Rate**:有时候,Initial Rotation 不足以让粒子看起来很棒。在这种情况下,引入了 Rotation Rate 模块。你可以使用这个模块给所有粒子一个独特的角速度。像 Initial Rotation 模块一样,Rotation Rate 模块的范围是从 0.0 到 1.0,值 1.0 表示粒子在一秒内完成一次完整旋转。

Rotation Rate 和 Initial Rotation 模块一起工作,可以堆积。

10.4 为粒子设置材质

理解粒子发射器和应用给粒子的材质之间的相互作用是使用贴图设计有趣的特效的关键。有大量的模块,SubUV 贴图模块以及那些与颜色调节相关的模块,如果你没有设置材质来解释那些模块,它们就不会起作用。

Emitter 模块设置粒子上的属性和参数,然后通过分配的材质解释那些属性,但前提是在材质图表中使用了正确的节点时。

Particle Color

能够调节粒子的颜色至关重要,这几乎是必需的。因此,设置一个材质来解析这个属性,在你制作视觉特效时是非常常见的。

在其最基本的形式中,一个粒子材质通常使用来自一个输入贴图的 RGB 和 A 值,将它们乘以来自一个 Particle Color 输入节点的相应值。图 10.4 展示了使用了这个设置的一个简单的无光半透明材质。

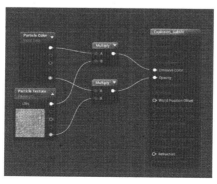

图 10.4

一个简单半透明无光材质采用来自一个发射器的各个颜色模块的颜色设置

制作动态特效的一个最方便和最灵活的方法是使用由 UE4 提供的 SubUV 选项来创建 SubUV 贴图特效。SubUV 贴图特效用于将不同帧的动画预渲染到一张贴图表中的视觉效果。不同的帧被安排到一个网格图案上，然后在运行时，UE4 拾取并在不同帧之间插值，给出动画的错觉。

图 10.5 展示了 SubUV 贴图中的顺序和帧显示的顺序。

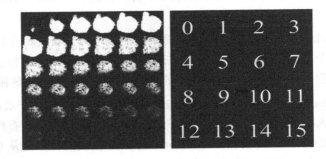

图 10.5

SubUV 贴图的两个例子。左图展示的是在第三方软件中制作的一个预渲染的 6×6 的爆炸特效。右图展示的是动画显示的顺序，一个 4 x 4 SubUV 贴图的帧数序号

使用 SubUV 贴图需要 3 个步骤。第一步是告诉发射器的 Required 模块 SubUV 贴图中的列数和行数。第二步是在粒子发射器中创建一个 SubImage Index，设置一个曲线，挑选在什么时候显示那一帧。第三步是在应用的材质图标中放置一个 ParticleSubUV 或 Texture ParameterSubUV 节点。

By the Way

> **注意：SubImage Index**
>
> SubImage Index 定义了一条曲线，水平轴范围从 0 到 1，1 表示粒子的寿命。垂直轴是一个整型，从 0 开始显示具体要显示哪个帧号的图像。所以，如果一个贴图表为 4×4，它有 16 帧，用在 SubUV 贴图的末尾的值应该为 15。

▼ 自我尝试

制作一个 SubUV 贴图特效

SubUV 贴图是使用大量间接动画制作深刻而复杂的特效的最佳方法之一。按照下列步骤制作一个简单的粒子发射器特效，并使用一张爆炸 SubUV 贴图设置材质。

1. 在内容浏览器中，找到 Hour_10 项目的文件夹（请到本书官网下载），创建一个新粒子模板并命名为 SimpleExplosion。

2. 双击"SimpleExplosion"模板打开"Cascade"编辑器。

3. 删除默认的 Initial Velocity 模块。

4. 打开 Required 模块的细节面板，找到 SubUV 分类。在 SubUV 下方，设置 Interpretation Mode（插值模式）为 Linear（线性插值），并设置 Sub Images Horizontal（子级图像数_水平）和 Sub Images Vertical（子级图像数_垂直）为 6。

5. 右键单击粒子发射器，选择 "SubUV > SubImage Index"。

6. 设置 Distribution 为 Distribution Float Curve Constant。

7. 在 Distribution 下，展开 Point #1，并设置 Out Val 为 36。

8. 在内容浏览器中，创建一个新材质，并命名为 SimpleExplosion_Material。

9. 打开 SimpleExplosion_Material 的材质图标。

10. 在这个材质的全局设置中，设置 Blend Mode（混合模式）为 Translucent（半透明），并设置 Shading Model（着色模式）为 Unlit（无光模式）。

11. 添加一个 Particle Color 节点到这个材质的图表。

12. 创建一个 TextureSampleParameterSubUV 节点，然后设置 Parameter Name 为 Particle SubUV。

13. 替换 Particle SubUV 节点的贴图为/Game/Textures/T_Explosion_SubUV。

14. 创建两个 Multiply 节点。

15. 连接 Particle Color 和 Particle SubUV 的白色 RGB 端口到第一个 Multiply 节点。

16. 连接第一个 Multiply 节点的输出端口到自发光颜色输入端口。

17. 连接 Particle Color 节点的 alpha 输出和 Particle SubUV 节点的红色输出到第二个 Multiply 节点。

18. 连接第二个 Multiply 节点的输出到不透明节点的输入。

19. 在 SimpleExplosion 粒子模板的 Cascade 编辑器中，选择 Required 模块，并设置 Material 属性为 SimpleExplosion_Material。

20. 降低 Spawn Rate 设置为 0.0，并创建一个 Burst 生成项，值设置为 1.0。

21. 在 Required 模块中，设置 Duration 为 1.0。

22. 在 Lifetime 模块中，设置 Lifetime 属性的 distribution 为 Distribution Float Constant，并设置 Constant Value 为 1.0。

23. 放置 SimpleExplosion 粒子系统的一个实例到关卡中。

▲

10.5　触发粒子系统

一些粒子特效一直需要激活。有的时候，需要对粒子特效的激活时间进行微调控制。

10.5.1　自动激活

对于环境特效，例如一些火焰或风的特效，通常没必要禁用。在这样的情况下，发射器 Actor 的 Auto Activate 设置可以用于简化这个特效的放置和激活。

为了让一个粒子系统一经放置就立即被激活，在放置一个粒子发射器后，选择这个 Actor，查看 Activation 分类。如果发射器 Actor 的 Auto Activate 属性被勾选，当游戏开始时，这个发射器自己自动激活。

10.5.2　通过关卡蓝图激活粒子系统

在一些情况下，游戏设计师和游戏开发者对粒子什么时候模拟和如何模拟需要更完整的控制。关卡蓝图和蓝图类可以用于控制不同发射器的激活行为。

在关卡蓝图中，你可以直接访问发射器 Actor 的引用，使用它来控制粒子系统的激活状态。

从一个粒子系统拖曳出一个引用让你可以访问两个极有帮助的节点：Activate 和 Deactivate，如图 10.6 所示。

图 10.6

一个简单的关卡蓝图，在激活一个粒子系统前等待 5 秒，然后在禁用相同的粒子系统前再等待 5 秒

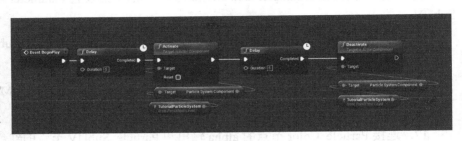

10.6　小结

在这一章中，你学习了关于 UE4 模块化制作和控制粒子系统的方法，了解了粒子系统和分配给它们的材质之间的紧密耦合关系。你看到了强大的 SubUV 贴图技术，并学习了如何从关卡蓝图触发特效。制作粒子系统是一个很深的话题，需要花时间来掌握，但是这一章几乎涵盖了所有特效的基础。

10.7　问&答

问：我做的应该是单发射击的特效，但是它一直重启。如何修复？

答： 在发射器的 Required 模块中，粒子的循环次数设置在 Emitter Loops 属性上。如果这个值等于 0，发射器会无限重复。尝试设置它的值为 1，即仅播放一次特效。

问：我已经将粒子系统在关卡蓝图中设置成在一次触发后激活，但是它一直在关卡开始时激活。我如何阻止它提前播放？

答： 记住取消选择关卡中的发射器 Actor 的 Auto Activate 属性。Auto Activate 属性默认是开启的，只要它是开启的，当游戏开始时发射器将一直开始播放。

问：我尝试使用一张 SubUV 贴图，但是显示出来的贴图看起来是错误的。我的特效被裁剪得很古怪。哪里出错了呢？

答： 产生裁剪或古怪贴图的最常见原因是使用了不准确的 SubUV 设置。在 Required 模块中，尝试修改 SubUV Horizontal 和 SubUV Vertical 属性与你的源贴图完美匹配。

问：Color Setting 模块看起来没有对我的特效产生影响。有可能发生了什么？

答：花点时间检查你所使用的材质，确保正确使用了 Particle Color 输入节点。RGB 属性需要在你想要影响颜色的通道结束。类似的，alpha 输出需要结束于不透明通道或不透明蒙版通道。如果不透明通道和不透明蒙版通道是灰色的，那么问题就在于材质设置，要确保 Blend Mode 被设置为 Translucent 或 Masked。

10.8　讨论

现在完成了这一章的学习，检查你是否能够回答下列问题。

10.8.1　提问

1．真或假：每个粒子系统只可以拥有一个粒子发射器。

2．真或假：一个发射器不能同时激活多个相同的模块。

3．真或假：曲线值可以在细节面板或曲线编辑器中被修改。

4．真或假：GPU 粒子和 CPU 粒子除了可以被模拟的有效数量外都是相同的。

10.8.2　回答

1．假。粒子系统可以包含任意数量的发射器。

2．假。一些模块可以被堆积。在那种情况下，模块按照从上到下的顺序应用它们的属性，一起形成特效。一些模块会踩在之前修改的值之上。

3．真。曲线编辑器提供了一个更直观的方法来修改曲线分布，但是使用细节面板也是一种修改曲线属性的完全有效的方式。

4．假。GPU 粒子能以更高的数量被模拟，但是一些模块不能用于 GPU 粒子。当有一个不兼容的数据类型被添加时，会出现一个红色的×号，并出现描述这个问题的一条错误消息。

10.9　练习

练习制作新的粒子系统，并使用不同的模块来控制这个粒子系统。查看 /Game/Particles/P_Explosion 粒子系统并修改它为一个蓝色的能量爆炸特效。

1．在 Hour_10 项目中，打开"/Game/Particles/P_Explosion"粒子系统。

2．在 Shockwave 发射器中，选择 Color Over Life 模块。更改 point 0 和 1 的颜色为淡蓝色。

3．更改 fireball 的 Required 模块的材质为提供的/Game/Material/M_explosion_subUV_blue。

4．修改 fireball 的 Color Over Life 曲线为与步骤 2 中相同的淡蓝色。

5．为剩余模块重复步骤 2～4。

第 11 章

使用 Skeletal Mesh Actor

你在这一章内能学到如下内容。

> 理解什么是 Skeletal Mesh 及它与 Static Mesh 的区别。

> 导入一个来自 3D 建模软件的 Skeletal Mesh。

> 使用 Persona 编辑器。

> 在一个新的 Skeletal Mesh Actor 上播放动画。

通常情况下，你需要处理比简单地移动 Static Mesh 的变换组件更加复杂的动画。使用 Skeletal Mesh 可以创建能够使其各部位独立移动的物体，你可以通过动画为角色赋予生命。这些动画通常是在第三方软件中制作完成，然后导入到 UE4 中的。大多数时候，当你在玩一个控制角色的游戏时，那个角色就是一个 Skeletal Mesh。在这一章中，你将学习 Skeletal Mesh 的强大功能，如何从第三方软件导入一个角色，如何放置一个 Skeletal Mesh 并在它上面播放动画。

By the Way

> **注意：第 11 章项目设置**
>
> 对于这一章，你需要打开 Hour_11 文件夹中的 Hour_11 项目（可以到本书官网下载），它包含了 Unreal 动画内容案例。如果不想用，可以使用 Marketplace 手动添加内容案例。

11.1 定义 Skeletal Mesh

如果说 Static Mesh 制作出了游戏世界，那么 Skeletal Mesh 就将游戏世界升华。Static Mesh 和 Skeletal Mesh 的区别在它们的名字中就有体现：在一个 Static Mesh 中，每个顶点被绑定到一个位置，即这个物体的轴心；在一个 Skeletal Mesh 中，顶点被一个独立位置的骨架层次操纵，这个层次可以让一个模型的单个部件独立于它旁边的部件变换。这个基本能力让复杂角色、怪物、动物、载具和机械等动画成为可能。

图 11.1 展示了 UE4 中的一个 Skeletal Mesh；在它里面，一个蒙皮网格以一个休息姿势在骨架层次上。白色的骨骼（或关节）是动画即将回放的地方，这个网格的临近蒙皮顶点将跟随它们变形。

图 11.1

来自 UE4 Matinee 案 例 项 目 的 一 个 Skeletal Mesh。这 个网格有一系列骨骼组成了骨架（截图中由白色线标明）。临近的顶点在第三方软件中被蒙皮或附加到骨骼，所以随着动画的播放，它们会跟着骨架

这里的术语蒙皮或蒙皮网格指的是绑定顶点到底层骨架上的过程。美术师在第三方建模软件中通过将每个顶点绑定到相关骨骼上来制作蒙皮网格，各种建模软件都可以完成这个过程。许多建模软件有显示蒙皮权重的可视化模式，图 11.2 展示了一个例子。

图 11.2

Blender 中一个角色的左小臂的顶点权重视图。在这个视图中，红色表示顶点将完全跟随所选骨骼运动，黄色或绿色表示多个骨骼影响这个顶点的位置，蓝色表示那些顶点不会被所选骨骼影响

一旦顶点被蒙皮到骨架，动画师可以旋转、平移和缩放这个角色的骨骼来制作动态动画。图 11.3 展示了一个带动画的角色。

图 11.3

Unreal Engine 4 内容案例中提供的 Owen 角色的一个简单的拳击姿势

Hour 11 项目中包含了这个动画和角色。

在 Unreal Engine 4 中，让一个 Skeletal Mesh 播放动画，至少需要 3 个不同的组件。理解这些组件是什么，在使用 Skeletal Mesh 时，它们分别负责什么必不可少的工作。

➢ **Skeletal Mesh**：作为主要组件，Skeletal Mesh 是带有与内部骨骼集相配的顶点，这是定义网格的外表及包含如何分配材质的组件。

➢ **Skeleton**：每个 Skeletal Mesh 均被附加到一个独立的名为骨架的资源上。一个骨架可以被许多 Skeletal Mesh 共享，但是一个 Skeletal Mesh 只可以拥有一个骨架。不同的 Skeletal Mesh（潜在地具有独特的层次）可以使用相同的资源在 UE4 中播放动画，这可以间接地让不同的角色共享相同的动画。

关于 Skeletal Mesh 如何共享骨架有一些规则。只要基本骨架层次相同，不同的骨架层次都可以使用。在层次中移除较前的一个骨骼将会断开这个子骨骼和骨架之间的关系。此外，骨架和 Skeletal Mesh 的命名规则必须匹配。所有由这个骨架控制的骨骼在骨架和 Skeletal Mesh 中必须具有完全相同的名称。

➢ **动画序列**：一个动画序列是一份骨架如何移动的记录，包括骨架中每个动画骨骼的关键帧位置、旋转和缩放。一个动画序列仅可以被分配到一个骨架上，所以如果两个 Skeletal Mesh 想要共享相同的动画资源，它们必须共享相同的骨架。

让一个网格播放动画除了这 3 个必要的组件外，还有骨架系统的另两个组件。这些组件不是绝对要求，但是它们可以进行扩展行为，特别是当你制作角色的时候。

➢ **物理资源**：当你制作需要与物理系统交互的角色或 Skeletal Mesh 时，会创建第 4 个文件，它被称为物理资源，定义了附加到骨架上的简化碰撞几何体。这个资源让角色在死亡或受到来自射线源的伤害时激活布娃娃系统。

➢ **动画蓝图**：角色和有许多动画需求的网格经常利用动画蓝图。这些专用的蓝图是负责在什么时候选择哪个动画序列的必要逻辑。动画蓝图通常负责处理动画运动，同时根据用户输入混合不同的动画。

图 11.4 展示了 Skeletal Mesh、骨架和动画的参考层次，这里可视化地展示了骨架的接口性质。

图 11.4

这是 Skeletal Mesh、骨架、动画序列和动画资源的引用层次。每个箭头从引用指向引用者，例如，骨架资源不知道哪个动画使用它，但是每个动画序列知道它被应用到哪个骨架

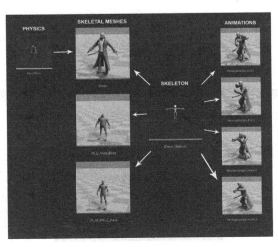

11.2　导入 Skeletal Mesh

Unreal Engine 4 是一个游戏引擎，在大多数情况下，它并不是一个内容制作工具（建模或贴图制作工具）。和 Static Mesh 或贴图一样，为了创建 Skeletal Mesh，你需要使用一个第三方软件。UE4 通过使用 Autodesk Filmbox 格式（.fbx）与第三方程序联系，一个.fbx 文件包含 UE4 利用动画角色所必要的网格、骨架和动画数据。

> **注意：3D 建模软件**
> 创建你自己的角色需要一个复杂的过程，需要除了 UE4 之外的软件。通常使用的有几个不同的软件，它们都可以胜任这个工作。Autodesk 的 Maya、Autodesk 的 3DS Max 和 SideFX 的 Houdini 是 3 个专业付费软件，它们都有不同的开发者价格。除了这些软件，免费开源工具 Blender 也可以完成创建角色和制作角色动画所必要的一切工作。
>
> *By the Way*

怎么进行蒙皮和制作动画已经超出了本书的范围，这一章讨论的是导入 Skeletal Mesh 和动画到 UE4 中，在导入时需要记住一些事情。在导入一个 Skeletal Mesh 之前，首先需要将其从内容制作软件中导出。尽管每个软件处理这个步骤的过程有一点不同，从任何软件导出都有一些最佳实践经验。

- ➤ 在导出网格前，首选的就是三角化这个网格。
- ➤ 当导出时，最好是选择网格骨架的根，使用导出选定对象选项。
- ➤ 应该启用平滑组。
- ➤ 启用保留边缘方向。
- ➤ 禁用切线和 Binomials（也称为切线空间）。

> **警告：编辑器 Unit Scale**
> 大多数建模软件里面 1 单位表示 1 米。Unreal Engine 不同，它将 1 单位处理为 1 厘米。因此，当你使用建模软件时，要在导出时考虑这种差异，或在建模软件中改变编辑器来匹配 UE4 的单位比例。如果在建模软件中无法改变这个选项，你可以将 UE4 的 FBX 导入对话框的 Transform 选项下的 Import Uniform Scale 选项设置为 0.01。
> Blender 文件 Hour_11/RAW/BlenderFiles/_UE4_StartupFile.blend 设置 Blender 的比例环境已经与 UE4 的比例匹配。如果你使用这个文件，或者设置软件为 1 单位等于 1 厘米，可以避免不断更改导入和导出比例。
>
> *Watch Out!*

> **注意：案例文件**
> Hour_11/RAW 文件夹（可以在本书的官网下载）包含一些你可以用来练习导入用的测试资源。这个文件夹中还有一些可用的相关 Blender 场景文件。
>
> *By the Way*

导入一个 Skeletal Mesh 并创建一个骨架，只需要拖曳一个.fbx 文件到内容浏览器中，或者单击导入按钮导入它。当你完成后，可以看到如图 11.5 所示的对话框。这个对话框让你可以为不存在骨架的导入网格创建一个骨架。

图 11.5

当 UE4 中检测到一
个 Skeletal Mesh
时，出现的 FBX
Import Options 对
话框

在 FBX 导入选项对话框中有一些值得注意的属性。

> **Import as Skeletal**：当选中此选项时，这个网格模型被处理为一个 Skeletal Mesh。
  如果它没被勾选，导入的模型网格仅仅是一个 Static Mesh。

> **Import Mesh**：取消这个选项导致 UE4 完全忽略这个网格模型。

> **Skeleton**：这个资源引用选项让你可以使用一个已有的骨架。但是如果你将这个选
  项留空，一个新骨架将被创建。当首次导入一个 Skeletal Mesh 时，最好将它留空，
  但是仅为随后的网格模型使用这个选项。

> **Import Animations**：这个选项让你可以导入动画。你可以在首次导入一个 Skeletal
  Mesh 和创建一个骨架的同时导入一个动画，但是通常最好的选择是导入一个不带动
  画的网格模型，角色处于默认绑定姿势。为了只导入动画，但不导入 Skeletal Mesh，
  可以将 Import Animations 勾选，并取消选择 Import Mesh。

> **Transform**：有时候，不同的软件会使用 UE4 无法匹配的场景设置。你可以在
  Transform 部分使用这些选项来校正这些差异。一般来说，最好将这些属性保留默认
  值，然后在建模软件中修改设置以更好地匹配 UE4。

> **Import Materials**：大多数时候，当你首次导入一个 Skeletal Mesh 时，最好同时导
  入材质。将 Import Materials 选项勾选，新的默认材质被创建在 Skeletal Mesh 旁边，
  和你的建模软件中的材质名相同。因为大多数建模软件都没有使用与 UE4 相同的材
  质系统，你通常可以在后续替换这些材质。

> **Convert Scene**：.fbx 坐标系本质上与 UE4 的不同。大多数情况下，Convert Scene
  多选框应该保留被勾选，除非你故意将.fbx 更改得以匹配 UE4。勾选这个多选框导
  致 UE4 将大多数建模软件的 *Y*+向上轴转换为虚幻引擎的 *Z*+向上轴。

在你单击"FBX 导入选项"对话框的"导入"按钮后，创建所需的文件，包括一个新的

骨架。图 11.6 展示了 UE4 通过图 11.5 所示中的设置，导入 Hour_11/RAW/ HeroTPP.fbx 时创建的文件。

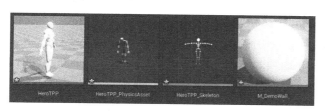

图 11.6

使用图 11.5 中定义的设置通过 FBX Import Options 对话框创建的文件

提示：骨骼从绑定姿势丢失

根据你用来建模的软件，.fbx 文件可能包含也可能不包含与绑定姿势相关的信息。如果没有，你可能会在导入时看到如下开始的警告信息。

"The following bones are missing from the bind pose: "

如果在建模软件中 Skeletal Mesh 的正确绑定姿势在第 0 帧，你应该再次勾选启用 Use T0As Ref Pose。你可以通过单击 FBX Import Options 对话框的 Mesh 部分的底部的高级下拉箭头选项找到这个选项。

Did you Know?

在进入如何使用和修改这些资源前，使用下面的自我尝试练习导入 Skeletal Mesh。

自我尝试

导入 Hero

使用一个资源的第一步是将这个资源导入虚幻引擎 4，使用提供的 HeroTPP.fbx 文件，并根据下面这些步骤尝试导入一个新的 Skeletal Mesh。

1. 在第 11 章的项目内容浏览器中，找到 TryItYourself 文件夹，然后打开_1 文件夹（可以在本书官网找到）。

2. 单击内容浏览器的左上角的导入按钮。

3. 使用导入对话框，找到/Hour_11/RAW/HeroTPP.fbx，然后单击打开。

4. 在出现的 FBX 导入选项对话框中，确保 Import as Skeletal 和 Import Mesh 以及 Use T0 as Ref Pose 都被勾选中。（记住你可以通过单击 Mesh 部分的下拉箭头找到 Use T0 as Ref Pose 选项。）

5. 确保 Skeleton 属性被设置为 None，确保一个新骨架被创建。

6. 取消选择 Import Animations 多选框。

7. 确保对话框底部的 Convert Scene 选项被勾选。

8. 单击导入。

9. 当导入完成时，比较你的结果和 Content/TryItYourself/_1_ 中的结果。

仅导入动画类似于导入 Skeletal Mesh，但是过程有些轻微的差别。当为一个已有的骨架导入动画时，重要的是在 FBX Import Options 对话框中设置 Skeleton 属性为一个兼容的骨架。（骨骼层次信息必须与制作动画的层次相同。）

同时，当你从 3D 建模软件导入一个动画时，重要的是确保 Import Animation 选项被勾选，通常最好取消勾选 Import Mesh 选项。这样你可以避免每次导入一个新动画时导入和复制网格模型。

11.3　学习 Persona

UE4 包含一个特殊的编辑器，即 Persona 编辑器，它用于处理 Skeletal Mesh、骨架、动画序列和动画蓝图。Persona 编辑器是使用动画角色的一站式工具。

Persona 是一个组合编辑器，其中包含对构成动画角色的不同类型资源的不同编辑模式。这个编辑器样式可以让你充分利用动画资源的紧密集成特性。

双击你想要编辑的资源类型，自动为那个资源打开 Persona 编辑器的正确编辑模式。

11.3.1　骨架模式

图 11.7 展示了 Persona 编辑器的骨架模式。这个编辑器的组件有（1）参考姿势按钮；（2）骨架模式按钮；（3）骨架树；（4）Persona 视口。

图 11.7 用数字标出了不同的组件，下面是对它们的说明。

图 11.7

Persona 的骨架模式，感兴趣的点高亮

> ➢ **参考姿势按钮**：这是最常用的按钮，停止任何正在播放的动画，将这个角色返回到它的参考姿势。

> ➢ **骨架模式按钮**：这个按钮将 Persona 带入骨架模式，它也包含一个资源引用，让你在内容浏览器中找到正在编辑的骨架。

➢ **骨架树**：这个区域在骨架上高亮显示骨骼层次。当你在这个骨架中选择一个骨骼时，可以在视口中操纵它。另外，右键单击这里的任何骨骼都可以添加一个插槽，这允许动态添加附加网格模型。

➢ **Persona 视口**：Persona 视口是一个显示选中的骨架和 Skeletal Mesh 的微型场景视图。在这个视口中，你可以重新定位、旋转或缩放骨骼，并且可以预览动画。你可以在这个视口的左上角查看更多关于这个网格模型的信息。

11.3.2 网格物体模式

图 11.8 展示了 Persona 编辑器的网格模式。这个编辑器的组件是（1）网格物体模式按钮；（2）LOD 设置分类；（3）Physics 分类；（4）LOD 查看器；（5）视口统计；（6）Morph Target 预览标签页。下面是对不同组件的说明。

图 11.8

Persona 的模型编辑模式，焦点高亮

➢ **网格物体模式按钮**：这个按钮将 Persona 转到网格模式，同时包含一个资源引用，让你可以通过一个下拉菜单选择和编辑不同的网格模型。

➢ **LOD 设置分类**：在细节面板的这个部分（和 Static Mesh 资源的细节面板非常相似），前两类是留给 LOD 信息和材质信息的。在这部分，你可以让 UE4 生成额外的 LOD，还可以给那些 LOD 设置材质。

➢ **Physics 分类**：在这个细节面板中，Physics 分类是你给 Skeletal Mesh 分配物理资源的地方。这里也有一个 Enable per Poly Collision 选项。默认情况下，这个选项是关闭的，并且在大多数情况下是这样的。Per-poly collision 不能被用于类似布娃娃系统的物理模拟，但是它可以用于射线追踪查询。在大多数情况下，你应该将这个多选框禁用，并使用一个物理资源。

➢ **LOD 查看器**：这个选项可以覆盖显示的 LOD，可以在网格上显示不同的 LOD。设置 LOD Auto 可以让视口自动根据角色的视口设置进行 LOD 显示。为了让这个选项生效，需要创建 LOD。

> **视口统计**：在视口的左上角，你可以看到关于显示的网格模型的常用统计。这些统计包含多边形面数、请求的 LOD 和 Skeletal Mesh 的近似尺寸。

> **Morph Target 预览标签页**：尽管这一章没有包含 morph targets，但值得注意的是，在这个标签页中，你可以预览 morph targets。在由 Unreal 提供的动画内容案例中，例如，你可以在 Owen Skeletal Mesh 上找到匹诺曹 morph target 案例。修改匹诺曹 morph target 的权重使 Owen 的鼻子伸长到非常远。

11.3.3 动画模式

图 11.9 展示了 Persona 编辑器的动画模式。编辑器的组件是（1）创建资源按钮；（2）动画模式按钮；（3）细节面板；（4）动画资源详细信息；（5）Anim Sequence Editor；（6）Timeline；（7）资源浏览器。下面是对这些不同组件的说明。

图 11.9

Persona 的 Animation 编辑模式，焦点高亮

> **创建资源按钮**：这个按钮是创建新蒙太奇、动画序列和其他动画类型资源的一种便捷方式。

> **动画模式按钮**：这个按钮将 Persona 换到 Animation 模式，它还包含一个资源引用，允许通过一个下拉列表菜单选择和编辑不同的网格模型。

> **细节面板**：你可以使用这个面板编辑插槽和动画通知属性。

> **动画资源详细信息**：这部分显示了用于编辑资源浏览器中选中的动画资源的可用属性，你可以使用这个部分修改资源相关的设置。

> **Anim Sequence Editor**：许多动画资源的一些属性是基于时间轴的。在这个部分，你可以在时间轴的关键帧修改 Additive Animation Curves、Notifications 和 Tracks。

> **Timeline**：你可以在这里修改当前回放时间和动画控制。通过在时间轴中单击并拖曳红色框，可以移动播放条到开头经过选中的动画。

> **资源浏览器**：这个快捷的浏览器是用于动画资源的。在这个浏览器中双击一个资源，就可以设置它为编辑预览资源。如果你移动鼠标指针经过一个资源，就会弹出这个动画资源的实时预览。

在动画模式中，你可以完全在 Persona 编辑器中制作简单动画。这个过程不像在大多数建模软件中那么合理，但也是完全可行的，但是对于简单动画，这是非常有帮助的。这个过程利用动画序列的 Animation Tracks 设置的优势，并使用它，可以为需要制作动画的不同骨骼设置动画关键帧。

为了在一个已有的动画序列上设置一个关键帧，你需要在骨架中选择一个骨骼，然后单击工具栏上的 + 关键帧按钮，如图 11.10 所示。接下来，你可以旋转或放置这个骨骼（按 E 键出现旋转操纵手柄或按 W 键出现平移操纵手柄）到新的预期位置，然后单击工具栏上的应用按钮保存那些设置。然后你可以将播放头移动到时间轴的一个新的点处，重复这个过程。

图 11.10

工具栏上高亮的 + 关键帧和应用按钮让你可以直接在 Persona 编辑器中自行制作动画

在你使用这个过程应用一个附加动画给骨骼后，你可以通过视口下方的 Anim Sequence Editor 部分的曲线编辑器手动修改关键帧。图 11.11 展示了一个用于编辑的骨骼的快捷菜单。

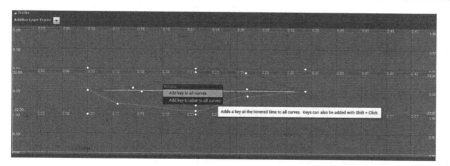

图 11.11

右键单击一个骨骼的 Additive Curve Track 让你可以添加新关键帧。你也可以手动在这个编辑器中移动关键帧。另外，左上角的下拉箭头让你可以移除或禁用单个轨

自我尝试

晃动 Hero 的头

一些时候，使用 Additive Animation Tracks 选项足以制作简单的动画。根据下列步骤制作一个新的动画序列，晃动 Owen 角色的头。

1. 在第 11 章的项目内容浏览器中，找到 TryItYourself/_1 文件夹。（如果你没有完成这一章的第一个自我尝试，请找到 Hour_11/TryItYourself/_1_Result 文件夹。）

2. 双击 HeroTPP Skeletal Mesh 资源为 Skeletal Mesh 打开 Persona 编辑器。

3. 单击 Persona 编辑器右上角的动画模式标签页。

4. 单击 Persona 工具栏上的创建资源按钮。

5. 选择 "Create Animation > From Reference Pose"。

6. 为了设置动画的长度，右键单击 Persona 底部的时间轴，选择 "Append at the End"。

7. 在出现的输入框中，输入 119 设置动画为 120 帧。

8. 单击视口，按 E 键切换到旋转编辑模式。（同样，你可以单击视口右上角的旋转工具。）

9. 在骨架树的搜索框中，输入 Head，然后选择 "b_head 骨骼"。

10. 如果时间轴滑动条没有在 0 帧，请拖曳滑动条到 0 帧。

11. 单击两次工具栏上的 "+关键帧" 按钮在 0 帧处创建两个 0 关键帧。

12. 拖曳时间轴滑动条到动画序列的最后一帧（120 帧）。

13. 单击两次工具栏上 "+关键帧" 按钮在最后一帧处创建两个 0 值关键帧。这将会让动画的循环看起来很好。

14. 移动时间轴滑动条到动画的第一个三分之一处，大概是 40 帧处。

15. 单击 "+关键帧" 按钮，向左旋转角色的头部约 50°。

16. 再次单击 "+关键帧" 按钮确认你的更改。

17. 移动时间轴滑动条到动画的第二个三分之一处，大概是 60 帧处。

18. 单击 "+关键帧" 按钮，向右旋转角色的头部约 50°，这应该是 40 帧处的关键帧设置的镜像。

19. 通过单击 "+关键帧" 按钮确认你的更改。

20. 单击工具栏上的 "应用" 按钮，确认你所作的更改。

21. 单击时间轴上的 "播放" 箭头预览你的动画。

22. 将你的结果与 TryItYourself/_2_Result 中的动画序列进行比较。

11.3.4 图表模式

图 11.12 展示了 Persona 编辑器的图表模式，这是目前 Persona 中最复杂的编辑模式。图表模式结合动画蓝图资源来处理用于混合不同动画状态和行为的逻辑。

不像其他模式，图表模式的标签页仅当你打开一个动画蓝图时出现。

当你在使用负责的角色动画，特别是由用户驱动的那些动画时，图表模式是关键。动画蓝图通过驱动混合空间资源或瞄准偏移资源，直接混合两个动画序列，甚至是通过直接控制骨架中的骨骼来控制 Skeletal Mesh 上的动画。

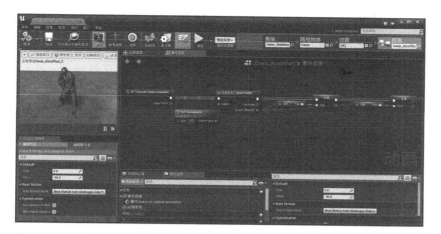

图 11.12

使用图表模式来处理不同动画和行为的复杂混合背后的逻辑

提示：

　　图表模式中可用的模式非常强大，对它们进行全面解析已经超出了本书的范围。如果你对动画蓝图和 Persona 的图表模式的更多细节感兴趣，请查看动画演示。直接打开 Hour_11 项目中的 Hour_11/ExampleContent/AnimationDemo/AnimBlueprint（可以从本书的官网下载）查看使用动画蓝图处理不同使用情况的一些不同例子。

Did you Know?

　　另外，由 Epic Games 提供的非常棒的教学视频系列 3rd Person Game with Blueprints（v4.8）也对动画蓝图进行了深入讨论。这个系列的教程可以在 Unreal Engine 的 Wiki 页面上找到。

11.4　使用 Skeletal Mesh Actor

　　使用动画 Skeletal Mesh 的其中一个重要方式是仅将它们作为 Actor 放入场景中。幸运的是，这像放置任何其他 Actor 到场景中一样简单。从内容浏览器中拖曳一个 Skeletal Mesh 到视口是将 Skeletal Mesh 作为一个 Actor 放置的有效途经。

　　Skeletal Mesh Actor 有一些需要记住的独特属性，如图 11.13 所示。

图 11.13

一个放置的 Skeletal Mesh Actor 具有立即或通过一个动画蓝图播放动画的设置。用于 Animation 模式的不同细节属性在这里显示在 Skeletal Mesh Actor 的 Animation 分类属性中，包含设置播放的动画、动画是否循环、在什么时候开始、以及回放速度的控制。

➢ **Animation Mode**：这个选项让你可以指定是使用一个动画蓝图还是使用一个动画资源。设置这个选项为 Use Animation Asset 可使下面的选项可用。

➢ **Anim to Play**：这个选项让你可以从内容浏览器中指定一个动画资源的引用。

➢ **Looping**：当被勾选时，Looping 布尔值表示这个动画将持续播放，在动画结束时回到动画的起点重新播放。

➢ **Playing**：当被勾选时，Playing 布尔值表示当游戏开始时动画将开始播放，而不是通过蓝图或一些其他方式设置的等待时间后播放。如果你想要控制动画什么时候开始播放，你可以取消勾选这个选项。

➢ **Initial Position**：你可以指定一个动画的开始时间的值（单位为秒）。消除这个值是可视化查看动画经过的姿势的好方法。

➢ **PlayRate**：这个值是动画回放速度的因子。设置它为 0.5 将导致动画以默认速度的一半播放；换句话说，值为 2.0 时动画将以两倍速度播放。

▼ 自我尝试

放置 Hero

如果动画从未播放，就是没有用的。根据下列步骤放置 HeroTPP 到一个新场景中，并设置它播放在前一个自我尝试中制作的摇头动画。

1．在第 11 章项目中创建一个新的默认关卡。

2．在第 11 章项目的内容浏览器中，找到 TryItYourself/_1 文件夹。（如果你没有完成这一章的第一个自我尝试，可以使用 Hour_11/TryItYourself/_1_Result。）

3．选择"HeroTPP Skeletal Mesh"，将它拖曳到游戏世界中，并放到原点附近。

4．选择这个新的 Skeletal Mesh Actor，在这个 Actor 的细节面板中切换"Animation Mode"为"Use Animation Asset"。

5．在内容浏览器中，找到 Hour_11/TryItYourself/_2 文件夹。（如果你没有完成第二个自我尝试，可以使用 Hour_11/TryItYourself/_2_Result 文件夹。）在这个文件夹中，选择 HeroTPP_Skeleton_Sequence 动画序列。

6．保持这个动画仍然被选中，单击 Anim to Play 属性旁边的 Use Selected Asset from Content Browser 旁边的"▼"箭头或拖曳一个动画序列到 Anim to Play 属性上。

7．确保 Looping 和 Playing 都被勾选。

8．单击 Simulate 或 Play in Editor 启动游戏并查看你的角色动画。

9．比较你的结果和 Hour_11/TryItYourself/_3_Result。

▲

11.5 小结

Skeletal Mesh 在游戏厂商的工具箱中占有重要位置。有了这些令人难以置信的各种各样的工具，你可以得到多种多样并有趣的 3D 角色。在这一章中，你学习了 Skeletal Mesh 的能力和优点，并了解了如何导入一个全新的 Skeletal Mesh 到编辑器中。学习了许多给你的 Skeletal Mesh 带来生命的选项，及如何让它们一起工作。你还学会了如何使用非常强大的 Persona 编辑器来修改 Skeletal Mesh，甚至是完全在 UE4 中创建简单的动画。最后，你学习了如何把 Skeletal Mesh Actor 放置到场景中和如何在场景里面播放动画。

11.6 问&答

问：我不知道任何可以制作 Skeletal Mesh 的建模软件。我可以使用 UE4 来替代吗？

答： 不巧的是，在本书编写期间，UE4 没有包含任何蒙皮或建模工具。但并不是完全没有办法，因为在 Unreal Marketplace 上提供了许多预先构建的 Skeletal Mesh 和动画包可以用于你的项目。另外相对于需要付款的资源，Mixamo 公司通过 Marketplace 免费提供了 15 个相当棒的带动画的角色。

问：当我导入动画时，网格模型看起来有严重的变形和奇怪的位置，动画播放出来并不像源建模软件中的那样。为什么？

答： 通常，如果你遇到了严重的变形，这里会有一个比例差异。尝试设置 Import Uniform Scale 为 0.01 或 100 作为测试。如果这两个值中的任意一个修复了这个问题，请花点时间检查你的建模软件中使用的单位比例，你是否将它切换到匹配 UE4（1 单位=1 厘米）了。

问：我不想让动画在开始时就播放，需要它们在后续播放，该怎么做？

答： 在 Skeletal Mesh Actor 上，取消勾选 Playing 选项。你可以使用关卡蓝图并通过 Skeletal Mesh Actor 的一个引用来使用 Play 或 Play Animation 设置动画再次播放。（对于更多关卡蓝图相关知识，请看"第 15 章"。）

11.7 讨论

现在你完成了这一章的学习，检查自己是否能回答出下列问题。

11.7.1 提问

1. 真或假：动画序列和动画资源可以在任意数量的骨架上播放。
2. 真或假：每个 Skeletal Mesh 需要一个独特的骨架资源。
3. 真或假：UE4 处理 1 单位为 1 厘米。
4. 真或假：动画不能在 UE4 中制作，必须在外部软件中制作。

11.7.2 回答

1．假。每个动画序列需要被绑定到它导入时的骨架上。尽管你可以重定向一个动画序列到新的骨架，但这样做需要使用一个独特的资源。

2．假。多个不同的 Skeletal Mesh 可以共享相同的骨架，这就是相同的动画可以在不同的 Skeletal Mesh 上播放的原因。记住这个，所有尝试共享相同骨架的 Skeletal Mesh 必须有相同的基础骨骼层次和骨骼命名规则。链中任何骨骼的断开都需要使用一个新的骨架资源。

3．真。当你从一个软件向另一个软件转移资源时，这是非常重要的。

4．假。尽管在专用软件中制作动画是非常容易的，你可以在 Persona 编辑器中通过使用 Additive Animation Tracks 选项制作简单的 Skeletal Mesh 动画。

11.8 练习

使用本书提供的内容案例，练习在场景中放置不同类型的动画。

1．在 Hour_11 项目中（可以从本书的官网下载），新建一个关卡。

2．在内容浏览器中，打开"ExampleContent/AnimationDemo/Animations"文件夹。

3．选取一些 Skeletal Mesh 动画（如 Jumping Jacks 或 Run Right），从这个文件夹中将它们拖曳到场景中。

4．确保动画被设置为播放和循环，然后单击"Simulate"。

第 12 章

Matinee 和影片

你在这一章内能学到如下内容。

> 使用 Matinee Actor。

> 使用 Matinee 编辑器。

> 使用摄像机 Actor。

> 随着时间流逝移动和旋转 Actor。

这一章介绍 UE4 中的 Matinee 编辑器，你可以使用它制作游戏内的过场动画、字幕序列和环境动画。Matinee 编辑器主要是由影片美术、动画师和关卡设计师使用的工具。通过接下来这一章，你将学习 Matinee Actor、Matinee 编辑器和如何制作一个短片序列。

12.1 Matinee Actor

UE4 中的 Matinee 是用来制作游戏内影片的一个完整工具集和管线。Matinee 可以用于为许多 Actor 类型的各种属性制作动画。你可以使用它来制作视频，并且通过使用 .fbx 文件格式导入和导出关键帧数据。你可以在单个关卡中放置任意数量的 Matinee Actor，并且可以控制 Matinee Actor 和传递事件到蓝图。这一章讲了设置摄像机和制作摄像机动画。

在开始使用 Matinee 编辑器前，首先需要在你的关卡中放置一个 Matinee Actor。这个 Matinee Actor 主要完成两件事：第一件，它是可以设置 Matinee 如何在关卡中表现的首选项；

第二件，它指向一个为 Matinee 序列存储组、轨迹和关键帧的 Matinee Data 资源。你可以通过两种方法向关卡中添加一个 Matinee Actor。像其他 Actor 一样，你可以从模式面板拖曳一个 Matinee Actor 出来，或者你可以单击关卡编辑器工具栏上的影片图标并选择"Add Matinee"。一旦你在关卡中放置了一个 Matinee Actor，你应该在关卡细节面板中给它命名，如图 12.1 所示。

> **By the Way**
>
> **注意：添加一个 Matinee Actor**
> 如果你使用关卡编辑器工具栏的影片图标添加了一个 Matinee Actor，Matinee 编辑器会自动打开。为了查看 Matinee Actor 的属性，你需要关闭这个编辑器，并在关卡视口中选择这个 Matinee Actor。

Matinee Actor 属性

如果你选择了一个 Matinee Actor，并在细节面板中查看它的属性，你可以在 Play 下找到 Matinee 的 Play Rate（播放速度），如图 12.1 所示。这个值是标准化的，所以值 1 相当于 100% 播放速度，值 0.5 表示 50%或一半速度。你还可以看到 Play on Level Load 选项，可以选择一旦关卡在内存中加载完成就开始播放 Matinee。另外，Looping 选项让你可以设置 Matinee 循环播放。接下来这个部分对于影片来说特别重要。这里你可以找到临时开启和关闭玩家移动和旋转的输入选项，可以在播放 Matinee 时隐藏玩家角色和 HUD。这些选项通常用于使用了 Director 组和 Camera Actor 的 Matinee。

图 12.1

Matinee Actor 属性

> **By the Way**
>
> **注意：播放速度和帧每秒**
> Matinee 使用了一个标准化值来决定回放速度，帧每秒（FPS）的实际数字是通过 Matinee 编辑器中的 Snap Settings 来设置的。

12.2　Matinee 编辑器

Matinee 编辑器是用于编辑动画序列的界面，如图 12.2 所示。打开 Matinee 编辑器，选择一个 Matinee Actor，并在细节面板中单击"打开 Matinee"。Matinee 编辑器的关键区域在图 12.2 中标出，以下是对它们的说明。

- ➤ **菜单栏**：你可以使用菜单栏把 Matinee 数据导入和导出为一个.fbx 文件，或拉长一个关键帧的操作。
- ➤ **工具栏**：这个工具栏包含一些回放、Snap Settings 等常见操作。
- ➤ **曲线编辑器**：曲线编辑器让你可以通过使用样条线完善插值数据。
- ➤ **轨迹面板**：轨迹面板让你可以管理组、轨迹及设置关键帧。
- ➤ **细节面板**：细节面板显示了所选轨迹或组的属性。
- ➤ **时间轴**：时间轴表示在序列中的时间。

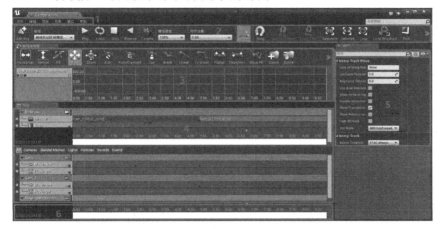

图 12.2

Matinee 编辑器

> **注意：当在 Matinee 编辑器中工作时**
> 　　大部分 Matinee 工作需要你同时能看到 Matinee 编辑器和关卡视口。尽管双显示器不是必需的，但是有两个显示器和一个带有滚轮的鼠标，会让你在使用 Matinee 时感到巨大的差异。

> **注意：使用 Matinee 时有用的控制和快捷键**
> 　　这里有一些可以用于 Matinee 的快捷键。
> - ➤ 滚动鼠标滚轮缩放时间轴。
> - ➤ 单击"Matinee"工具上的"Sequence"图标将时间轴填充到视口。
> - ➤ 按回车键添加一个关键帧到所选轨迹的当前时间处。

12.2.1　轨迹面板

轨迹面板是你在使用 Matinee 时主要花费时间的地方，轨迹面板使用 Group 和轨迹进行组织。在顶部，你可以看到根据分配的 Actor 类型显示 Group 的操作。在左侧，你有 Group 和轨迹列表，在轨迹面板的底部是帧和时间计数、播放条和序列帧长度。

12.2.2 设置序列帧长度

在轨迹面板的底部，你可以找到时间轴信息、播放条和由播放条的位置决定的当前时间。如图 12.3 所示，序列的总时间长度由红色的三角形标记标识，激活的工作区域由绿色三角形标记标识。为了给序列设置时间长度，你需要放置红色三角标记。单击右侧的红色标记，并将它拖曳到右侧以获得更多的时间或将它向左拖曳以缩短时间。如果你已经在轨迹面板的末尾，记住你可以滚动鼠标滚轮来缩小，以显示更多时间。

By the Way

> **注意：无效空间**
>
> 当第一次完成时，许多人犯了将序列帧当作在最后一个关键帧结束的错误。实际情况并不是这样的，Matinee 一直播放到红色三角标记。如果你设置完关键帧，并且在最后一个关键帧和右侧红色标记之间存在无效空间，你可以将标记拖曳回最后一个关键帧。

12.2.3 播放条

如图 12.3 所示，播放条或时间标记展示了当你在编辑一个序列时所在的时间位置，让你可以在一个轨迹的指定时间处放置关键帧。单击时间轴底部的任何空白区域移动播放条到那个位置。你可以单击并拖曳擦洗（也就是手动播放）序列帧。图 12.3 中使用数字标出了下列区域：（1）Group；（2）轨迹；（3）播放条/擦洗条；（4）关键帧；（5）红色标记；（6）绿色标记。

图 12.3

红色标记和绿色标记、播放条、时间和帧数

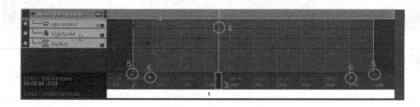

12.2.4 Groups

在 Matinee 中，Group 存储 Actor 或你想要控制的 Actor 和你要用来影响已分配的 Actor 的轨迹，如图 12.4 所示。目前有 5 种 Group 预设：Empty Group、Camera Group、Particle Group、Skeletal Group 和 Lighting Group。除 Empty Group 外，所有其他 Group 都拥有通过它们的名称识别的指定 Actor 类型的预设轨迹。Empty Group 用于任何 Actor 类型，但是你必须根据想要制作动画的 Actor 及其属性来手动地分配自己的轨迹。

为了添加一个 Group，你首先需要放置想要在关卡中控制的 Actor。然后，在那个 Actor 被选中的前提下，你可以添加一个 Group 到 Matinee。Matinee 自动分配这个 Actor 到 Group。为了添加一个新的 Group，可以右键单击轨迹面板左侧的 Group 和轨迹列表的空白区域。

在弹出的对话框中，选择与放置的 Actor 匹配的 Group。如果没有为你的 Actor 类型列出 Group，选择 Empty Group，然后命名。在你完成这些操作后，你可以分配一个新轨迹和设置关键帧了。

> **提示：分配一个新 Actor 到已有的 Group**
>
> 如果你需要更改分配给一个 Group 的 Actor，在关卡视口中选择新 Actor，在轨迹面板中右键单击 Group 的名称。在出现的对话框中，选择"Actors > Replace Group Actors with Selected Actors"。当你添加一个 Static Mesh Actor 到 Group 时，Matinee 会自动将它的移动性设置改为可移动。

Did you Know?

12.2.5　轨迹

轨迹被用于为指定属性根据时间设置和存储关键帧数据，它们被分配到 Group，如图 12.4 所示。例如，Movement 轨迹存储 Actor 的位置和旋转数据。目前有 16 种以上预定义的轨迹，对于 Actor 的一些你想要加入动画的属性，可能没有在轨迹列表中出现。属性的数据类型决定了你需要什么类型的轨迹。例如，Static Mesh Actor 的缩放比例可以加入动画，但是在轨迹列表中没有缩放轨迹。一些属性是由它们的数据类型定义的，例如缩放，存储 Actor 缩放为一个向量（x,y,z）。所以如果想要修改一个 Actor 的缩放，你需要添加一个向量属性轨迹到分配了 Static Mesh 资源的 Group。Matinee 为你展示了一列可以被影响的数据类型的属性。另一个例子，如果想要修改一个点光源 Actor 的亮度，它是被存储为 float 类型的，你需要一个 float 属性轨迹。添加 float 属性轨迹到分配了点光源 Actor 的 Group，弹出点光源 Actor 的一列使用 float 值的所有属性。

图 12.4

Groups 和轨迹

> **注意：关键帧**
>
> 关键帧存储根据时间的属性来设置数据。数据类型依赖于 Actor 和你使用的轨迹。几乎任何 Actor 的属性都可以根据时间做动画，随着 Matinee 的播放，它会在每个关键帧存储的值之间插值。

By the Way

12.2.6 文件夹

文件夹在 Matinee 中用于组织 Group。例如，你可能有 4 个或 5 个 Group，每个控制着一个摄像机。在轨迹面板中，你可以创建一个文件夹来存储摄像机 Group。使用文件夹帮助你在随着 Matinee 序列增加而产生复杂性的情况下保持组织性。

Did you Know?

> **提示：当设置关键帧时的操作顺序**
>
> 　添加关键帧是一个简单的过程，操作顺序会有很大的不同。当你第一次做的时候，需要记住：移动时间、移动空间、添加一个关键帧。
>
> ➤ **移动时间**：移动时间意味着在轨迹面板上移动播放条到你想要添加关键帧的位置点。
>
> ➤ **移动空间**：在空间中移动表示在关卡视口中移动或旋转分配到包含你要添加关键帧的 Movement 轨迹的 Group 的 Actor。
>
> ➤ **添加一个关键帧**：添加一个关键帧表示在相关轨迹的当前时间处设置一个关键帧来存储值的改变。

▼ **自我尝试**

在 Matinee 中给 Static Mesh Actor 制作动画和设置关键帧

根据下面的步骤在 Matinee 中设置关键帧并制作一个循环动画。

1. 从内容浏览器或模式面板的放置标签页拖曳出一个 Static Mesh 立方体。

2. 从模式面板的放置标签页拖曳出一个 Matinee Actor，将它放在关卡中的立方体旁边。

3. 在关卡中选择 "Matinee Actor"，并在关卡细节面板中更改它的名称为 movecube，然后单击 "Open Matinee"。

4. 在 Matinee 编辑器中，右键单击轨迹窗口左侧的暗灰色区域，选择 "Create New Empty Group"。

5. 将这个 group 命名为 Cube_A。

6. 为了分配一个 Static Mesh Actor 到这个 group，在关卡视口中，选择你在第 1 步中放置的立方体，在 Matinee 编辑器中右键单击 "Cube_A group"，然后选择 "Actors > Add Selected Actors"。

7. 通过单击 Matinee 工具栏上磁铁图标启用帧对齐，确保 Snap Setting 被设置为 0.5。

8. 为了将 Matinee 的长度设置为 3 秒，在轨迹面板底部，向右拖曳红色三角形到 3 秒。

9. 右键单击刚刚创建的 group，从列出的轨迹中添加一个新的 movement 轨迹。

10. 为了添加一个关键帧，确保播放头在 0 秒，Movement 轨迹被选中。然后在 Matinee 工具栏上单击 Add Key 图标或按回车键。

11. 移动播放头到 Matinee 时间结尾处（在这里是 3 秒），单击 Add Key 图标或按回车键添加第 2 个关键帧。你现在有了两个关键帧，一个在开始处，另一个在结尾处，在不同的时间存储着相同的位置和旋转变换数据。

12. 移动播放条到时间轴的中央处，即 1.5 秒处，保持 Matinee 编辑器打开，在关卡视口中选中放置好的立方体，将它沿 Z 轴方向向上移动 500 单位。

13. 再次选中 Movement 轨迹，单击 Add Key 图标或按回车键添加第 3 个关键帧。在关卡视口中出现一条黄色样条线，显示了立方体根据序列帧长度的路径，这种情况下是一条直线。

14. 前后拖动播放条，你可以看到立方体上下移动的动画。单击 Matinee 工具栏上的 Play 或 Looping 图标预览动画，如图 12.5 所示。

15. 为了设置 Matinee Actor 的属性，关闭 Matinee 编辑器，在关卡视口中选中 Matinee Actor。然后在主编辑器的细节面板中，开启 "Play on Level Load and Looping"。

16. 预览这个关卡。

图 12.5

Groups 和有红色关键帧的轨迹

12.3 曲线编辑器

曲线编辑器让你能够微调样条线的插值数据。在这里，一条样条线是随着时间插值数据的可视化表现。几乎轨迹的每种类型的关键帧数据都可以在曲线编辑器中显示和修改。曲线编辑器有属于自己的工具栏，为了在曲线编辑器中显示一条轨迹的关键帧数据，你需要开启 Show on Curve Editor 多选框，轨迹名称右侧的小方块，如图 12.6 所示。默认情况下，当这个方块是暗灰色的，它是关闭状态；当它是黄色的，是启用状态。下列区域在图 12.6 中用数字标出了：（1）锁定视图切换；（2）切换轨迹开关状态；（3）显示到曲线编辑器开关；（4）在关卡视口中显示样条线路径。

图 12.6

启用 Show on Curve Editor 多选框

一旦你开启了 Show on Curve Editor 在曲线编辑器中显示了轨迹，Group 名称和轨迹名称会出现在轨迹编辑器的左侧。根据需要，可以在曲线编辑器中使用多条轨迹显示曲线数据。

你也很可能需要居中视图。按下 A 键，显示所有激活的曲线。根据轨迹存储的数据类型，你可能有一条或多条曲线与这个轨迹关联。例如，用于 Director Group 的一条淡入淡出轨迹仅使用一个 float 值，而一条 movement 轨迹有 6 条轨迹：3 条用于位置（X、Y 和 Z），另外 3 条用于旋转（pitch、yaw 和 roll）。你可以在选中轨迹的同时在 Matinee 细节面板中开启或关闭每条独立曲线的显示，如图 12.7 所示。下列开关在图 12.7 中使用数字标出：（1）在曲线上切换 X 变化的显示；（2）在曲线上切换 Y 变化的显示；（3）在曲线上切换 Z 变化的显示。

图 12.7

在曲线编辑器中切换显示曲线

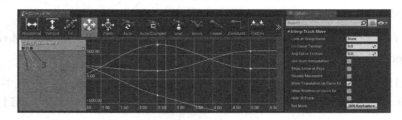

注意：Movement 轨迹

By the Way

默认情况下，Movement 轨迹仅显示用于位置的曲线。为了显示旋转数据，你需要选择 Movement 轨迹，在 Matinee 细节面板中，开启"Show Rotation on Curve Editor"。你也可能注意到了位置和旋转被存储在相同的关键帧中。如果你需要分离它们，可以右键单击"Movement"轨迹，然后选择"Split Translation and Rotation"，但是一旦你做出了这个更改，不删除 Movement 轨迹并重新开始，将无法恢复了。

插值模式

插值（Interp）模式，被分配到单个关键帧，决定样条线如何从一个关键帧向下一个关键帧过渡。目前有 5 种插值模式。但是我们现在只关注其中 3 种。

➤ Curve（红）：这种模式被用于控制缓入和缓出效果。这是你想在曲线编辑器中编辑曲线时使用的模式。

➤ Linear（绿）：这种模式随着时间在关键帧之间平均改变。

➤ Constant（黑）：这种模式为所有关键帧之间的帧保存与上一个关键帧相同的值，直到遇到下一个关键帧。

为了改变一个关键帧的插值模式，在轨迹面板中右键单击一个关键帧，选择 Interp Mode，然后选择想要使用的模式。

▼自我尝试

使用曲线编辑器来完善动画插值

根据下列步骤使用曲线编辑器控制一个动画网格的旋转。

1. 双击之前自我尝试中制作的 Matinee Actor（MoveCube）打开 Matinee 编辑器。

2. 在轨迹面板中，添加另一个 group 并命名为 Cube_B。

3. 在第 1 个立方体旁边放另一个立方体，并将它分配到 Cube_B group。

4. 给 Cube_B group 添加一条 Movement 轨迹。

5. 为 group Cube_B 刚刚创建的 Movement 轨迹的第 0 帧处添加一个关键帧。

6. 在轨迹面板中，移动播放条到 Matinee 的结尾处（这里是 3 秒）。

7. 在视口中，绕 Z 轴旋转这个新立方体约 300 度。

8. 设置一个关键帧。现在，如果滑动播放条或单击 Matinee 工具栏上的 Looping，你可以看到这个立方体旋转了最短距离。你可以添加更多关键帧，但是会弄得乱七八糟，花得时间越多，后期越难编辑。

9. 在曲线编辑器上显示 Cube_B group 的 movement 轨迹，单击 Movement 轨迹右侧的灰色小方块。这时曲线编辑器仅显示位置数据。

10. 选中 movement 轨迹，在细节面板中关闭 "Show Translation on Curve Ed"，开启 "Show Rotation on Curve Ed"。

11. 在曲线编辑器工具栏中，单击 "Fit" 图标将 Cube_B 的 Movement 轨迹置于中心并将曲线数据全部显示出来。因为只有 Z 轴有旋转上的变化，你可以关闭 X 轴和 Y 轴的显示。在曲线编辑器窗口中，在 Cube_B movement 下，单击红色和绿色的小方块让它们变成灰色。红色是 X 轴，绿色是 Y 轴，蓝色是 Z 轴。

12. 在曲线编辑器中，右键单击第一个关键帧，设置它的值为 0。

13. 右键单击第 2 个关键帧，设置它的值为 359。

14. 预览关卡，你可以看到立方体旋转了 360°，并且在循环，但是因为默认插值曲线设置被设置为 CurveAutoClamp，属于缓入和缓出，可以引导立方体减慢和加速。为了改变这个情况，在轨迹面板中找到 Cube_B 的 Movement 轨迹，按住 Ctrl 键，单击第一个和最后一个关键帧将它们都选中。

15. 右键单击其中一个关键帧，选择 Interp Mode Linear 将曲线变直，这样旋转数据将在动画的长度上平均插值。

16. 预览关卡，你应该能看到立方体绕着 Z 轴平滑地持续旋转。

▲

12.4 使用其他轨迹

到目前为止，你已经使用了 Movement 轨迹，这是 Matinee 编辑器中最常用的一个轨迹。但是，还有许多轨迹可供使用，例如用于在蓝图中通过 Matinee Controller 节点调用事件的 Event 轨迹或用于在 Skeletal Mesh Actor 上播放动画序列的 Animation 轨迹。现在，你将使用 Sound 轨迹通过 Matinee 播放音频。

Sound 轨迹

Matinee 中的 Sound 轨迹让你可以在 Matinee 序列的指定时间播放一个 Sound Wave 资源

或 Sound Cue 资源。音频资源不需要是关卡中带有自己 Group 的 Actor，你可以仅添加一条
Sound 轨迹到已有的 Group。

当你在一个 Sound 轨迹上设置关键帧时，你需要在内容浏览器中选中一个 Sound Wave
或 Sound Cue 资源。这将设置一个关键帧并将这个音频资源添加到这条轨迹上。选中的音频
资源的名称及它的长度可视化显示在轨迹上。在你设置音频资源关键帧后，可以右键单击这
个关键帧，选择 Set Sound Volume 或 Sound Pitch 以改变这个音频的音量和音调。

By the Way

> **注意：音频资源长度**
>
> 音频资源已经通过原导入的声音波形决定了设置长度。如果你需要一个
> 更短或更长的音频，可以在音频编辑软件（如 Audacity）中编辑这个资源，
> 或者使用一个不同的音频资源。

▼ 自我尝试

添加一条 Sound 轨迹到一个已有的 Group

根据下列这些步骤在 Matinee 的序列中的指定时间处播放一个音频。

1．双击之前自我尝试中制作的 Matinee Actor（MoveCube），打开"Matinee"编辑器。

2．在轨迹面板右侧的 Group 和轨迹列表中，右键单击"Group Cube_A"，并选择"Add
a New Sound Track"。

3．在内容浏览器或 Starter Content 中，单击"Explosion01 Sound Wave"资源。

4．移动播放头到第 0 帧。

5．选中这个 Sound 轨迹，添加一个关键帧。一旦这个关键帧被放置好，你可以在 Sound
轨迹上看到这个 Sound Wave 的可视化表现和名字。

6．在 Matinee 工具栏上单击"Play 预览 Matinee"。

▲

12.5 在 Matinee 中使用摄像机

Matinee 的真实实力在于使用摄像机制作游戏内的过场动画。对于这一章的最后一部分，你
可以在 Matinee 中使用 Camera Actor 和 Camera Group，并使用 Director Group 来切换摄像机。

12.5.1 Camera Group 和 Actor

Camera Group 会自动放置一个 Camera Actor。Camera Group 已经有了用来制作一个
Camera Actor 动画的 FOVAngle 和 Movement 轨迹。但是，摄像机的许多其他属性可以通过将
Camera Actor 分配到 Camera Group 来制作随时间变化的动画。例如，如果你添加一个 float
属性轨迹到 Camera group，你可以看到一个庞大的可以制作关键帧的属性列表。

> **注意：Camera Actor**
>
> Camera group 自动放置了一个 Camera Actor，但是如果你已经有了一个 Camera Actor，你仅需要使用空 Group，并根据需要分配 Movement 或 FOVAngle 轨迹。如果你添加了一条轨迹，但是你并不需要它，你仅需要选中这条轨迹，按"Delete"键移除它。

By the Way

自我尝试

添加两个摄像机并制作动画

根据下面的步骤制作一个新的 10 秒 Matinee 序列，并为两个摄像机制作动画。

1．添加一个新的 Matinee Actor，并命名为 Camera_anims。

2．在轨迹面板中，添加一个新的 Camera Group 并命名为 Cam_1。Matinee 自动添加一个 Camera Actor 到关卡中，并添加一个视野（FOVAngle）轨迹和移动（Movement）轨迹到 Camera Group。其至它还为你在第 0 帧处创建了第一个关键帧。（如果你不想对 FOVAngle 做动画。可以移除它，或者可以选中这条轨迹，按 Delete 键移除它。如果你改变了主意，仅需要添加一条新的 FOVAngle 轨迹到这个 group。）

3．在轨迹面板中，拖曳右侧的红色三角形到 5 秒处，设置 Matinee 时间。

4．开启 Cam_1 Group 右侧的 Lock view camera 图标，改变视口中的视图，所以看起来是通过摄像机分配到这个 Group。然后如果你在 Matinee 编辑器打开的时候在关卡中移动，你将移动这个摄像机。不要担心，这个摄像机的位置将不会被记录，直到你设置了一个关键帧。如果你滑动播放条，这个摄像机重置到它的最后一个关键帧。

5．通过这个摄像机查看，移动播放头到 2.5 秒，然后在视口中移动这个摄像机。

6．为了给摄像机设置一个关键帧，确保摄像机被放置到你想放的地方，在 Matinee 编辑器中选中 Cam_1 movement 轨迹，设置一个关键帧。

7．移动播放条到 5 秒，移动这个摄像机到新位置，设置最后一个关键帧。

8．为了添加第二个摄像机，在关卡视口中移动到新位置，添加另一个 Camera group，并命名这个 group Cam_2。因为第 1 个摄像机被设置为第 1 个 5 秒制作动画，你需要在后 5 秒给第 2 个摄像机制作动画。记住第 1 个关键帧是当你添加 Camera Group 时自动创建的。移动播放条到 5 秒，不移动新摄像机并添加一个关键帧。

9．为了创建一个简单的摄像机平移，确保摄像机视图图标没有被选中，可以移动播放头到后 10 秒。（确保摄像机视图图标没有被选中，让你可以轻松地移动和旋转摄像机。）

10．沿着其中一个轴移动第 2 个摄像机约 200 单位，并在此处设置一个关键帧。

11．滑动播放条或单击 Looping，你可以看到摄像机动画。第 1 个摄像机在前 5 秒移动，第 2 个摄像机在后 5 秒移动。

12.5.2   Director Group

Director group 是一个特殊的 Group，让你可以像电影编辑器一样工作。当添加时，Director group 显示在轨迹面板的顶部。每个 Matinee 中仅可以包含一个 Director group。一个 Director group 带有一个 Director 轨迹并分配给它一个 Camera group，在 Matinee 序列播放时它接替玩家的视图。Director group 可以通过使用 Director 轨迹切换摄像机，并添加电影特效，例如淡入淡出和慢动作。

Director Group 轨迹

一些轨迹是 Director Group 独有的，如 fade 轨迹和 slomo 轨迹。Director group 轨迹影响整个序列。在 Director Group 中的轨迹上设置关键帧和任何其他轨迹相同：移动播放条到想用的帧，选择轨迹，添加一个关键帧。大多数 Director 轨迹的关键帧可以在曲线编辑器中显示和编辑以进一步完善。

这里是一列 Director Group 轨迹及它们的功能。

➢ **Director**：这个轨迹在序列帧期间在 Camera Group 之间切换当前视图。

➢ **Fade**：这个轨迹在当前摄像机的轨迹上设置淡入/淡出，由 Director 轨迹决定。0 值的关键帧可见，1 值的关键帧为黑色。

➢ **Slomo**：这个轨迹使用关键帧来临时改变序列的播放速度。

➢ **Audio master**：这个轨迹控制序列中所有音频轨迹的音量和音调。

➢ **Color scale**：这个轨迹改变 Matinee 序列播放时渲染帧的着色。RBG 值必须在曲线编辑器中设置。

添加一条轨迹到 Director Group，可在你的 Matinee 中右键单击这个 Director Group，从列表中添加所需的轨迹，如图 12.8 所示。

图 12.8

带一个 Director 轨迹和一个 Fade 轨迹的 Director Group

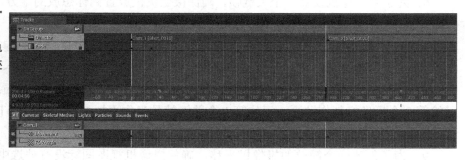

By the Way

> **注意：Camera Group**
>
> 　　如果你要循环播放一个 Matinee，不要在 Director Group 中使用 Director 轨迹。因为 Director 轨迹允许 Matinee 接管玩家现在的视图，玩家将会中断原来的视图以观看 Matinee。

使用 Director Group 在摄像机之间切换

使用 Director group 来改变玩家通过哪个摄像机查看。

1. 右键单击轨迹面板左侧的空白区域，选择 "Add New Director Group"。Matinee 切分轨迹面板为两个部分，Director Group 在顶部。Director Group 已经有了一个 Director 轨迹，这是专用于 Director Group 的。

2. 移动播放条到第 0 帧，选中 Director 轨迹，添加一个关键帧。在出现的对话框中，选择 "Cam_1" 并单击 "OK"。

3. 移动播放头到 5 秒，添加另一个关键帧到 Director 轨迹，这次选择 "Cam_2" 并单击 "OK"。现在当 Matinee 播放时，在两个 Camera Group 之间切换视图。

4. 为 Director Group 开启摄像机图标，这样你就可以通过 Director Group 的视图查看，滑动动画或在 Matinee 工具栏上单击 "Looping"。你应该能够在 Matinee 播放时从两个摄像机的视点查看。

5. 为了预备 Matinee Actor 让它在关卡加载时播放，关闭 Matinee 编辑器，选择这个 Matinee Actor，在细节面板中开启 "Play on Level Load"。

6. 预览关卡。

12.5.3　使用 Matinee 数据资源

默认情况下，每当放置一个新的 Matinee Actor 时，你可以创建一个嵌入到 Matinee Actor 的 Matinee 资源。大多数情况下，这是你所需要的。然而，如果你的项目需要重复使用相同的影片和动画，则可以创建一个 Matinee 数据资源。一个 Matinee 数据资源存储着 Group、轨迹、文件夹和关键帧数据，可以通过内容浏览器访问，意味着你还可以在其他关卡中通过 Matinee Actor 使用它。

下面是用来创建你自己的 Matinee 数据资源的步骤。

1. 在内容浏览器中为项目创建一个名为 MatineeData 的文件夹。

2. 右键单击这个文件夹，选择 "Create Advanced Asset > Miscellaneous"，单击 "Matinee Data"。

3. 给这个 Matinee Data 资源命名并保存。

4. 在关卡中放置一个 Matinee Actor。在 Matinee Actor 的细节面板中，单击 Matinee Data 属性下拉列表，选择你在第 2 步和第 3 步中创建的 Matinee Data 资源。

你现在可以分配这个数据资源给尽可能多的有需要的 Matinee Actor。如果编辑这个数据，它将更新所有引用 Matinee Data 资源的 Matinee Actor。

12.6　小结

这一章你学习了使用 Matinee 编辑器制作 Static Mesh 和 Camera Actor 的动画。Matinee 工作流主要用于创建过场动画和控制循环环境动画序列。如果你想要创建玩家可以交互的动画资源，你应该使用蓝图和 Timeline，就像"第 16 章"中所讲解的。

12.7　问&答

问：玩家在过场影片播放时仍然能控制 Pawn。我如何关闭它呢？

答： 在放置好的 Matinee Actor 的细节面板中，找到 Cinematic 部分。这里可以使你在 Matinee 播放时关闭玩家移动和隐藏玩家的 Pawn 或 HUD。

问：是否可以在同一时间选择多个关键帧？

答： 是，在轨迹面板或曲线编辑器中，你可以通过 Ctrl+Alt+单击来创建一个拖曳选择或你可以 Ctrl+单击添加到当前选择。

问：如何改变单个关键帧的位置？

答： 选择这个关键帧，按住 Ctrl 键，拖曳这个关键帧到时间轴的一个新位置。

问：如何删除一个 Group、一条轨迹或一个关键帧？

答： 只需要选中，按 Delete 键。

问：我制作了一个很好的动画，但是它播放得太快，为了改变动画的计时，我是否可以改变关键帧之间的间隔？

答： 是，你可以手动选择并移动每个关键帧，这一直有效，依赖于关键帧的数量。更好的方法是拖曳选中你想要改变的关键帧，然后选择"Edit > Stretch Selected Keyframes"。在出现的对话框中，可以为刚刚选中的关键帧设置新时间。

问：我在尝试制作一个开门和关门的动画，但是这个网格模型的轴心点在错误的位置。如何改变我想要制作的动画的 Static Mesh Actor 的轴心点？

答： 最好的方法是在 3D 建模软件中编辑这个网格模型，然后重新导入它。但是作为一个变通办法，你可以将这个门网格模型附加到一个父 Actor 上，然后对父 Actor 制作动画，这个父 Actor 就变成了轴心点。你可以在关卡细节面板中设置父 Actor 的渲染属性，这样它在游戏时隐藏，仅能看到门网格模型。

12.8　讨论

现在你完成了这一章的学习，检查自己能否回答下列问题。

12.8.1　提问

1. 真或假：在 Matinee 中通过一个 Group 改变被控制的 Actor 是否可行。

2. 真或假：摄像机必须在不同于其他 Actor 的独立 Matinee 中制作动画。

3. 真或假：Static Mesh 的缩放不能制作动画。

4. 真或假：一个 Matinee Data 资源可以跨多个关卡使用。

12.8.2　回答

1. 真。你可以在 Matinee 中分配和重新分配 Actor 到已有的 Group。

2. 假。摄像机和其他 Actor 可以在单个 Matinee Actor 中制作动画。

3. 假。Static Mesh 的缩放可以通过一条 Vector 属性轨迹制作动画。

4. 真。Matinee Data 资源被存储在内容浏览器，可以在不同关卡中跨多个 Matinee Actor 使用。

12.9　练习

创建一个 10 秒的门打开的动画影片。这个影片应该使用几个摄像机，在第一个摄像机淡入，在最后一个摄像机淡出。

1. 创建一个默认地图。

2. 添加一个 Matinee Actor 到关卡中。

3. 在关卡细节面板的 Play 下，设置"Matinee Actor"的"Play on Level Load"属性为开启。不要开启循环。

4. 在关卡细节面板的 Cinematic 下，设置"Matinee Actor Disable Movement Input""Disable Look at Inputs""Hide Player"和"Hide Hud"属性为开启。

5. 制作关卡，仅包含你需要制作动画的 Actor，如门和门框。

6. 打开 Matinee 编辑器，并添加必要的 Group 和 Movement 轨迹来制作门开的动画。

7. 在每个 Group 使用 Sound 轨迹是必要的。

8. 添加一个 Camera Group，给每个摄像机制作动画。

9. 添加一个 Director group 和一个 Director 轨迹在摄像机之间切换。

10. 添加一条 fade 轨迹给 Director group，在第 1 个摄像机上设置淡入关键帧，在最后一个摄像机上设置一个淡出关键帧。

第 13 章

学习使用物理系统

你在这一章内能学到如下内容。

- ➢ 让一个 Static Mesh Actor 模拟物理。

- ➢ 创建和分配物理材质。

- ➢ 使用 Physics Constraint Actor。

- ➢ 使用 Physics Thruster 和 Radial Force Actor。

这一章介绍 UE4 中的物理系统。你开始学习如何从一个 Static Mesh Actor 上设置一个简单的刚体物理体。然后你再学习使用物理材质和 Constraint Actor。这一章的最后,你创建并使用 Force Actor。物理模拟是一个很大的课题,所以建立一个框架和对使用物理系统有基本了解是这一章的目的。

By the Way

> **注意:第 13 章项目设置**
>
> 对于这一章,你可以使用来自本书官网的 Hour_13 项目。提供的项目有一个 Game Mode,使用了一个第一人称角色,它有一个物理枪,可以用来与模拟物理的 Actor 交互。

13.1 在 UE4 中使用物理学

物理体是响应外部力和碰撞的 Actor。UE4 中的物理是由 NVIDIA 的 PhysX 物理引擎处理的。PhysX 引擎使用 CPU 或 GPU,根据这个系统,来处理刚体、柔体、可破坏物体和粒子。UE4 编辑器中包含用于设置和修改物理属性的界面工具。这一章关注如何使用刚体,刚体是固态的不可变形的物体,例如一片 2×4 的木块或一个水皮球。

13.1.1 常见物理术语

当你开始学习物理系统时，自己熟悉一些术语是个很不错的思路。

➢ Physics Body 是一个用于描述任何被设置为模拟物理的通用术语。

➢ 刚体（rigid body）是固体的不可变形的物体。

➢ 柔体（soft body）是一个可变性的物体，它与和周围世界的物体碰撞时的反应相符合。

➢ 布料（Cloth）是柔体的一种。

➢ 可破坏物体（Destructible）是一个术语，当足够的力施加到刚体上，刚体会破碎和损坏。

➢ Linear 指的是关卡中改变 Actor 位置的定向力。

➢ Angular 指的是关卡中改变 Actor 的方向的旋转力。

➢ Mass（质量）指的是给定物体的质量，无论应用了多少重力。

➢ Density（密度）是在给定物理体积中重量除以体积的量。

➢ Damping（阻尼）指的是在一个力施加给一个物理体后，这个物体恢复停止状态的速度随着时间的消耗而减小。

➢ Friction（摩擦力）是施加在一个滑动或滚动的物体上的阻力的量。

➢ Restitution 是指一个物体的反弹量，以及这个物体的恢复速度。

➢ Force（力）持续施加给一个质量。

➢ Impulse 是一个瞬间的击中。

13.1.2 分配物理 Game Mode 给一个关卡

为了测试物理模拟，你需要一个带有物理枪的 Pawn，这样可以与物理体交互。打开为这一章提供的项目——Hour_13 项目。这个项目包含一个 Game Mode，设置了一个物理枪，以及一些案例地图。创建一个新关卡，单击主编辑器工具栏的视口窗口上设置图标，选择"世界设置"，为这个关卡打开"世界设置"面板，如图 13.1 所示。

图 13.1

打开项目设置

在"世界设置"面板的 GameMode 下，设置"GameMode Override"为"SimplePhysics GameMode"，如图 13.2 所示。测试关卡，你可以看到一个红色十字准心。

图 13.2

设置 GameMode
Override.

13.1.3 项目设置和世界物理设置

现在已经为这个关卡设置了 Game Mode，你可以关注用于物理的默认项目设置，需要在几个区域完成这个设置。首先，你需要为整个项目设置一个默认设置。为此，选择"设置>项目设置"，如图 13.1 所示。出现项目设置标签页，帮助你为项目设置关于物理的许多属性，但是现在你只需要看其中两个。如图 13.3 所示，你可以设置 Default Gravity，是物体降落时在重力的影响下每平方秒的加速度，默认值为 Z 轴-980 cm。还可以设置 Default Terminal Velocity，这是物理物体被允许的移动最高速度，默认值为 4000。这些设置应用于这个项目中的所有关卡，除非你在某个关卡的世界设置面板或在单个 Actor 上重新设置它们。

图 13.3

项目设置面板

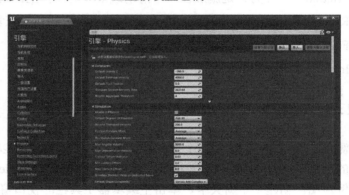

接下来，你可以在单个关卡上设置默认物理属性。在打开关卡的情况下，选择世界设置标签页，找到 Physics 部分，显示这个关卡的默认设置，如图 13.4 所示。在这里你可以仅为当前关卡覆盖这个项目的默认物理设置。你可以这样做，例如，如果你在制作一个基于物理的游戏，某些关卡需要与项目的其他部分有不同的重力设置。

图 13.4

在世界设置中为一
个关卡覆盖一个项
目的默认重力设置

13.2 模拟物理

UE4 中的基本物理无非是被设置为模拟物理的 Static Mesh。为了让一个 Static Mesh Actor 模拟物理，只需要放一个到关卡中。然后在细节面板中，到 Physics 部分，在这里你可以开启和关闭 Simulate Physics，如图 13.5 所示。开启它会自动改变放置好的 Static Mesh Actor 为可移动，改变 Collision Preset 为 Physics Actor。如果你预览这个关卡，这个 Static Mesh Actor 现在模拟物理，如果它已经在地面上，没有被施加力，可能不会移动。将这个 Actor 放置到地面上方 500 单位，允许默认重力设置影响这个物体。同时在关卡细节面板中，你可以看到这个 Actor 根据它的尺寸有一个默认重量，单位为千克（kg）。如果你缩放这个 Actor，可以看到关于它的尺寸和重量。正如你看到的，你可以修改这个设置，使用喜欢的任何值，让它看起来像是太空中的小行星。

现在要看的另外两个属性是 Enable Gravity 和 Start Awake。如果关闭 Enable Gravity，可以为这个 Actor 修改项目或关卡默认重力设置，关闭 Start Awake，告诉 Actor 不要开始模拟物理，直到它被除了重力以外的其他外力影响。

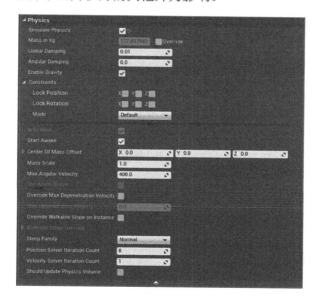

图 13.5

用于 Static Mesh Actor 的物理属性

提示：无碰撞壳

如果一个 Static Mesh Actor 让它设置为模拟物理，这很可能因为被分配给这个 Actor 的 Static Mesh 资源没有碰撞壳。在那种情况下，在内容浏览器中找到这个 Static Mesh 资源，在 Static Mesh 编辑器中打开它，分配一个碰撞壳。另外，记得保存。

Did you Know?

现在你已经将已放置的一个 Static Mesh Actor 设置为模拟物理，你可以预览关卡，并使用物理枪与它交互。靠近这个物理物体，将 HUD 十字准心指向它。单击抓取这个物体，并将它拾取起来，右键单击可以释放这个物体。如果没有抓住任何东西，可以右键单击一个物

体，你可以戳它。

表 13.1 中列出了你可以为 Static Mesh Actor 设置的关键物理属性。

表 13.1　　　　　　　　　　用于 Static Mesh Actor 的物理属性

属　性	说　明
Simulate Physics	为这个 Actor 开启和关闭物理模拟
Mass in KG	在游戏世界中物体的重量，单位为千克，基于 Actor 的尺寸。这个属性可以手动设置，启用 Override
Linear Damping	阻力增加，减小线性移动
Angular Damping	阻力增加，减小角移动
Enable Gravity	这个物体是否应该被施加重力
Constraints	控制 Actor 可以在模拟物理时在哪个轴上移动和旋转
Modes	用于约束分配的预设
Start Awake	这个物体是否应该开始清醒或初始时处于睡眠状态
Center of Mass Offset	从计算位置制定此物体的重力中心的偏移
Mass Scale	每个实例的重量比例
Max Angular Velocity	限制可以应用的角速度的量
Use Async Scene	如果这个选项被选中，这个物体会被放入异步物理场景。如果没有被选中，这个物体会被放入同步物理场景。如果这个物体是静态的，那它会被放入这两个场景，无论 Use Async Scene 是否被选中
Sleep Family	这个值用于决定什么时候让物理体进入睡眠
Position Solver Iteration Count	这个物理物体用于位置的解算迭代数。增加这个设置是为了更多的 CPU 密集性运算，并且得到更好的稳定性
Velocity Solver Iteration Count	这个物理物体用于速度的解算迭代数。增加这个设置是为了更多的 CPU 密集性运算，并且得到更好的稳定性

Did you Know?

提示：细节面板

　　UE4 中几乎每个子编辑器都有一个细节面板，每个细节面板都有一个搜索栏。如果你找不到某个属性，可以在激活的细节面板的搜索栏中输入它的名称，就出现了。

13.3　使用物理材质

　　物理材质让你可以修改一个物理物体的行为。术语物理材质可能有一点误导，因为这些实际上不是渲染材质，也不是实际意义上的材质。它们可以应用给关卡中的个别 Static Mesh Actor，或者可以分配给正确的材质，当分配给一个 Static Mesh Actor 模拟物理时，也将影响 Actor 的物理模拟行为。

13.3.1 创建一个物理材质资源

物理材质资源可以在内容浏览器中创建。它们让你可以在物理物体上设置一些属性，如 Friction、Density 和 Restitution，如图 13.6 所示。

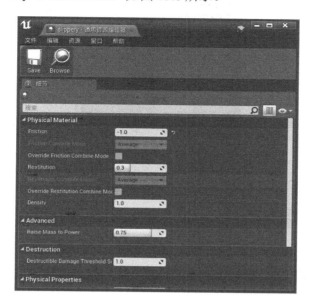

图 13.6

物理材质属性

为了在编辑器中创建一个物理材质，要到内容浏览器中，创建一个文件夹。在资源管理区域，右键单击并选择"物理>物理材质"，如图 13.7 所示。给这个刚刚创建的资源命名，然后双击打开它的属性。在你修改任何值后，记住在内容浏览器中右键单击这个修改后的资源并选择 Save 保存这些修改。

图 13.7

创建一个物理材质资源

13.3.2 分配物理材质给 Static Mesh Actor

为了分配物理材质给 Static Mesh Actor，在关卡中选择这个 Actor，到关卡细节面板中的 Collision 部分，你将看到 Phys Material Override 属性，如图 13.8 所示。从内容浏览器中拖曳这个物理材质资源到这个属性中并设置。

图 13.8

在细节面板的 Collision 部分中分配一个物理材质到一个 Static Mesh 资源

13.3.3 分配物理材质给材质

分配物理材质给常规材质的优势是，每当你分配这个材质给一个 Static Mesh Actor 时，它将有常规材质的可见表面属性。如果这个 Actor 曾经在运行时将它的状态改变为模拟物理，它也将使用这些物理材质属性。

为了分配物理材质给常规材质，在材质编辑器中打开想要用的材质，选择最终的材质节点，在材质编辑器的细节面板中查找 Phys Material Override 属性。拖曳物理材质资源到这个属性上，保存并关闭材质编辑器。

下面的自我尝试将带你创建物理材质资源，并将它们分配给 Static Mesh Actor 和一个常规材质。

▼ 自我尝试

分配物理材质给 Static Mesh Actor

现在是练习创建和分配物理材质给 Static Mesh Actor 的好时机，根据下列步骤操作。

1. 从模式面板的放置标签页中拖曳出 3 个 Static Mesh Actor，一个立方体和两个球体。设置它们为模拟物理。

2. 在内容浏览器中创建一个文件夹来存储物理材质。

3. 创建 3 个物理材质。

4. 命名第 1 个物理材质为 Slippery，设置它的 Friction 属性为-1。分配这个物理材质给放置好的立方体 Static Mesh Actor 的 Phy Material Override 属性。

5. 命名第 2 个物理材质为 Bouncy，设置它的 Restitution 属性为 1.6。分配这个物理材质给其中一个放置好的球体 Static Mesh Actor 的 Phy Material Override 的属性。

6. 命名第 3 个物理材质为 Heavy，设置它的 Density 属性为 10。

7. 创建一个新的常规材质，在材质编辑器中，命名它为 Heavy_Mat。给它分配一个颜色节点，连接 ConstantVector3 材质表达式到基础颜色。

8. 在材质编辑器中，选择主材质节点，在材质编辑器的细节面板中，分配第 6 步中创建的 Heavy 物理材质资源到 Phys Material 属性，如图 13.9 所示。

9. 保存并关闭这个材质。

10. 拖曳这个 Heavy_Mat 材质到关卡中刚刚放置的 Static Mesh Actor 上。

11. 预览此关卡，与每个物理物体交互。

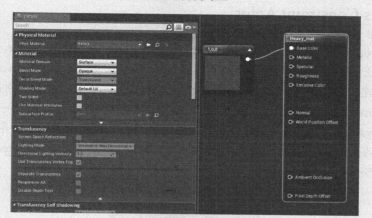

图 13.9

分配一个物理材质给一个材质

13.4 使用约束

约束让你可以通过在指定轴上锁定移动和旋转来控制物理物体的移动。你可以在关卡细节面板的 Constraint 部分为这个 Static Mesh Actor 设置约束属性。在这里，可以找到将物理物体锁定到指定位置轴和旋转轴的属性，如图 13.10 所示。那里甚至还有一个带预设的 Mode 属性，当使用有特殊需要的个别物理物体时是很好的。例如，你可以锁定 X 轴和 Y 轴移动，这样物理物体仅可以沿着 Z 轴移动；或者你仅锁定旋转，这样物理物体可以移动但是无法旋转。

图 13.10

Actor Constraints

13.4.1 附加 Physics Actor

在前面的学习中，你学习了父/子关系，以及将 Actor 附加到一起。然而，由于物理物体通过碰撞和外力动态与它们周围的世界实时响应，将它们附加到一起不会有效果。一个物理物体可以是另一个可移动 Actor 的父级，但是将一个物理物体作为子级附加到父 Actor 上在运行时会没有效果，附加关系被忽略。

> **注意：附加物体 Physics Body**
>
> 编辑器允许附加一个物理 Actor。如果 Static Mesh 已经被设置为模拟物理了，并且它的子 Actor 是可移动的，那么子 Actor 就会跟随着这个父物理 Actor 的位置进行旋转。

13.4.2 Physics Constraint Actor

由于附加 Physics Body 的限制，Epic Games 提供了一个 Physics Constraint Actor，让你可以将物理 Actor 链接到任何其他 Actor 上，如图 13.11 所示。你可以使用一个约束 Actor 在两个 Physics Body 之间创建一个关节 joint 或一个铰链 hinge。约束 Actor 不同于标准附加方法，在这个关系中，父（Constraint Actor 1）和子（Constraint Actor 2）的移动都受到另一个移动和旋转的影响。因为 Physics Constraint Actor 的作用就像是一个关节，有一些可以使用的预设关节类型。选择预设自动在 Free（完全无约束）、Lock（一点儿也不能移动）和 Limited（允许设定移动范围）之间调整线性和角度设置。

图 13.11

Physics Constraint Actor 属性

▼ 自我尝试

使用一个约束链制作一个摆动的灯

根据下列步骤通过创建一个摆动的灯设置自己的约束链。

1. 在你的关卡中放置一个 Static Mesh Cube Actor，放在地板上方 400 单位处。保持它为静态，也就是不要勾选 Simulate Physics。

2．放置一个 Static Mesh Sphere 到刚刚放置的立方体的正下方。设置它的 X, Y 和 Z 缩放为 0.4，并勾选"Simulate Physics"。

3．在第 1 个球体正下方，放置第 2 个 Static Mesh Sphere。设置它的 X、Y 和 Z 缩放为 0.4，并勾选"Simulate Physics"。

4．放置一个 Static Mesh Cone Actor 到下面的球体下方，并勾选"Simulate Physics"。

5．拖曳出一个 Spot Light Actor 放在圆锥体下方。设置它的颜色为红色，增加它的 Intensity 到 40000。

6．在世界大纲面板中将这个 spotlight 附加到 Cone Actor 上。

7．拖曳出一个 Physics Constraint Actor，并将它放在立方体和顶部的球体之间。

8．在 Constraint Actor 的细节面板中，找到 Constraint 标签页。对于 Constraint Actor 1，单击右侧的滴管图标，然后在视口中单击立方体。这将分配这个 Cube Static Mesh Actor 到 Constraint 1 属性。如果你正确完成了，你应该能看到这个立方体被一个红色线框盒包围起来。

9．为 Constraint Actor 2 属性重复操作第 8 步，但是这次选择顶部的球体。如果你正确完成了，应该能看到这个球体被一个蓝色线框盒包围起来。

10．重复 7～9 步骤两次，每次在下两个 Static Mesh Actor 之间放置一个新的 Constraint Actor，并分配处于刚刚放置的 Physics Constraint 上方的网格模型到 Constraint Actor 1，分配下方的网格模型到 Constraint Actor 2。当你完成时，应该总共有 3 个 Physics Constraint Actor。查看图 13.12 了解这些 Actor 的正确放置和排列。

11．预览此关卡，并使用物理枪与约束链交互让灯摇摆起来。

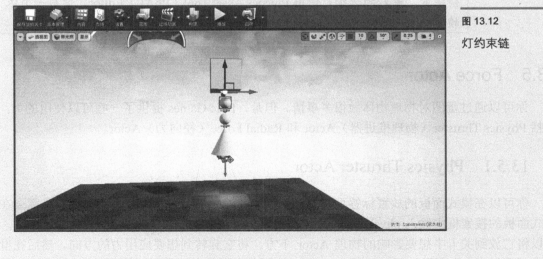

图 13.12
灯约束链

除了使用预设，你可以在关卡上微调线性或角度移动限制。还可以在细节面板的 Angular Limits 下方选择在任意轴上限制，以显示更多属性。你可以设置 Stiffness（刚度）和 Damping（阻尼），以及限制关节的 swing 摆动和 twist 扭曲角度，如图 13.13 所示。当足够的线性力或角度力施加给关节约束时，你还可以线性和角度破碎阈值。

图 13.13

Physics constraint
Actor Angular Limits
属性

现在你已经设置了一个约束链，随意调整这些属性并查看发生了什么。做一些小的调整，并试玩，直到你对所有属性做什么和怎么做都有了一个很好的理解。

By the Way

> **注意：模拟金属链条和绳索**
>
> 你可能会想，使用这里讲解的方法来制作一条真实的链条，同时在技术上是可行的，但这不是最好的实现方法。如果你想要模拟一条链条甚至是一条绳索，最好的选择是使用 Physics Asset Tool（PhAT）Editor，使用一个依赖骨骼和关节层次的 Skeletal Mesh Actor。

13.5 Force Actor

你可以通过蓝图对物理物体做很多事情。但是，Epic Games 提供了一些可以使用的类，包括 Physics Thruster（物理推进器）Actor 和 Radial Force（径向力）Actor。

13.5.1 Physics Thruster Actor

你可以在模式面板的放置标签页找到一个 Physics Thruster（物理推进器）类。只需要在模式面板的搜索框中输入 physics，然后在列表中找到 Physics Thruster Actor。为了使用它，可以将它放到关卡中想要影响的物理 Actor 下方，将它旋转到想要应用力的方向。然后在世界大纲面板中，将它附加到 Static Mesh Actor 上模拟物理。在细节面板的 Thrust Strength 下设置想要施加的力。在关卡细节面板的 Activation 中启用 Auto Activate。移动一个物理物体所需的力是由这个物体的质量（重量）决定的。所以根据物理物体，你需要一个比较高的 thrust strength 来产生效果。

提示：控制质量（重量）

记住缩放一个物理物体会改变它的质量。你也可以在关卡细节面板中重写 Static Mesh 的 Mass 设置，并应用自己的值。选中这个 Actor，到关卡细节面板，在 Physics 部分，查找 Mass In Kg 属性。开启 Override，并设置这个量。

自我尝试

创建一个锥形火箭

根据下列步骤，创建一个简单的锥形火箭，并使用一个链接 Physics Thruster Actor 把它推向空中。

1. 从模式面板的放置标签页中拖曳出一个 Cone Static Mesh Actor，将它放到地板上方 50～150 单位处。

2. 为这个 Cone Static Mesh Actor 勾选"Simulate Physics"。

3. 从模式面板的放置标签页中拖曳出一个 Physics Thruster Actor。

4. 选中这个 Physics Thruster，在细节面板中设置它的位置，让它拥有与 Cone Static Mesh Actor 相同的 X 和 Y 位置。

5. 旋转这个 Physics Thruster Actor，让它的黄色有向箭头指向正下方。

6. 在世界大纲面板中附加这个 Physics Thruster 到圆锥体。

7. 在这个 Physics Thruster Actor 的细节面板中，设置 Thrust Strength 值为大约 65000，并勾选 Auto Activate。

8. 预览此关卡；这个圆锥体应该能飞到空中。

9. 如果这个物理物体没有移动，请确保 Physics Thruster 的方向面向正确的方向。你也可以减小这个 Static Mesh Actor 的质量或增大 Physics Thruster Actor 的 thrust strength。如果这个圆锥体飞得不规律，可以在 Actor 的 Physics 属性下调整 Thruster Actor 的位置或设置 Static Mesh Cone 上的约束为锁定 X-轴和 Y-轴，如图 13.5 所示。

注意：复制和粘贴 Actor 变换

你可以通过在关卡细节面板中右键单击 Actor 的位置、旋转或缩放属性，并选择复制，复制和粘贴 Actor 的变换。然后通过在第 2 个 Actor 的变换上右键单击并选择粘贴，将它应用给另一个 Actor。

13.5.2　Radial Force Actor

一个 Radial Force（径向力）Actor 从一个影响的点的所有方向应用力，所以它的方向并不重要。Radial Force Actor 仅影响落在它的影响区域的物理 Actor。这个影响是一个衰减值，所以一个物理 Actor 越靠近 Radial Force Actor 的中心，应用在这个物理 Actor 上的力越大。为了放置一个 Radial Force Actor，使用模式面板中的搜索栏找到它。将它拖曳到关卡中，选中这个 Actor，设置 Force Strength 属性。

▼ 自我尝试

使用径向力推动

根据下面这些步骤设置一个 Radial Force Actor，这样它可以推动一个 Actor 模拟物理。

1. 从模式面板的放置标签页拖曳出一个 Cube Static Mesh Actor，将它放置到地板上方500 单位处。

2. 选中这个放置好的 Static Mesh 的情况下，在关卡细节面板中，为这个"Static Mesh Actor"勾选"Simulate Physics"，覆盖它的 Mass in Kg 属性，设置 Mass 为 10。

3. 设置这个立方体的 Linear Damping 属性为 1。

4. 拖曳出一个 Radial Force Actor，将它放置到地板上，在立方体正下方。

5. 在这个 Radial Force Actor 的细节面板中，设置 Force Strength 为 10000。

6. 预览此关卡。这个立方体应该慢慢落向地板，当它击中地板时滑倒侧面。

▲

13.6 小结

在这一章中，我们为你介绍了在 UE4 中如何使用物理系统。你现在只有一些基本知识，可以在项目中实现大量可能的设计。当然，还有很多需要学习。现在，你熟悉了使用物理 Actor 及其属性，应该进行的下一步是使用可破坏 Actor 和 Physics Asset Tool（PhAT）编辑器，它让你可以在 Skeletal Mesh 上的单个骨骼上分配物理属性，你可以使用它来设置从绳索到布娃娃再到角色等每次被击中时产生不同响应的任何东西。记得查看来自 Epic Games 的内容示例。你可以从 Launcher 的学习部分下载这个项目。只需要启动这个项目，打开物理关卡和可破坏物体关卡，预览它们查看案例。

13.7 问&答

问：当我预览关卡时，在 HUD 上看不到十字准心。为什么？

答：确保在世界设置面板中将当前关卡的 GameMode Override 属性被设置为 SimplePhysics GameMode。你还可以在项目设置面板的 Maps&Modes 中为整个项目应用这个设置。

问：为什么关卡中 Static Mesh 的 Simulate Physics 属性是灰色被禁用的？

答：确保使用的 Static Mesh 资源有一个碰撞壳。如果它没有，就在 Static Mesh Editor 中打开它，为它分配一个。

问：我在关卡中放置了一个 Force Thruster Actor，但是它没有影响我创建的任何物理物体。为什么？

答：Force Thruster Actor 必须被附加到你想要影响的 Static Mesh 上。同时，Force Thruster Actor 的细节面板中的 Auto Activate 属性需要勾选。

问：我如何改变一个 Force Thruster Actor 的力的方向？

答：仅需要使用附加的 Force Thruster Actor 的变换旋转它，让箭头指向你想要施加力的方向。

问：当我使用一个 Radial Force Actor 并在它上面放置一个 Static Mesh 物理物体时，什么都没发生。为什么？

答：请确保你设置了 Force 值，并且在 Radial Force Actor 上没有加力。确保应用一个比较高的 Force 值，或减小你尝试影响的物理物体的质量。

13.8　讨论

现在你完成了这一章的学习，检查自己是否能回答下列问题。

13.8.1　提问

1．真或假：在世界大纲面板中，如果你附加了一个模拟物理的 Static Mesh Actor 给一个移动性被设置为静态的 Static Mesh Actor，这个物理 Actor 将不会移动。

2．真或假：刚体与其他 Actor 碰撞时变形。

3．真或假：为一个物理物体设置较高的 Linear Damping 值将随时间减小它的速度。

4．真或假：一个物理材质可能不是一个材质，但是它们可以被分配给一个材质。

5．真或假：一个 Physics Thruster 可以不附加两个 Actor 而移动一个物理物体。

13.8.2　回答

1．假。因为 Static Mesh Actor 模拟物理，将它附加给另一个 Actor 并不会生效。如果你想要附加一个模拟物理的 Actor 给另一个 Actor，你将需要使用 Physics Constraint Actor。

2．假。柔体在与其他 Actor 碰撞时变形。

3．真。Linear Damping 随时间减小物理物体的速度。

4．真。物理材质可以分配给一个 Static Mesh Actor 或一个常规材质。

5．假。对于 Physic thruster，为了让它生效，它必须作为子级被附加到模拟物理的 Static Mesh 上。

13.9　练习

多个 Constraint Actor 可以同时影响一个 Static Mesh Actor。使用物理约束和 Static Mesh，

制作一个每个角都有约束链悬挂的平台。

1．创建一个新关卡，并在世界设置中设置"GameMode Override"为"SimplePhysics GameMode"。

2．创建一个约束链，类似于你在自我尝试中为摇摆的灯创建的。添加多个 Physics Constraint Actor 到链条的底部，分配最终的网格到 Constraint Actor 1 属性。

3．一旦完成链条制作，选择所有组成链条的 Actor，复制 3 次。放置每个链条，这样 4 个约束链条形成一个正方形。你可以通过使用移动变换并在移动时按 Alt 键完成这个复制过程。

4．添加一个 Static Mesh box，缩放它，让它形成玩家可以站在上面的一个平台。为这个"Actor"勾选"Simulate Physics"，并将它放到 4 个约束链条的下方。

5．分配这个平台给每个链条的最后一个 Physics Constraint Actor 的 Constraint Actor 2 属性。

6．预览此关卡，并使用物理枪或跳到这个平台上与这个平台交互，如图 13.14 所示。

图 13.14

由 4 个独立约束链
悬挂的平台

第 14 章

蓝图可视化脚本系统

你在这一章内能学到如下内容。

➤ 学习蓝图编辑器的界面。

➤ 如何使用事件、函数和变量。

➤ 添加一个事件。

➤ 声明一个变量。

几乎每个游戏引擎都有一个脚本语言让开发者在游戏中添加或修改功能。一些游戏引擎使用已有的脚本环境，例如 LUA，一些游戏引擎有着专有的脚本环境。UE4 提供了两种创建内容的方法：C++和蓝图。蓝图可视化脚本系统是一个贯穿编辑器强大而功能齐全的脚本环境。美术师和设计师可以用它制作整个游戏、创意原型或修改已有的游戏性元素的能力。这一章将介绍蓝图编辑器和基础脚本概念。

> **注意：第 14 章设置**
> 对于这一章，创建一个不带初学者内容的空项目。

By the Way

14.1 可视化脚本基础

在 C++中开发需要一个集成开发环境（IDE），例如微软的 Visual Studio，可以用于编写从新类和游戏性元素到修改核心引擎组件的任何东西。另一方面，蓝图是一个可视化脚本环境。尽管不能使用蓝图来编写一个渲染引擎，但是你可以使用它来创建自己的类和游戏功能。像蓝图这样的可视化脚本环境没有使用一个传统的基于文本的环境，而是提供了节点和连接线。节点是函数（执行指定操作的代码片段）、变量（被用于存储数据）、运算符（执行数学运算）和条件（让你可以检查和比较变量）的可视化表示。在蓝图中，你可以使用连接线在节点之间建立关系，创建和设置蓝图的流程。也就是说，你可以使用连接线来建立操作的顺序。蓝图编辑器是可以制作连接和编译节点的界面。

> **注意：什么时候使用 C++**
>
> 　　你仅需要在下面这些情况下使用 C++。如果你的游戏需要 100% 效率或需要对核心渲染组件、物理组件、音效组件或网络引擎组件进行一些修改的时候。Epic Games 甚至提供了所有用于创建核心引擎组件的源代码的全部访问权。一些开发者更喜欢使用基于文本的脚本和编程环境，如 C++。如果你是编程新手，在蓝图这样的可视化脚本环境下工作是学习基础编程概念的一个很好的方法，而且不用担心语法出错。

　　可视化脚本让美术师和设计师可以编写游戏性功能，让程序员可以专心攻克更复杂的任务。大部分游戏都可以完全在蓝图中制作，因为它被编译到字节码级别，蓝图脚本效率很高。你可以使用蓝图为 UE4 支持的所有平台制作完整的游戏。

> **注意：编译蓝图脚本**
>
> 　　尽管蓝图是一个可视化环境，蓝图脚本仍然需要编译。将蓝图脚本编译到字节码级别，理解下列术语非常重要。
> > ➤ **编译器**：用于编译以一种编程语言写成的指令（源代码）的软件。
> > ➤ **编译**：转换指令为可以被 CPU 执行的机器语言（代码）的过程。
> 编译需求根据硬件和操作系统而不同。
> > ➤ **字节码**：编译后的由虚拟机执行而不是硬件执行的源代码。这意味着源代码可以被编译一次，而在任何拥有处理这些字节码的虚拟机的硬件上运行。
> > ➤ **虚拟机**：将字节码转换为硬件可以理解并处理指令的软件。

14.2　理解蓝图编辑器

　　蓝图可视化脚本系统是 UE4 编辑器中的一个关键组件，甚至在基于 C++ 的项目中也是一个关键组件，你很可能会在某种程度上利用蓝图。在 UE4 中可以使用 5 种蓝图。

> ➤ **关卡蓝图**：这被用于为一个关卡管理全局事件。每个关卡只有一个关卡蓝图，并且当关卡被保存时它自动被保存。

> ➤ **蓝图类**：这是从一个已有的使用 C++ 语言编写的类或另一个蓝图类派生的一个类，它被用于为放置在关卡中的 Actor 编码功能。

> ➤ **仅数据蓝图**：这仅存储一个继承的蓝图的修改属性。

> ➤ **蓝图接口**：蓝图接口（BPI）被用于存储可以被分配给其他蓝图的用户定义的函数的集合。BPI 让其他蓝图可以相互之间共享和传递数据。

> ➤ **蓝图宏**：这些是可以在其他蓝图中被重复使用的而且比较常见。蓝图宏是使用节点序列的自包含代码图表。蓝图宏可以被存储在蓝图宏库中。

关卡蓝图和蓝图类是你将使用的两种最常见的蓝图类型。在这一章中，你将开始熟悉蓝图编辑器。在后续的几章中将为你讲解如何使用蓝图类的更多知识。

注意：使用蓝图

By the
Way

下面是当谈到蓝图和一般编程时需要知道的一些基本术语。

➤ **蓝图**：一个存储在内容浏览器中的蓝图类资源。

➤ **蓝图 Actor**：放置在关卡中的一个蓝图类资源的实例。

➤ **对象**：一个变量或变量集，如一个数据结构和存储在内存中的函数。

➤ **类**：用于创建对象的一个代码模板，存储着分配给变量的初始值以及从根本上定义这个类的函数和运算。

➤ **语法**：在传统的编程和脚本环境中，语法指的是语言编译器为了能够将代码编译为机器语言所预期的拼写和语法结构。

为了打开一个关卡蓝图，并查看蓝图编辑器界面，在关卡编辑器工具栏上单击"蓝图>打开关卡蓝图"，如图 14.1 所示。蓝图编辑器的界面和工作流程很容易学习，但是编程比较难掌握。尽管在可视化脚本环境中你不需要担心语法问题，但是仍然需要了解逻辑和操作顺序，这可以在任何编程环境中练习。

图 14.1

在蓝图编辑器中为当前关卡打开关卡蓝图

蓝图编辑器界面有一个菜单栏，一个用于快速访问常用工具和操作的工具栏，用于编写脚本的事件图表，一个用于显示在蓝图编辑器中选中当前东西的属性的细节面板，一个用于管理和追踪用于选中蓝图的节点图表、函数、宏和变量的我的蓝图面板。蓝图编辑器的功能在图 14.2 所示中标注，并在下面进行说明。

➤ **工具栏**：这个工具栏提供了大量用于控制蓝图编辑器的按钮。

➤ **我的蓝图面板**：用于管理蓝图中的图表、函数、宏和变量。

➤ **细节面板**：一旦一个组件、变量或函数被添加到一个蓝图，你可以在细节面板中编辑它的属性。

➤ **事件图表**：你可以使用事件图表来编写蓝图的核心功能。

图 14.2

蓝图编辑器界面

By the Way

> **注意：蓝图工具栏**
> 当使用关卡蓝图时,蓝图编辑器工具栏没有保存和在内容浏览器中查找的功能。因为关卡蓝图被绑定到该关卡,所以为了保存关卡蓝图,只需要保存关卡。

1. 蓝图编辑器工具栏

蓝图编辑器工具栏上只有 5 个工具。现在关注的两个工具是编译按钮和播放按钮,你可以单击编译按钮编译脚本,在事件图表底部的编译结果窗口中可以看到任何代码错误。这里的 Play 按钮和关卡编辑器中用于预览关卡的播放按钮相同。注意,这里没有保存按钮;这是因为关卡蓝图被绑定到关卡,所以如果你需要保存一个关卡蓝图,只需要保存关卡。

蓝图编辑器的工具栏有大量用于管理蓝图的按钮。

➤ **编译**：编译蓝图。

➤ **搜索**：打开一个 Find Results 面板,其中有一个搜索框用于在蓝图中定位节点。

➤ **类设置**：在细节面板中显示蓝图的选项。

➤ **类默认值**：在细节面板中显示蓝图的属性。

➤ **播放**：预览关卡。

2. 我的蓝图面板

我的蓝图面板追踪蓝图使用的所有节点图表、函数、宏和变量。每个分类都使用标题分开,在每个分类右侧有一个+号,你可以根据需要单击它来添加每种类型。你可以使用我的蓝图面板添加、重命名和删除所有这些元素。

3. 事件图表

事件图表是用于编写蓝图的默认代码图,它是使用蓝图编辑器时完成大部分工作的地方。你可以根据需要给一个已有的蓝图添加更多代码图。一个节点图就像是一张图表纸,你可以添加尽可能多的代码图到一个蓝图中以保持它的组织性。表 14.1 列出了在 Event Graph 中使用节点时可以使用的快捷键。

表 14.1　　　　　　　　　　　　　蓝图编辑器快捷键

快 捷 键	命令或操作
右键单击一个空白区域	打开蓝图上下文菜单
右键单击 + 拖曳一个空白区域	移动事件图到单击位置
右键单击一个节点	高亮该节点，引脚操作
单击一个节点	选择这个节点
拖曳一个节点	移动这个节点
拖曳一个空白区域	选择这个区域
Ctrl+单击	添加和移除当前选中的节点
滚动鼠标滚轮	缩放事件图表
Home	居中事件图表
Delete	删除所选节点
Ctrl+X	剪切所选节点
Ctrl+C	复制所选节点
Ctrl+V	粘贴所选节点
Ctrl+W	复制并粘贴所选节点

4．蓝图上下文菜单

蓝图上下文菜单是当你在蓝图编辑器中工作时经常看到的菜单之一。你可以通过右键单击一个空白区域或拖曳一个引脚来添加事件、函数、变量和条件到一个图表。每个方法都让你可以打开蓝图上下文菜单，如图 14.3 所示。这个菜单默认是与上下文关联的，这意味着它仅显示与你当前选中的节点或拖曳的引脚相关的操作。

图 14.3

蓝图上下文菜单

5．节点、连接线、exec 和引脚

将可视化脚本的流程看作是电路有助于理解。红色的事件节点发送一个信号沿着连接线传递，它通过的任何节点都会执行相应操作。当一个节点收到这个信号时，它通过左侧的数据引脚取到它需要的任何数据。然后执行它的操作，传递事件信号，通过右侧的数据引脚返回数据。在这里，对于这个过程你需要知道下列知识。

- ➢ 节点是事件、函数和变量的可视化表示，着色表示它们的使用。一个红色的节点是用于开始执行一个节点序列的事件节点。蓝色节点是执行特殊操作的函数。彩色的椭圆节点，每个都带有一个数据引脚，表示变量。
- ➢ 输入和输出执行引脚（exec）是在一个节点的顶部表示序列流程的白色向右三角形。一个红色的事件节点只有一个输出 exec 引脚，因为它被用于开始一个序列，而蓝色节点同时有输入和输出 exec 引脚（大多数时候）传递信号。
- ➢ 数据引脚是根据它们需要的数据类型进行着色的。在节点着色的数据引脚接收数据，节点右侧的数据引脚返回数据。
- ➢ 线连接节点：白色的线连接输入和输出 exec 引脚，彩色的线连接数据引脚。每种颜色的线表示它传递的数据类型。

为了在一个执行引脚或一个数据引脚之间使用线建立一个连接，单击这个引脚并拖曳到相同类型的另一个引脚上。为了断开输入或输出引脚的一条连接线，可以 Alt+单击这个引脚。Ctrl+单击并拖曳一个引脚或线条可以移动它到一个新的引脚。

14.3 脚本中的基本概念

所有编程环境都使用事件、函数、变量和条件运算符，接下来将为你简要介绍这些概念。

14.3.1 事件

UE4 中的蓝图是基于事件的。事件是在游戏过程中发生的一些事情，可以是从玩家按键盘上的一个按键到一个 pawn 进入关卡中的指定房间到一个 Actor 与另一个 Actor 碰撞或游戏开始。大多数事件属于常见类型，表 14.2 对这些事件进行了说明。在蓝图中事件被用于开始一个序列。当一个事件被启动时，一个信号从该事件的执行输出引脚发送出去，沿着连接线处理它沿途遇到的任何函数。当这个信号到达一个节点序列的末尾时，它的信号丢失。

表 14.2 常见事件

事 件 名	事 件 说 明
BeginOverlap	当两个 Actor 的碰撞壳重叠时启动（分配到一个 Actor 或一个组件）
EndOverlap	当两个 Actor 的碰撞壳停止重叠时启动（分配到一个 Actor 或一个组件）
Hit	当两个 Actor 的碰撞壳接触但未重叠时启动（分配到一个 Actor 或一个组件）
BeginPlay	每次关卡被加载到内存中并被播放时启动
EndPlay	当关卡结束时启动
Destroyed	当一个 Actor 被从内存中移除时启动
Tick	CPU 的每次 tick 启动
Custom	用户根据具体需求定义它的工作

一些事件需要被分配特殊的 Actor 或组件（例如碰撞事件），很可能一次会有多个碰撞事件被广播。例如，如果在关卡中有一个 Box Trigger Actor 和一个 Sphere Trigger Actor，你需要它们在其他 Actor 与之重叠时作出响应，就需要分配每个 Actor 到它们自己的 OnActorBeginOverlap 碰撞事件上。能够将事件分配给指定 Actor 可以让你编写每个 Actor 的独特响应。为了将关卡中的 Actor 分配给碰撞事件，你需要在关卡中选中这个 Actor，然后在关卡蓝图的事件图表的一个空白位置右键单击。然后，在蓝图上下文菜单的搜索框中输入 on Actor begin 并从列表选择 OnActorBeginOverlap 放置事件节点。一旦碰撞事件节点被放置，你可以看到这个 Actor 的名称被分配给这个事件节点，所以你知道这个 Actor 已经被分配了。现在，当这个 Actor 的碰撞壳被重叠时，碰撞事件节点就会执行。

注意：组件

UE4 中的组件是在蓝图类中找到的子元素，"第 16 章"中包含对它们的说明。

By the Way

蓝图编辑器提供了预定义事件节点，你还可以创建自己的自定义事件，可以在一个蓝图序列的任意点处调用。创建一个自定义事件让你定义这个事件的名称以及当事件被调用时传递的任何数据。图 14.4 展示了两个已有的事件（Event BeginPlay 和 OnActorBeginOverlap）调用了一个自定义事件并传递了一个 string 类型的变量。这个自定义事件接收信号并使用一个 PrintString 函数将接收到的 string 类型数据显示到屏幕上。自定义事件可以帮助你管理和组织蓝图。

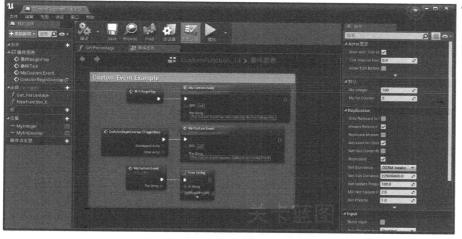

图 14.4

蓝图自定义事件

为了制作一个自定义事件，在事件图表中右键单击，在蓝图上下文菜单的搜索框中，输入 custom，然后从列表中选择 Custom Event 放置一个自定义事件节点，通过单击默认名称可以重命名这个事件。为了分配一个变量给这个事件，可以选中这个事件，在细节面板中，添加一个变量。在你完成制作一个自定义事件后，可以通过打开上下文菜单并在搜索框中输入事件的名称从另一个序列中调用这个事件。你可以从列表中选择这个自定义事件放置节点，然后将它连接到一个序列中。

14.3.2　函数

函数是执行指定操作的一个代码片段。它采用存储在变量中的数据处理信息，并且大多数情况下会返回一个结果。蓝图编辑器包含与任何其他编程环境相似的全套预定义函数。当一个函数被放置在事件图表中时，你通常会在这个函数节点的左侧看到一个 target 数据引脚。在蓝图中，target 通常是存储关卡中这个函数操作将被执行的 Actor 或 Actor 组件的一个引用。图 14.5 展示的函数例子中，你可以看到用于在关卡中改变一个 Actor 的位置的 SetActorLocation 函数。

图 14.5

蓝图函数

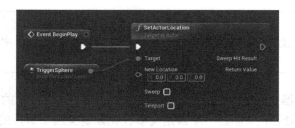

蓝图已经有了一个很庞大的函数列表以供使用，你还可以在蓝图编辑器中为个别蓝图制作自己的自定义函数，或者你可以制作自己的蓝图函数库，制作一个可以在项目中的任何蓝图中被重复使用的函数集。图 14.6 展示了一个在蓝图编辑器中创建的自定义函数的例子，名称为 Get Percentage，采用了两个 float 变量（A 和 B），A 是总值，而 B 是当前值。这个函数将当前值（B）除以总值（A），然后将这个结果乘以 100，返回一个浮点类型的百分比。

图 14.6

蓝图自定义函数

在创建一个自定义函数后，你可以根据需要多次重复使用它，仅需要从我的蓝图面板中将这个函数拖曳到一个节点图表中。为了在一个蓝图中创建一个自定义函数，只需要单击我的蓝图面板中函数旁边的+号图标。然后你就有了一个专用于这个函数的节点图表。在这个节点图表中你可以看到两个分配了输入变量和输出变量的紫色节点。定义函数的输入/输出变量，在自定义函数的图表中选中输入节点或输出节点，在细节面板中，你可以根据需要创建不同数据类型的变量。在为这个函数创建输入和输出变量后，你可以在任何其他节点图表中一样编写序列，但是当你完成时，就需要将这个序列连接到输入和输出节点。

> **注意：自定义函数**
>
> 你也可以通过选中一个已经放置好的节点序列，并右键单击其中一个节点选择 Collapse to Function 来创建一个自定义函数。你可以获得一个可以重命名的新函数。如果你经常在蓝图中重复一个或更多预定义函数的序列，那么你很有可能会从将序列折叠到自定义函数中受益。

自我尝试

添加一个事件

根据下列步骤添加一个事件 BeginPlay，并使用 PrintString 函数在屏幕上显示文本。

1. 在关卡编辑器菜单上，选择"文件>新建"新建一个默认关卡。

2. 在关卡编辑器的工具栏上，选择"蓝图> 打开关卡蓝图"。

3. 选择已经被添加的"BeginPlay"和"Event Tick"事件，并按下"删除"键。

4. 在 Event Graph 中右键单击并选择"BeginPlay"。（如果你找到它比较困难，可以使用搜索框。）

5. 单击 BeginPlay 事件的 exec 引脚，拖曳到右侧，然后释放。

6. 在 Event Graph 中右键单击，在上下文菜单的搜索框中输入"print string"。

7. 选择"Print String"函数放置一个节点。

8. 在 String 数据引脚的右侧，输入"Hello level"。

9. 在蓝图编辑器工具栏上单击"编译"按钮，并预览关卡。

10. 每次在你预览关卡时，在关卡视口的左上角会看到"Hello level"出现几秒，然后消失。

> **注意：Print String 函数**
>
> 使用 PrintString 函数并不是与玩家通信的正确方法。这个函数同样用于开发状态，作为一个调试工具来传达蓝图中发生了什么。如果你想要给玩家发送消息，你需要使用一个蓝图 HUD 类或学习使用 Unreal Motion Graphics 编辑器，请查看"第 22 章"。

14.3.3 变量

变量存储着不同类型的数据。当一个变量被声明（创建）时，计算机根据数据类型留出一定量的内存。然后那个内存被用于在相应位置存储或接收信息。不同的变量类型使用不同的内存量，一些变量存储的信息很少，一些存储着一整个 Actor。在蓝图编辑器中，变量是有色节点，所以当你使用函数时，可以快速识别需要什么类型的变量。

表 14.3 列出了常见的变量类型，它们的颜色分配，及它们存储的数据类型。

表 14.3　　　　　　　　　　　　常见脚本变量类型

变量类型	颜色	说　明
Boolean（bool）	红色	存储一个 0（off 或 false）或 1（on 或 true）的值
Integer（int）	青色	存储任意整数，例如 1、0、−100 或 376
Float	绿色	存储任意带小数点的值，例如 1.0、−64.12 或 3.14159
String	紫红色	存储文本
Vector	金黄色	存储着 3 个 float 类型值，X、Y 和 Z，例如 100.5、32.90、100.0
Rotator	紫色	是一个存储着 3 个 float 值的 vector，X 为 roll，Y 为 pitch，Z 为 yaw
Transform	桔色	是存储着一个用于位置的 vector，一个用于方向的 rotator，和一个用于缩放的 vector 的一个结构体 struct
Object	蓝色	指的是关卡中的一个 Actor，在内存中存储着它的所有属性

> **By the Way**
>
> **注意：什么是结构体 Struct？**
>
> 　　它是 structure 的缩写。一个结构体是单个变量的一个任意类型的变量集。Vector 和 Rotator 在技术上是结构体，因为它们存储着 3 个独立的 float 变量。你可以在 UE4 中创建自己的结构体，但这是一个比较高级的话题，你应该在更加熟悉使用蓝图编辑器后再研究。

　　为了声明一个变量，在我的蓝图面板中单击变量旁边的"+"号，给新变量命名。然后在细节面板中，你可以设置它的变量类型和默认值。为了设置默认值，你需要在声明变量后编译一次蓝图。在声明一个变量后，为其命名并分配一个值，在它上面最常进行的操作是 Set 和 Get 这个变量的数据。Get 接收存储在这个变量中的值，Set 存储一个值。图 14.7 展示了用于常见变量类型的 Get 和 Set 节点。

图 14.7

Get 和 Set 变量
节点

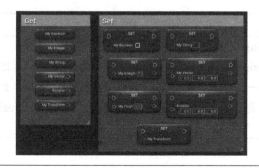

> **By the Way**
>
> **注意：变量列表**
>
> 　　蓝图中的每个变量类型都可以存储单个值或一个数组。一个变量转换为一个数组存储一列它的数据类型的值。你可以使用一组函数来管理变量数组——在数组中设置、获取、移除或添加。

声明变量

使用前一个自我尝试中相同的关卡蓝图，根据下列步骤声明一个 integer 变量，给它命名，给它一个初始值。

1. 在我的蓝图面板中，单击变量旁边的"+"号添加一个新变量。命名这个变量为 MyInteger，在细节面板中，设置变量类型为 integer。

2. 为了设置新的 MyInteger 变量的默认值，单击蓝图编辑器工具栏上的"编译"按钮。然后在细节面板中，在 Default Value 下设置这个变量的初始值为 100。

3. 为了添加事件 Event Tick，在事件图表中右键单击，在蓝图上下文菜单中，选择"Event Tick"添加这个事件节点。

4. 从前面的自我尝试中，按住 Ctrl+W 组合键复制并粘贴 Print String 函数，将它连接到 Event Tick exec 输出引脚。

5. 在我的蓝图面板中的变量下，单击并拖曳"MyInteger"变量到"事件图表"，然后释放鼠标。此时你会被询问是想要 Set 还是 Get 这个变量。选择 Get 将这个变量放到这个图表上。

6. 单击这个 integer 变量的数据引脚，拖曳它到 Print String 函数的输入 string 数据引脚。编辑器会自动添加一个转换节点转换这个 integer 变量为一个 string 变量。当结束时，你的关卡蓝图应该如图 14.8 所示。

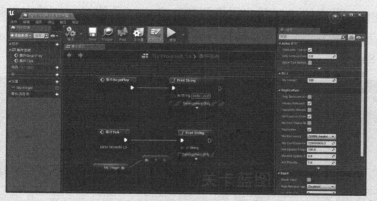

图 14.8

Event BeginPlay 和 Event Tick 添加到关卡蓝图的事件图表

注意：Event Tick

By the Way

默认情况下，Event Tick 在每帧渲染后执行（Tick Interval o）。Event Tick 节点上的 Delta Seconds 数据引脚返回在当次 tick 中渲染每一帧所花费的时间量。如果你来自一个使用游戏循环的编程环境，可以将虚幻引擎中的 Event Tick 当作游戏循环。你可以改变 Event Tick 更新间隔，单击蓝图工具栏上的类设置图标。然后在细节面板的 Actors Tick/Tick Interval（Sec）中改变这些设置。

14.3.4 运算符和条件

运算符和条件可以在蓝图上下文菜单的 Flow Control 中找到。运算符是数学运算，例如加法、减法、乘法和除法。运算符让你可以修改数字变量的值，如 float、integer 和 vector。条件表达式可以检查或比较一个变量的状态，然后作出相应的响应。例如，检查一个变量是否等于另一个变量，或者检查一个是否大于另一个。

▼ 自我尝试

使用条件、运算符设置一个变量

使用和前面的自我尝试相同的关卡蓝图，根据这些步骤使用数学运算符并设置一个变量增大 MyInteger 变量。

1. 在 MyInteger 数据引脚上按 Alt+单击从转换节点上断开 MyInteger。

2. 单击 MyInteger 数据引脚，拖曳到右侧，然后释放。在蓝图上下文菜单的搜索框中，输入+。在 Math/Integer 下，选择"Integer + Integer"添加一个 integer 加法运算节点。+运算节点被放置并连线，设置较下方的值为 1。

3. 从我的蓝图面板中，拖曳"MyInteger"变量到图表上，选择 Set 放置一个设置变量函数。

4. 从 Event Tick 连接 exec 输出引脚到 Set MyInteger 节点的 exec 输入引脚。

5. 连接 Set MyInteger 节点的 exec 输出引脚到 Print Stringf 函数的 exec 输入引脚。

6. 从 Set 函数节点，连接 integer 数据引脚到 Convert to String 节点，Convert to String 节点已经被连接到 Print String 函数。在结束时，你的关卡蓝图应该如图 14.9 所示。

图 14.9

关卡蓝图案例：获取一个 integer 变量，加上 1，存储结果到这个变量中

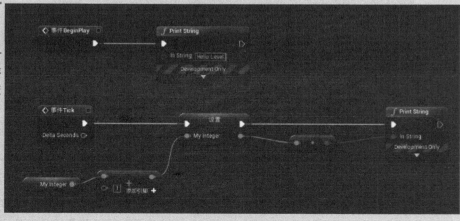

7. 编译并预览此关卡。你将在视口左侧看到 MyInteger 值递增 1。

14.3.5 脚本组织和注释

在任何脚本环境中，当你重新阅读一个月之前写的脚本时，当开发组中的其他人需要对你编写的东西进行调整时，组织和注释都是非常重要的。好的组织和注释的脚本可以加快开发时间。正如下面的章节中所说明的，蓝图编辑器有一些工具帮助你保持脚本的有组织性。

1．节点注释

节点注释让你可以在任何节点上做注释。只需要单击一个放置好的节点的名称，找到弹出来的节点注释框，如图 14.10 所示。或将光标悬停到这个节点上直到节点注释框出现。

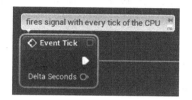

图 14.10

一个节点注释的例子

2．注释框

注释框如图 14.11 所示，让你可以将选中的节点包围在一个框内并添加一个文本注释。注释框的另一个优势是当你移动一个注释框时，所有在这个注释框中的节点都将随着它移动。为了给选中的节点添加一个注释框，按 C 键。

图 14.11

一个注释框的例子

3．变更路线节点

随着脚本变得越来越复杂，你会有越来越多的连接线将一切缠绕到一起。变更路线节点可以帮助你控制连接线的放置，如图 14.12 所示。为了添加一个变更路线节点，在 Event Graph 的一个空白位置右键单击，在上下文菜单的搜索框内，输入 reroute，从列表中选择添加变更路线节点。

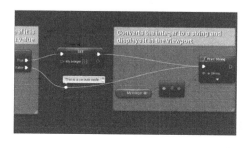

图 14.12

用于控制一条连接线的变更路线节点

14.4 小结

这一章为你介绍了 UE4 中的两种编程方法，脚本的基本概念和蓝图编辑器界面。你学到了添加事件和函数，也学习了如何声明、get 和 set 变量。这些核心技能是在 UE4 中使用任何蓝图都需要的。

14.5 问&答

问：当我尝试添加第二个事件节点 BeginPlay 时，编辑器将我带向已经放置在事件图表中的第 1 个的位置。为什么会这样？

答： 一些事件，如 Event Tick 和 BeginPlay 事件，每个蓝图仅有一个实例。当你在一个蓝图中使用多个事件图表时，这似乎是一个问题。如果你想要从一个图向另一个图传递一个事件，可以创建一个自定义事件，Event Tick 或 BeginPlay 每次调用它发送一个信号。

问：你如何决定一个变量的名称？

答： 你可以将一个变量命名为你想要的任何名称。尝试选择一个简短的描述性名称让它更容易识别。为了方便起见，最好是为一个项目中所有的蓝图建立一个命名规则。

问：在一个变量被命名后，我是否可以改变它的名称？

答： 是的，你可以在我的蓝图窗口中改变变量的名称，或者选中这个变量在蓝图的细节面板中完成更改。改变这个名称将更新蓝图中这个变量的所有实例。

问：当一个变量已经创建并用在事件图表后，它的变量类型是否可以改变？

答： 是的，你可以改变一个已经声明并使用的变量类型，但是这样做会影响蓝图。记住函数上的数据引脚在查找指定数据类型，如果你改变了一个变量的类型，就会破坏这个变量与数据引脚之间的连接。你必须回到引用这个变量的位置，手动调整脚本。

问：我是否可以在另一个关卡中重复使用来自一个关卡的关卡蓝图脚本？

答： 不可以。尽管你可以从一个蓝图复制粘贴事件序列到另一个蓝图，但在新的蓝图的脚本中所有的变量都需要被重新创建。同时，在关卡蓝图中的许多事件序列和操作是被绑定到那个关卡中的指定 Actor 上的，在新的关卡中并不存在。这就是使用蓝图类 Actor 的优势，你将在后续学习到相关内容。

14.6 讨论

现在你完成了这一章的学习，检查自己是否能回答下列问题。

14.6.1 提问

1. 真或假：蓝图可以被用于重写 UE4 中的核心渲染引擎。
2. 真或假：使用 Print String 函数不是与玩家交流的好方法。

3. 真或假：蓝图脚本编译到字节码级。

4. 真或假：在一个蓝图脚本中，你可以拥有一个以上 BeginPlay 事件。

5. 什么是数组？

6. 真或假：注释你的脚本就是浪费时间。

14.6.2 回答

1. 假。如果你需要为你的游戏修改核心引擎组件，你需要使用 C++。

2. 真。Print String 函数应该仅用于调试。

3. 真。蓝图脚本被编译到字节码级。

4. 假。在一个蓝图中仅可以有一个 BeginPlay 事件，但是你可以使用一个自定义事件来传递信号或使用一个 Sequence 节点来分割信号。

5. 数组是存储一列相同类型的值的一个变量。

6. 假。你应该经常注释你的脚本。

14.7 练习

从这一章的最后一个自我尝试开始，添加第 2 个 integer 变量，改变每次 tick 时 MyInteger 递增的量。然后在 Event Tick 序列中使用一个条件检查 MyInteger 整型变量的值，当它达到 2000 或以上时重置为 0。然后在序列结束时调用一个自定义事件，使用 Print String。图 14.13 展示了这个例子。

1. 打开你在这一章中使用的关卡蓝图。

2. 声明一个新变量，命名为 MyIntCounter，将它的类型改为 integer，给它一个默认值 5。

3. 添加 MyIntCounter 到 Event Graph，并将它连接到+节点。

4. 在 SET My Integer 节点后，检查它是否大于或等于（>=）2000。在蓝图上下文菜单搜索框中，输入 integer >=，选择 integer >= integer 放置这个节点。这个节点返回一个 0（false）或 1（true）的值。

5. 设置>=节点的 B 整型数据引脚为 2000。

6. 使用一个 Branch 节点检查条件是真或假。从>=节点上红色的布尔数据引脚单击并拖曳打开蓝图上下文菜单。在搜索框中输入 Branch，从列表中选择放置这个节点。

7. 连接 SET MyInteger 节点的 exec 输出引脚到 Branch 节点的 exec 输入引脚。

8. 从 Branch True exec 输出引脚单击并拖曳打开蓝图上下文菜单。在搜索框中，输入 set myinteger 并选择 Set MyInteger 放置这个节点。

9. 在 SET my Integer 节点中，在 My Integter 数据引脚旁的文本框中输入 0。

10. 现在创建一个自定义事件。在 Event Graph 中的序列下方，右键单击空白区域打开蓝图上下文菜单。在搜索框中，输入 custom，从列表中选择 Add Custom Event 添加这个事件节点。重命名这个事件为 MyCustomEvent。

11．从 MyCustomEvent 事件节点的 exec 输出引脚单击并拖曳，在蓝图上下文菜单的搜索框中输入 print。从列表中选择 Print String 放置节点。

12．从 My Blueprint 面板中，拖曳 MyInteger 变量到 PrintString 节点的 In String 变量数据引脚。蓝图自动放置这个变量并添加一个转换节点。

13．从第一个序列的 Branch 节点的 False exec 引脚。单击+拖曳打开上下文菜单，在搜索框中，输入 mycustomevent，从列表中选择 MyCustomEvent 放置这个函数。

14．从 SET My Integer 节点的 exec 输出引脚拖曳链接到蓝色的 MyCustomEvent 函数。当结束时，你的关卡蓝图应该如图 14.13 所示。

图 14.13

练习脚本例子

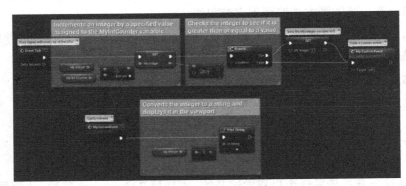

15．保存并预览关卡。

第 15 章

使用关卡蓝图

你在这一章内能学到如下内容。

➢ 在关卡蓝图中给事件分配 Actor。

➢ 在关卡蓝图中将 Actor 分配为一个引用变量。

➢ 在关卡蓝图中获取和设置 Actor 的属性。

➢ 使用 Activate 函数。

➢ 使用 Play Sound at Location 函数

每个关卡都有一个与之关联的关卡蓝图。尽管关卡已经为放置在该关卡中的每个 Actor 存储了一个引用,但是关卡蓝图不知道关卡中的 Actor,除非你告诉它。这一章将教你如何分配放置好的 Actor 给碰撞事件,如何将它们作为引用变量在关卡蓝图中添加。然后你将学习通过关卡蓝图编辑器当一个事件启动时改变一个 Actor 的属性。

> **注意:第 15 章项目设置**
>
> 在你开始这一章的学习前,先创建一个带有初学者内容的 First Person 模板的新项目,创建一个默认关卡。

By the Way

为了在这一章中练习分配 Actor 给事件和引用变量,你将学习创建一个简单的事件序列。当玩家移动到关卡中的一个预定义区域中时,一个 Overlap 事件执行,改变分配给一个 Static Mesh Actor 的材质,激活一个粒子系统,并且播放一个音效。

为了将 Actor 分配给事件,你需要在关卡中放置一个 Actor。对于本文而言,你可以使用一个 Trigger Actor。

有几种方法可以在关卡中定义玩家可以交互的区域。Epic Games 提供了 3 种常见形状的触发器类(盒体触发器、胶囊型触发器和球体型触发器)和一个使用碰撞事件的 Trigger Volume,

如图 15.1 所示。这一章主要关注盒体触发器、胶囊型触发器和球体型触发器类。

图 15.1

放置好的 Trigger Volume

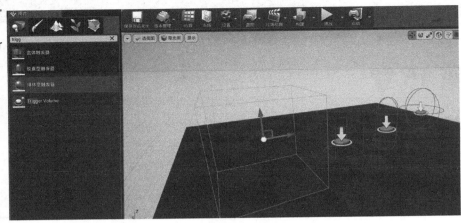

所有这些类都可以在模式面板的放置标签页中找到。通过使用放置标签页的搜索框搜索一个触发器类或选择 Volumes 分类，拖曳出一个盒体触发器并将它放到关卡中。在将放置好的盒体触发器分配给一个事件前，你需要更改它的一些属性。在盒体触发器放置好并被选中的情况下，在细节面板中更改它的名称为 MyTriggerBox。在 Shape 部分，在 Box Extent 中，X、Y 和 Z 轴都设置为 100 单位，调整它的尺寸。你可以在任何时候调整这个形状设置，仅需要确保很容易进入盒体触发器 Actor 定义的区域。接下来，改变盒体触发器的渲染设置是一个不错的主意，在细节面板的 Rendering 部分，取消勾选 Actor Hidden in Game。当预览和试玩这个关卡时，这个设置让盒体触发器定义的区域显示出来。

Did you Know?

> **提示：渲染和 Actor 可见性**
>
> 　　几乎每个放置好的 Actor 都有渲染属性，可以在编辑器和游戏过程中，在关卡中开关 Actor 的可见性。通常，你不会想让玩家看到 Trigger Actor，因为它可能会破坏沉浸性，当然，这也取决于游戏的视觉风格。但是，通过取消勾选 Actor Hidden in Game 可以临时开启可见性以帮助你设置、试玩和调试蓝图。记住当一切都搞定后，请关闭这个可见性。Actor 的 Visibility 设置可以在选中这个 Actor 的情况下，在关卡细节面板的 Rendering 部分找到。

15.1　Actor 碰撞设置

创建好一个默认关卡，设置 Game Mode，在关卡中放置一个盒体触发器 Actor 后，你现在可以在关卡蓝图中创建一个碰撞事件。基于碰撞的事件直接与分配的 Actor 的碰撞属性相关，在这种情况下，是盒体触发器 Actor 的碰撞属性。选中盒体触发器 Actor，在关卡蓝图的细节面板中，你可以看到一些相关属性，如图 15.2 所示：Simulation Generate Hit Events、Generate Overlap Events 和 Collision Responses。

图 15.2

Trigger Actor 的碰撞属性

转到"第 4 章",讨论碰撞响应类型。

当 Simulation Generates Hit Events 和 Generate Overlap Events 被选中时,它们允许 Actor 传递碰撞事件给关卡蓝图。Hit 事件发生在当 Actor 的碰撞壳接触但未相交的时候,Overlap 事件直接发生在两个 Actor 的碰撞壳重叠相交或停止重叠相交的时候。Hit 和 Overlap 事件直接与每个 Actor 的碰撞预设(collision presets)相关。如果两个 Actor 都被设置为相互 Block,它们永远也不会重叠(Overlap)。

在蓝图中,负责接收来自 Actor 的 hit 和 overlap 信号的事件节点如下。

➢ **OnActorBeginOverlap** 事件:每次分配的 Actor 的碰撞壳与另一个满足所需碰撞响应类型的 Actor 的碰撞壳重叠时该事件会触发一次。如果这个 Actor 离开事件 Actor 的碰撞区域,然后再次进入,这个事件会再次启动。

➢ **OnActorEndOverlap** 事件:工作起来和 OnActorBeginOverlap 事件相同,但是仅当另一个 Actor 离开碰撞区域时启动。

➢ **OnActorHit** 事件:不要求 Actor 的碰撞壳重叠,但是要求接触。这种事件类型特别有用,特别是在使用模拟物理的 Actor 时。如果一个物理 Actor 被分配了一个 Hit 事件,在地面上静止,这个事件持续启动。

15.2　分配 Actor 给事件

分配一个 Actor 给关卡蓝图中的一个事件是一个直截了当的过程。它需要在关卡中选中这个 Actor,通过在关卡蓝图中使用蓝图上下文菜单分配这个事件。在关卡中选中这个 Actor,在关卡蓝图的事件图表中右键单击打开上下文菜单。在上下文菜单中,确保 Context Sensitive 被勾选,展开分类 Add Event for MyTriggerBox,在 Collision 子类别中,选中你需要的碰撞事件节点,如图 15.3 所示。

图 15.3

启用 Context
Sensitive 的蓝图
上下文菜单

> **By the Way**
>
> **注意：Context Sensitive**
>
> 　　在蓝图上下文菜单的右上角是 Context Sensitive 设置。勾选这个选项将根据你当前的选择在上下文菜单中组织内容，仅显示用于当前选中的 Actor、组件或变量类型的事件和函数。

▼ 自我尝试

分配一个 Actor 给 OnActorBeginOverlap 事件

根据下列步骤分配盒体触发器 Actor 给 OnActorBeginOverlap 事件。

1. 打开关卡蓝图编辑器。

2. 在关卡中选中放置的"盒体触发器 Actor"。

3. 在关卡蓝图的事件图表中，右键单击弹出蓝图上下文菜单，请确保右上角的情境关联被选中。

4. 在上下文菜单操作列表的顶部，单击 MyTriggerBox 列表左侧的三角形以展开这个列表。

5. 展开 Collision 并选择"Add OnActorBeginOverlap"添加这个事件节点，所选中的 Actor 被分配给它，事件名称后的括号中是选中的 Actor 名称。

6. 从 OnActorBeginOverlap 事件的 exec 输出引脚单击并拖曳，释放鼠标再次打开上下文菜单。添加一个 Print String 函数节点（你可以在 Utilities > String 中找到）。你的事件序列现在应该如图 15.4 所示。

图 15.4

分配了 Actor 的
OnActorBeginO
verlap 事件节点

7. 在 Print String 函数中，输入"Hello Level"。

8. 预览此关卡，走入盒体触发器的区域。

▲

OnActorBeginOverlap 事件有一个 exec 引脚传递事件信号，输出引脚，返回启动这个重叠事件的 Actor 引用。如果你从这个数据输出引脚拖曳到 Print String 函数的 In String 数据引脚，关卡蓝图编辑器自动添加一个 Get Display Name 函数，返回启动这个事件的 Actor 名称并传递给 Print String 函数，如图 15.5 所示。完成这些更改后，预览关卡，再次进入这个区域。这一次，Print String 函数返回 Pawn 的名称。

图 15.5

OnActorBeginOverlap 事件序列显示了 Other Actor 的名称——启动这个事件的 Actor

15.3 分配 Actor 给引用变量

在蓝图中，你可以在关卡细节面板中一个 Actor 修改你看到的任何属性。一个 Actor 引用变量指向关卡中已分配的 Actor，让关卡蓝图可以访问这个 Actor 的属性。

分配 Actor 给一个 Actor 引用的过程类似于分配一个 Actor 给一个事件的过程。打开关卡蓝图编辑器，在关卡中选中想要的 Actor，如图 15.6 所示。在事件图表中，右键单击打开蓝图上下文菜单，选择"Add Actor as Reference Variable"，放置一个分配了选中的 Actor 的变量到蓝图中。

图 15.6

Actor 引用变量

15.3.1 Actor 组件

放置在关卡中的所有 Actor 都有在每个 Actor 上可以找到的通用设置，例如 Transform 和 Rendering 设置。这些属性是 Actor 级别的，同时其他属性会在组件级别影响着 Actor。一个组件（Component）是一个 Actor 的子对象元素，大部分（不是所有的）Actor 至少有一个组件，如图 15.7 所示。例如 Static Mesh Actor 有一个 Static Mesh component，而 Emitter Actor 有一个 Particle System component，Trigger Actor 有一个 Collision component。

图 15.7

细节面板中 Static Mesh Actor 的组件列表

> **注意：组件**
>
> 　　目前存在许多种组件。一些 Actor 只有一个组件，而其他的 Actor 可能有许多组件。

By the Way

转到"第 16 章"学习关于如何在蓝图中使用组件的知识。

15.3.2　获得和设置 Actor 的属性

就像使用其他变量类型一样，你可以获取或设置 Actor 的属性。获取一个 Actor 的属性创建一个变量节点返回那个属性的数据类型。例如，获取一个 Actor 的位置返回一个 vector，如图 15.8 所示。

图 15.8

在 Actor 级别和组件级别分别获取一个 Actor 的属性

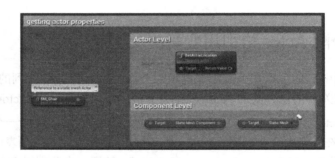

设置一个 Actor 或它的组件的属性需要使用目标为这个 Actor 或这个 Actor 的组件的一个函数，如图 15.9 所示。

图 15.9

在 Actor 级别和组件级别分别设置一个 Actor 的属性

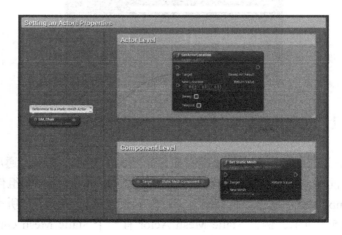

15.3.3　函数目标

在许多情况下，为了让一个函数正确执行，它需要知道影响什么。这是由一个 target 数据输入引脚决定的。蓝色的 Target 引脚告诉函数它应该影响哪个 Actor 或 Actor 的哪个组件。一些函数作用于 Actor 级别，而另一些函数作用于组件级别。如果需要在 Actor 级别改变一个 Actor 的属性，你需要一个目标是 Actor 的函数，但是如果需要改变 Actor 上的一个组件的属性，你需要一个目标为组件的函数。例如，如果想要改变一个 Actor 的位置，你需要使用 Actor 级别，但是如果想要改变分配给一个 Static Mesh Actor 的 Static Mesh 资源，你需要使用 Static Mesh Component 级别。

如果需要在 Actor 级别改变一个属性，你需要作用在 Actor 级别的函数，但是如果需要在组件级别改变一个属性，你就需要作用在组件级别的函数。在函数的名称下方是一个说明，告诉你这个函数的目标是一个 Actor 还是一个组件。

自我尝试

改变一个 Actor 的材质属性

根据下列步骤使用一个 Box Trigger 和一个 OnActorBeginOverlap 事件改变分配给 Static Mesh Actor 的材质。

1. 添加一个 Box Trigger Actor 到关卡中。在关卡细节面板中，在 Shapes 下方，设置 Box Extents 的 X、Y 和 Z 轴为 100 单位。

2. 在关卡蓝图事件图表中，添加一个分配了这个 Box Trigger Actor 的一个 OnActorBeginOverlap 事件。

3. 放置一个圆锥 Static Mesh Actor 到 Box Trigger Actor 的中央，更改它的名称为 MyCone。

4. 在内容浏览器的 Starter Content 下的 Materials 文件夹中找到一个材质，并将它拖曳到放置好的圆锥 Static Mesh Actor 上。

5. 在关卡蓝图编辑器中，在选中圆锥 Static Mesh Actor 的情况下，在 Event Graph 中右键单击。在蓝图上下文菜单中，为 MyCone Static Mesh Actor 选择"Create a Reference to"。

6. 在放置好 Actor 引用变量后，单击蓝色的数据输出引脚，拖曳并释放弹出上下文菜单。在搜索框中，输入"set Material"。

7. 从列表中选择"Set Material"添加"Set Material"函数和组件引用变量。

8. 链接 OnActorBeginOverlap 事件的 exec 输出引脚到 Set Material 的 exec 输入引脚。

9. 在 Set Material 函数下，在 Material 属性中分配一个内容浏览器中的新材质。当你完成时，事件序列看起来应该如图 15.10 所示。

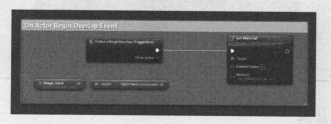

图 15.10

OnActorBeginOverlap 事件序列改变分配给一个 Static Mesh Actor 的材质

10. 预览关卡，并移动 Pawn 走向圆锥体。

随着你走向关卡中在前面的自我尝试中制作的圆锥体，Pawn Actor 的碰撞壳与 Box Trigger Actor 重叠时，事件启动并改变材质。但是当 Pawn 走开时，新的材质仍然会留在模型上面。在下一个自我尝试中，当 Pawn 离开 Trigger Actor 的区域时，将这个材质重置回原始分配的材质。

▼ 自我尝试

重置一个 Actor 的 Material 属性

根据下列步骤使用一个 OnActorEndOverlap 事件将材质改回原始分配的材质。

1. 在关卡蓝图编辑器的事件图表中，添加一个分配了 Box Trigger Actor 的 OnActorEndOverlap 事件。

2. 在关卡蓝图编辑器中，在选中圆锥体 Static Mesh Actor 的情况下，在 Event Graph 中右键单击。在蓝图上下文菜单中，选择"Create a Reference to MyCone"添加 MyCone Actor 的第 2 个引用变量到关卡蓝图。

3. 在放置好新的 Actor 引用变量后，单击蓝色的数据输出引脚。拖曳并释放打开蓝图上下文菜单。在搜索框中输入"set Material"。

4. 从列表中选择"Set Material"添加另一个 Set Material 函数。

5. 连接 OnActorEndOverlap 事件的 exec 输出引脚到 Set Material 的 exec 输入引脚。

6. 在新的 Set Material 函数下，分配你在前面的自我尝试的第 4 步中放置的 MyCone Static Mesh Actor 的原始材质到 Material 属性。当你完成时，事件序列应该看起来如图 15.11 所示。

图 15.11

Overlap 碰撞
事件

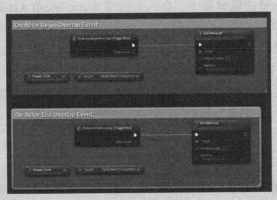

7. 预览关卡，并移动 Pawn 出入 Box Trigger 查看材质变化。

▲

15.3.4 Activate 属性

对于少数 Actor，如 Emitter Actor 和 Ambient Sound Actor，Activate 属性可以告诉这个 Actor 关卡启动时开始播放粒子发射器或音效。这个属性默认是开启的，在关卡细节面板中为这个

Actor 禁用该属性将停止 Actor 的播放，直到这个属性被改变。这个属性可以在蓝图中通过几个函数被设置、改变或接收：Activate、Deactivate、IsActive、SetActivate 和 ToggleActive。在下一个自我尝试练习中，你将放置一个 Particle Emitter Actor 到关卡中。你也将有 OnActorBeginOverlap 序列激活这个 Emitter Actor 和 OnActorEndOverlap 序列禁用这个 Actor。

▼　　　　　　　　　　　　　　　　　　　　　　　　　　　　　　　　　　**自我尝试**

激活和禁用一个 Particle Emitter Actor

根据下面的步骤扩展前面的自我尝试练习，建立 OnActorBeginOverlap 序列。

1. 在内容浏览器的 Starter Content 中找到一个 P_Explosion 粒子系统资源，将它放置在中间位置或者在 Box Trigger Actor 旁边，这样当你与触发器交互时，就可以看到它。

2. 在关卡中选中放置好的 Emitter Actor，在关卡蓝图事件图表中右键单击打开上下文菜单，选择"创建一个 P_Explosion 的引用"。

3. 创建 P_Explosion Actor 引用后，单击并拖曳变量节点的蓝色数据引脚，然而释放。在上下文菜单搜索框中，输入"activate"，并选择"Activate"（ParticleSystemComponent）添加两个节点：一个 Activate 函数和一个指向 Emitter Actor 的粒子系统的组件引用变量。

4. 连接 Set Material exec 输出引脚到 Activate exec 输入引脚。

5. 按 Ctrl+W 复制并粘贴 P_Explosion 引用变量。拖曳出一个 Deactivate 函数，将它连接到 Set Material 函数的 exec 输出节点，从而连接到 OnActorEndOverlap 事件的末尾。当你完成后，事件序列看起来应该如图 15.12 所示。

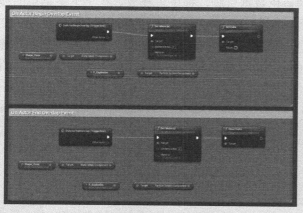

图 15.12

开关粒子发射器蓝图

6. 预览关卡，并走入和走出这个 Volume。每次 Pawn Actor 与球体触发器重叠，事件启动并激活粒子发射器。

▲

15.3.5　Play Sound at Location 函数

在前面的例子中，你已经使用关卡蓝图编辑器修改或控制放置的 Actor。对于下一个例子，你将使用 Play Sound at Location 函数在运行时播放一个 Sound Cue 资源。这个函数需要知道你想要播放什么音频资源以及它应该在关卡中的哪个位置播放。要播放的音频资源可以从内容浏览器或这个函数的下拉列表中分配。你需要从一个已经放置好的 Actor 上获得位置。

在下面的自我尝试中，你将学习添加一个 Play Sound at Location 函数，获取一个已经放置的 Actor 的位置。

▼ 自我尝试

添加一个 Play Sound at Location 函数

从前面的自我尝试继续，根据下列步骤使用一个 Play Sound at Location 函数，当 OnActorBeginOverlap 函数启动时播放一个 Sound Cue 或 Sound Wave 资源。

1. 为前面的自我尝试中的关卡打开关卡蓝图。

2. 在事件图表中找到来自前面的自我尝试的 OnActorBeginOverlap 事件序列。

3. 单击这个序列末尾的 Activate 函数的 exec 输出引脚。拖曳并释放打开蓝图上下文菜单，在搜索框中输入 Play Sound at Location，从列表中选择"Play Sound at Location"函数。

4. 在内容浏览器的 Starter Content 的 Audio 文件夹或在这个函数节点的下拉菜单中找到 Explosion_Cue Sound Cue 资源。单击并拖曳这个"Explosion_Cue Sound Cue"资源到"Play Sound at Location"函数的"Sound"属性上。

5. 选择这个"Trigger Actor"，并将它作为一个引用变量添加到关卡蓝图。

6. 单击引用变量节点的蓝色数据引脚，拖曳再释放。在上下文菜单的搜索框中，输入 get Actor location，从列表中选择 Get Actor Location Function。

7. 单击 Get Actor 函数上的黄色 vector 数据输出引脚，拖曳出一条连接线链接到 Play Sound at Location 函数的黄色 vector 数据引脚上。当完成时，你的事件序列看起来应该如图 15.13 所示。

图 15.13

放置好的 Trigger Volume

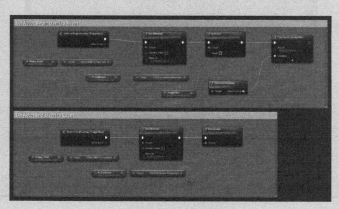

8. 预览关卡，让 Pawn 走进和走出 Trigger Actor 的定义区域听音效播放。

▲

> **注意：Ambient Sound Actor**
> 如果你喜欢，可以使用一个 Ambient Sound Actor 和一个 ToggleActivate 函数当事件启动时播放一个音效。只需要在关卡中放置一个非循环的 Sound Wave 或 Sound Cue，根据前面自我尝试中的步骤操作。使用一个 Ambient Sound Actor 替换 Particle Emitter Actor。
>
> **By the Way**

15.3.6　使用物理 Actor 激活事件

到目前为止，你只使用了 Pawn 来激活碰撞事件。接下来，你将设置一个事件，当一个设置了 Simulate Physics 的 Static Mesh Actor 或一个子弹与这个 Trigger Actor 重叠时激活。你就不必做任何脚本了，可以仅仅对涉及的 Actor 细节面板中的 Collision 属性做一些小的更改。

自我尝试

使用一个物理 Actor 触发事件

从前面的自我尝试继续，根据下列步骤操作，当一个设置了 Simulate Physics 的 Static Mesh Actor 与 Volume 重叠时，OnActorBeginOverlap 事件会激活。

1. 从内容浏览器中的 Starter Content 文件夹中的 Props 文件夹中，选择一个 "Static Mesh" 资源并将它放在前面练习中的 "Box Trigger" 的上方。

2. 在放置的 Static Mesh Actor 的细节面板中的 Physics 属性中，勾选 "Simulate Physics"。

3. 在放置的 Static Mesh Actor 的细节面板中的 Collision 属性中，勾选 "Generate Overlap" Events。

4. 预览关卡。随着 Static Mesh Actor 掉入 Trigger Actor 定义的区域，重叠事件被激活，材质被改变。

> **注意：使用弹丸 Actor 激活事件**
> 如果你使用的 UE4 是 4.8 或更早的版本，Trigger Actor 的默认 Collision Presets 设置为 Overlap with Everything but Projectiles。为了修改这个设置，请更改 Collision Presets 为 Custom。这会解锁 Object Response types，你可以设置 Projectile 分类为 Overlap。再次预览关卡，并射击 Box Trigger。Projectile 分类在 4.8 之后的版本中已经被移除了。
>
> **By the Way**

15.4　小结

在这一章中，你学习了为事件分配 Actor，并将它们作为引用变量添加到关卡蓝图。你还学习了使用 Trigger Actor，在关卡蓝图编辑器中修改 Actor 的属性。你学会了当一个事件序列激活时，激活和禁用一个粒子发射器，在指定位置播放一个音效资源。所有这些都是在许多游戏中能找到的常见事件序列。记住当完成所有事情后，请为放置的 Trigger Actor 勾选 Actor Hidden in Game 属性。

15.5　问&答

问：当我在关卡蓝图中分配一个 Actor 给碰撞事件时，这个事件没有执行，为什么？

答：当这种情况发生时，需要检查一些地方。首先，查看分配给这个事件的 Actor 的 Collision 属性，确保 Generate Overlap Events 被勾选。然后检查 Collision Presets 和 Object Response type 设置确保你需要用来激活这个事件的 Actor 已被设置为 Overlap。然后检查激活器 Actor 的 Collision Presets 和 Object Response types 设置。如果激活器是 Static Mesh Actor，检查 Static Mesh 资源，验证它们被分配了碰撞壳。

问：我分配了一个错误的 Actor 给一个事件。我可以改变它吗，还是我需要删除这个事件重新开始？

答：尽管删除这个事件并重新开始非常容易，但也可以改变分配给一个已经创建的事件节点的 Actor。在关卡中选择新的 Actor，然后在关卡蓝图编辑器中，右键单击已经放置的事件标题，选择 Assign Selected Actor。这将改变这个事件节点在关卡中分配的 Actor。

问：为什么粒子发射器和 Sound Actor 在关卡播放时立即激活？

答：这是因为这些 Actor 上的 Auto Activate 属性。默认情况下，这个属性是启用的。为一个 Actor 矫正这个问题，选中这个 Actor，在关卡细节面板中，找到 Activate 部分，关闭 Auto Activate 属性。

问：当我快速连续地与关卡中的 Trigger Actor 重叠时，发射器不是一直激活的。为什么？

答：每次出现重叠，这个事件就执行，但是粒子发射器有一个在它再次激活前必须完成的预先设定的生命周期。

问：盒体触发器、球体型触发器、胶囊型触发器类和 Trigger Volume 类有什么区别？

答：所有这些类都被用于触发碰撞事件，主要的区别是 Trigger Volume 类是基于 BSP 的，可以被用于定义比简单原型形状更加复杂的 Volume。因为 Trigger Volume Actor 是基于 BSP 的，它们是静态的，这意味着它们在游戏过程中不能移动。

15.6　讨论

现在你完成了这一章的学习，检查你是否能回答下列问题。

15.6.1　提问

1. 真或假：Trigger 类可以在模式面板的放置标签页中找到。

2. 真或假：如果一个 Trigger Actor 没有传递一个 Overlap 事件给关卡蓝图中它分配的 OnActorBeginOverlap 事件节点，这是因为关卡中这个 Actor 的 Simulate Generate Hit Events

没有被开启。

3. 一个_____是一个 Actor 的一个子对象元素。

4. 为了让一个函数改变一个 Actor 或一个组件的属性，你需要分配一个 Actor 或一个组件到这个函数的_____数据输入引脚。

5. 真或假：如果一个发射器 Actor 在关卡开始预览时就立即发射粒子，这是因为这个 Actor 的 Auto Activate 属性被启用。

15.6.2 回答

1. 真。所有的 Trigger 类都可以在模式面板的放置标签页中找到。

2. 假。为了让 Overlap 事件生效，Generate Overlap Events 必须被启用，为了让 Hit 事件生效，Generate Hit Events 必须被启用。

3. Component（组件）是 Actor 的子对象元素，所有 Actor 应该至少有一个元素。

4. Target。函数上的 Target 属性告诉这个函数当执行时这个函数将影响哪个 Actor 或组件。

5. 真。Auto Activate 属性告诉 Actor 当启用时播放。

15.7 练习

对于这一章的练习，练习分配 Actor 给事件，添加 Actor 为引用变量，修改它们的属性。在一个新的默认关卡中，使用不同的 Trigger Actor 类型创建 3 个以上 OnActorBeginOverlap 事件，为这 3 个 Static Mesh Actor 逐一更改 Material 属性。

1. 在与你这一章使用的相同项目中，创建一个默认关卡。

2. 放置 3 个 Trigger Actor 到关卡中：盒体触发器、球体型触发器和胶囊型触发器。

3. 重新设置每个 Trigger Actor 的大小，并在关卡细节面板中为每个 Trigger Actor 关闭 Actor Hidden in Game。

4. 放置 3 个 Static Mesh Actor 到关卡中的每个 Trigger Volume 中，并为每个分配一个独特的材质。

5. 打开关卡蓝图编辑器，并为每个 Actor 分配一个 OnActorBeginOverlap 事件。

6. 将每个放置好的 Static Mesh Actor 作为引用变量添加到关卡蓝图。

7. 在每个 OnActorBeginOverlap 事件序列中使用一个 Set Material 函数，当玩家射击 Trigger Volume 时，改变每个 Static Mesh Actor 材质。

8. 使用一个 Delay 函数等待 1 秒，在每个 OnActorBeginOverlap 事件序列中添加另一个 Set Material 函数，将每个 Static Mesh 改回它们的原始材质。

第16章

使用蓝图类

你在这一章内能学到如下内容。

- ➢ 创建一个简单的可拾取物品类。
- ➢ 添加和修改组件。
- ➢ 使用 Timeline。
- ➢ 从一个已有的类派生出一个蓝图类。

这一章将为你介绍使用蓝图类。从学习如何从 Actor 类派生出一个蓝图类开始，制作一个简单的可拾取物品类，让它上下摆动，当角色穿过它时，让它消失。然后你将继续学习如何从一个点光源类派生出一个蓝图类，并扩展它的功能。

16.1 使用蓝图类

　　虽然关卡蓝图对于创建事件序列来说是很好的，但是它们是与你当前制作的关卡绑定的。另外，蓝图类让你可以编写在任何关卡中都可以重用的 Actor。这种重用加快了产品化时间，因为你仅需要编写一个蓝图类的功能一次，就使用它许多次，并且用在许多你想用的关卡中。当使用蓝图类时，蓝图编辑器对于使用蓝图类来说有一些专用的功能。在接下来这一章，将为你介绍其中的一些差异。

在内容浏览器中，找到你之前创建的 MyBlueprints 文件夹。选中这个文件夹，在资源管理区域右键单击，在出现的右键菜单中，选择"蓝图类"。这将弹出选择父类窗口，让你可以创建一个蓝图类资源。在顶部是一个常见类区域，里面有一些常用类的快捷链接，如图 16.1 所示。在这下面是所有类区域，这里列出了所有可以继承的类。现在，我们关注创建一个基本的 Actor 类，学习如何添加和放置组件。但是在这一章的较后部分，你将学习从点光源类创建一个新的蓝图类。

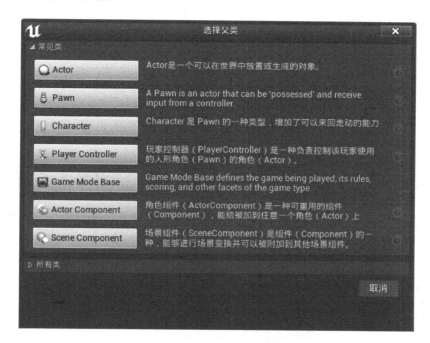

图 16.1

选择父类窗口

所有蓝图类都派生自已有的类，无论这些类是 C++的还是其他蓝图类。随着你创建了新的蓝图类，你将看到它们出现在所有类列表中。Actor 类是用于创建一个新的蓝图类的最常用的类，因为它包含用于在关卡中放置并渲染的 Actor 的基本功能需求。

在下面的自我尝试中，你将创建一个持续上下摆动的可拾取物品类，当一个 pawn 穿过这个类放置的 Actor 时，它会播放一个音效，生成一个粒子效果，然后消失。然后几秒之后，这个 Actor 会播放另一个音效，另一个粒子效果生成，Pickup Mesh 再次出现，准备再次被拾取。为了开始练习，你需要从 Actor 类派生出一个蓝图类。

自我尝试

创建一个蓝图类

根据下列步骤创建一个新的蓝图类。

1. 在内容浏览器中，在你之前创建的 MyBlueprints 中，在资源管理区域的空白处右键单击，从右键菜单中选择"蓝图类"，选择父类窗口出现。

2．在选择父类窗口的常见类部分，单击"Actor"，然后单击窗口底部的 Select 创建一个蓝图类。你现在在内容浏览器中有了一个新的蓝图类资源。

3．重命名这个新资源为 MyFirstPickup。

4．双击"MyFirstPickup"，打开蓝图编辑器。

▲

16.2　蓝图编辑器界面

现在你创建了一个蓝图类，查看蓝图编辑器。这个蓝图编辑器有一些在使用关卡蓝图时没有找到的窗口和工具。这些窗口在图 16.2 中已标注，下面是对它们的说明。

图 16.2

当使用蓝图类时的蓝图编辑器界面

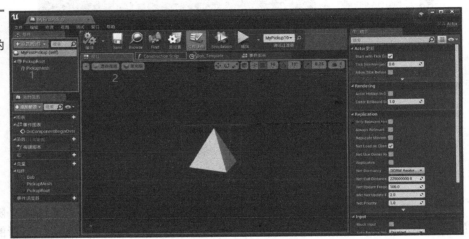

当使用蓝图类时，蓝图编辑器有一些功能是使用关卡蓝图时没有的。

➢ **组件面板**：组件面板列出了蓝图中的所有组件，并被用来管理这些组件。

➢ **视口面板**：视口面板显示了蓝图中的组件，被用于设置 Actor 中组件之间的空间关系。

➢ **构造脚本**：构造脚本是一个独特的函数，当蓝图的一个实例（一个 Actor）被放置到关卡中时，这个函数运行。它是一个节点图，当执行时，独立于原始蓝图修改每个实例。

转到"第 17 章"，学习更多在蓝图编辑器中使用构造脚本函数的知识。

当使用蓝图类时，蓝图编辑器的工具栏也有一些用于管理蓝图类的按钮。

➢ **Save**：随着你的工作保存对蓝图的修改。

➢ **Find in CB**：在内容浏览器中找到这个蓝图。

> 　**模拟**：执行此蓝图并在蓝图编辑器的视口中显示结果。

转到"第14章"，在蓝图编辑器界面中找到核心功能的更新。

16.3 使用组件

使用蓝图类时其中一个关键概念是组件。一个组件是蓝图的一个子对象元素。有许多不同类型的组件可以被添加到一个蓝图中，并且蓝图一次可以包含许多组件。你可以使用蓝图编辑器的组件面板来管理蓝图中的所有组件。你可以添加、删除、重命名组件和通过将一个组件拖曳到另一个上组织组件到层次关系。

当一个基本的蓝图类刚被创建时，它已经有了一个 DefaultScene 组件，并分配为根组件。虽然一个蓝图可以包含许多组件，但是只有一个根组件。蓝图的根组件是唯一有变换限制的组件。它是蓝图中所有其他组件的父级。它是唯一不可以被移动或旋转的组件，但是可以被缩放。一旦 Actor 被放到关卡中，根组件的位置和旋转就被决定了。所有其他组件的变换默认情况下是相对于根组件的。几乎所有组件类型都可以被分配作为根组件。

16.3.1 添加组件

组件面板让你可以通过两种方法给一个 Actor 添加组件。如果你单击绿色的"+添加组件"按钮，你将看到一个庞大的组件列表，以分类组织的，这些都是可以添加到蓝图中的。为了添加一个来自内容浏览器的组件，从内容浏览器中单击并拖曳这个资源到蓝图编辑器中的组件面板。如果存在那个资源的组件类型，它自动被添加到这个蓝图。你可以对 Static Mesh、粒子系统、音频资源执行这个操作。

当一个组件第 1 次被添加到一个蓝图时，它的父级是 DefaultScene 根组件。通过将一个组件拖曳到另一个上，你可以附加组件，让一个组件成为父级，另一个成为子级。它们仍然都是 Actor 的子对象元素，但是子组件的变换是相对于它的父组件的，而父组件的变换是相对于根组件的，根组件的变换最终是由 Actor 在游戏世界（关卡）中的位置定义的。

一旦一个组件被添加到一个蓝图，你可以在蓝图编辑器的细节面板中编辑它的属性。

许多组件的属性看起来很相似，因为它们和你已经使用的许多 Actor 相似。例如，在一个关卡中，你放置了一个 Static Mesh Actor，但当使用在蓝图类中时，你使用一个 Static Mesh Component。这两个都有相同的属性用来修改 Static Mesh，但是组件是蓝图中的一个子对象元素。

> **注意：特殊组件**
>
> 　一些组件，例如 Movement 组件，它们的行为不同于标准组件。Movement 组件影响整个 Actor。它们在蓝图视口中也没有一个物理的可视化外观。

16.3.2 视口面板

视口面板让你可以看到添加到一个 Actor 中的所有组件的空间关系。就像在关卡视口中，你可以使用变换调整蓝图中每个组件的位置、旋转和缩放。在组件面板或 Viewport 中选中一个组件，然后使用空格键轮转变换。对于所有这些变换，你可以开启和关闭及调整的对齐设置，辅助每个组件的放置。

Did you Know?

> **提示：位置类型：相对和世界**
>
> 在默认情况下，添加的组件的变换是相对于它们的父组件的，最终相对于 Actor 的根组件。你可以单独更改位置、旋转或缩放。在蓝图编辑器的细节面板中选中该组件，在 Transform 分类中，单击 Location、Rotation 或 Scale 右侧的三角形改变为 Relative（相对）或 World（世界）。

▼ 自我尝试

添加组件

现在创建了一个蓝图类，你需要添加组件。根据下面的步骤添加一个 Box Collision 组件和一个 Static Mesh 组件，并让 Static Mesh 组件成为 Box Collision 组件的一个子级。

1．单击 Components 面板顶部的"+添加组件"按钮，单击下拉列表中的"Box Collision"，将这个组件添加到蓝图中。

2．右键单击刚刚添加的"Box Collision"组件并重命名为 PickupRoot。

3．单击并拖曳这个"PickupRoot"组件到 DefaultSceneRoot 上，使用 PickupRoot 组件替换 DefaultSceneRoot 组件。

4．在内容浏览器的 Starter Content 文件夹中，找到 Shap_Quad 金字塔 Static Mesh 资源，并将它拖曳到蓝图编辑器中的组件面板。你现在添加了一个引用了金字塔 Static Mesh 资源的 Static Mesh 组件到这个蓝图。

5．在组件面板中右键单击"Shap_Quad"，并将它重命名为 PickupMesh。

6．在蓝图编辑器中单击视口面板查看组件。

7．在组件面板或视口面板中选中 Box Collision 组件。然后在细节面板中，Shape 下方，设置 Box Extent 属性的 x、y、z 为 60。

8．在视口面板中选中 Static Mesh 组件使用移动重新调整这个 Static Mesh 的位置，让它停留在 Box Collision 的内部。

9．单击蓝图编辑器工具上的编译，然后单击 Save 保存这个蓝图。当你完成时，你的蓝图看起来应该如图 16.3 所示。

10．在蓝图编辑器的工具栏上，单击"Find in CB"，在内容浏览器中定位到你的 MyFirstPickup 蓝图类。

11．从内容浏览器中，单击并拖曳一个"MyFirstPickup"蓝图类的实例到关卡中。

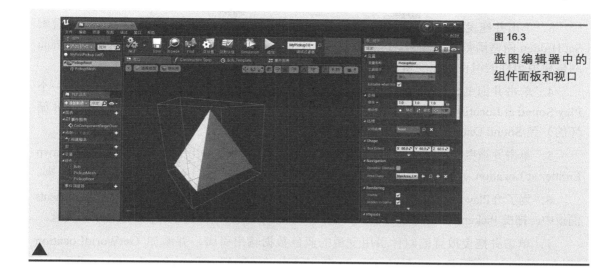

图 16.3

蓝图编辑器中的
组件面板和视口

16.3.3 编写组件蓝图脚本

当你编写一个蓝图类时，就拥有了一些以此 Actor 或个别组件为目标的函数，但是因为你在这个 Actor 内工作，当提到这个 Actor 时，你将使用术语 self。所以如果你需要使用一个修改整个 Actor 的函数，这个函数的 Target 是 self。这也会影响你可能使用的任何事件。例如，你可能有一个分配给了这个 Actor 的事件或一个分配给了这个 Actor 中的个别组件的事件。例如，有一个分配给了 Actor 的 ActorBeginOverlap 碰撞事件，和一个分配给了一个 Actor 中组件的 OnComponentBeginOverlap 碰撞事件。

你可以在组件面板添加任何组件到蓝图类事件图表为一个组件引用变量，单击并拖曳这个组件到事件图表。此外，你添加到蓝图中的每个组件都会显示到我的蓝图面板的变量部分中。一旦一个组件被添加为组件引用变量，你可以将它用作为函数的 Target，可以修改这个组件的属性或行为。

在下面的自我尝试中，你将编写这个可拾取物品类的主要功能，所以玩家可以走过这个 Actor，让它消失。

自我尝试

编写一个简单可拾取物品的功能

现在，你已经添加组件到 Actor 中了，下一步是创建一个组件 Overlap 事件，正如这里说明的。

1. 在组件面板中选择"PickupRoot（Box Collision）"。然后，在事件图表中，右键单击打开蓝图上下文菜单。在上下文菜单的搜索框中，输入"on component begin overlap"并选择"OnBeginComponentOverlap"事件将它添加到"事件图表"。

2. 单击并拖曳 OnBeginComponentOverlap 节点上的 exec 输出引脚，释放打开上下文菜单。搜索 DoOnce 流程节点，并将它添加到节点图。

3. 单击并拖曳 DoOnce 节点的 Completed exec 输出引脚，释放打开上下文菜单。搜索 Set Hidden 网格函数并添加它。这将放置 Set Hidden in Game 节点，和一个指向可拾取物品 网格模型组件的组件引用变量。单击"New Hidden Data Pin"多选框设置它为真。

4. 单击并拖曳 Set Hidden in Game 函数节点的 exec 输出引脚，并释放鼠标添加一个 Play Sound at Location 函数。单击下拉列表分配一个 Sound Wave 或 Sound Cue 资源（非循 环的）到 Sound Data 引脚。

5. 单击并拖曳 Play Sound at Location 函数节点的 exec 输出引脚，并添加一个 Spawn Emitter at Location 函数节点。单击下拉列表分配一个粒子系统到 Emitter Template 数据引脚。

6. 为了给 Play Sound at Location 和 Spawn Emitter at Location 设置一个位置，从 Components 面板中，拖曳 PickupRoot（Box Collision）到 Event Graph 为这个组件添加一个组件引用变量。

7. 单击并拖曳放置的组件引用变量的蓝色数据输出引脚，并添加 GetWorldLocation（PickupRoot）。连接 Return Value Vector 数据输出引脚到 Play Sound at Location 和 Spawn Emitter at Location 函数节点上的 Location Vector 数据输入引脚。

8. 为了在可拾取物品再次出现前添加一个 delay，单击拖曳并释放鼠标，添加一个 Delay 函数节点。设置 Duration 为 3（秒）。

9. 从 Set Hidden in Game 函数节点复制并粘贴所有节点到 Spawn Emitter at Location 函数节点。在事件图表中空白区域单击并拖曳进行选择。然后按 Ctrl+C 组合键复制并按 Ctrl+V 组合键粘贴选中的节点到事件图表。

10. 移动粘贴的节点，所以它们是在 Delay 函数后，连接 Delay exec 输出引脚到粘贴 的 New Hidden in Game 函数。

11. 连接粘贴的 Spawn Emitter at Location exec 输出引脚到 DoOnce 函数的 Reset exec 输入引脚，一路回到这个序列的开头。

12. 当你完成时，蓝图序列应该看起来如图 16.4 所示。在蓝图工具栏，单击"编译"，然后单击"保存"。

图 16.4

可拾取物品事件
序列

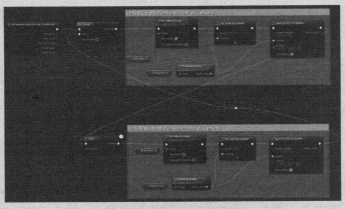

13. 从内容浏览器中，复制一些 MyFirstPickup 蓝图的复本到关卡中。

14. 预览关卡，穿过这个可拾取物品。

> **提示：蓝图通信**
>
> Actor 是独立的，意味着它们知道自己和组件的信息。但是，它们不知道关卡中的其他 Actor，直到一个事件激活——如 OnActorBeginOverlap 或 OnComponentBeginOverlap，返回激活这个事件的 Actor。这里有一些方法，如使用事件调度器、蓝图接口和转换。当你熟悉了基本蓝图类编程后，你可以进一步研究这些概念。

16.4 使用 Timeline

一个 Timeline 节点让你可以创建一个样条线数据，可以用在蓝图中随着时间改变值。它可以被用于移动一个 Actor 或它的组件位置或改变光源组件的 intensity（强度）。为了添加一个 Timeline 节点到事件图表中，在这个 Event Graph 中右键单击打开蓝图上下文菜单，在搜索框中输入 Timeline。从列表中选择 Add Timeline，放置一个 Timeline 节点到 Event Graph 中。你可以在蓝图中放置尽可能多的 Timeline 节点，所以用描述性的名称给每个 Timeline 节点重命名是很好的习惯。为了重命名一个 Timeline，右键单击它，选择重命名，输入新名称。一旦 Timeline 被添加到一个事件图表，它也显示在我的蓝图面板中，变量（或组件）下方，你可以在蓝图中的其他序列中添加这个 Timeline 的一个变量引用。一旦有了 Timeline 的一个变量引用，你可以通过蓝图更改它的属性。

Timeline 节点有许多 exec 输入引脚，用于播放、暂停和倒带 Timeline。它有一个 Update exec 输出引脚用于在 Timeline 播放时运行一个序列，一个 Finished exec 输出引脚当 Timeline 完成时执行，如图 16.5 所示。如果 Timeline 被设置为循环，Finished exec 输出引脚将不会激活。

图 16.5

Timeline 节点

Timeline 有它们自己的编辑器窗口，当你双击这个节点时自动打开。当 Timeline 编辑器打开时，你可以看到用于设置 Timeline 的属性和改变它的功能的一个工具栏。你可以设置这个 Timeline 的时间长度（单位：秒）。你可以设置当游戏开始时，它自动开始播放，并且可以设置它为循环，如图 16.6 所示。

图 16.6

Timeline 编辑器工具栏

Timeline 轨迹和曲线

在 Timeline 编辑器上，你可以看到用于添加不同类型轨迹的按钮。这里有 4 种类型的轨迹可以用在 Timeline 中：Float Track、Vector Track、Color Track 和 Event Track。每种轨迹类型可以通过设置关键帧编辑曲线数据，并将在 Timeline 节点上创建一个数据输出引脚，随着 Timeline 播放轨迹，返回指定变量类型的值。但是，Event Track 添加一个 exec 输出引脚到 Particle System 节点，根据关键帧放置在设置的时间点激活。

一个 Timeline 可以分配多条轨迹。只需要单击想要的轨迹类型，即可添加一条轨迹。你可以通过单击轨迹标题并输入新名称来重命名轨迹。当你重命名一条轨迹时，在 Timeline 节点上的相应数据引脚更新，反应新的名称。随着你添加轨迹到一个 Timeline，根据添加的轨迹类型，新的 exec 输出引脚和数据引脚被创建，如图 16.7 所示。

图 16.7

Timeline 节点上的 float 数据引脚（左侧）和 float 曲线轨迹（右侧）

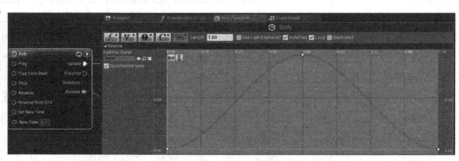

一旦一条轨迹被添加和重命名，你可以通过按 Shift 并单击这条曲线，开始在这条轨迹中添加和编辑关键帧。你可以通过单击并拖曳这个关键帧手动移动一个已经放置的关键帧。当一个已经放置的关键帧被选中，你可以在这条轨迹顶部输入准确的时间和值。

在下面的自我尝试中，你可以使用一条 Timeline，当关卡开始播放时让可拾取物品 Actor 的网格组件持续上下摆动。

▼ 自我尝试

设置 Timeline

根据下面这些步骤添加一个 Timeline 节点到 Event Graph，编辑一条 Float 轨迹，用于移动可拾取物品的 Static Mesh 组件。

1. 添加一个粒子系统节点到蓝图中，如果你还没有添加过。
2. 重命名这个粒子系统为 PickupAnim。
3. 双击这个粒子系统打开 Timeline 编辑器。
4. 设置 Timeline 的长度为 1（秒）。
5. 选择"自动播放"。
6. 选择"循环"。

7. 通过在 Timeline 编辑器中单击 "f+" 按钮添加一条 Float 轨迹到这个粒子系统。

8. 在这条轨迹的左上角右键单击 "NewTrack_1"，重命名这条轨迹为 bounce。

9. 在这条轨迹中编辑曲线。为了添加一个关键帧，在这条轨迹上按 Shift+单击这条曲线。在 Time0 秒处添加一个关键帧，设置 Value 为 0。

10. 在 Time 0.5 秒处添加第 2 个关键帧，设置 Value 为 1。如果曲线偏移这条轨迹，使用轨迹顶部 Time 输入旁边的左箭头按钮、右箭头按钮、上箭头按钮、下箭头按钮将轨迹填充到视图。

11. 在 Time 为 1 秒处添加最后一个关键帧，设置 Value 为 0。

12. 为了更改每个关键帧的插值模式为 Auto，右键单击每个关键帧，并在列表中选择 Auto。当完成时，你的曲线看起来如图 16.7 所示。

一旦设置了一个 Timeline，下一个设置是使用 float 曲线数据移动可拾取物品的 Static Mesh 组件。你可以在蓝图的 Event Graph 中这样做。随着粒子系统播放，在 1 秒内返回范围在 0～1 之间的值，所以你需要将这个 float 值乘以想要这个可拾取物品移动的距离。然后，你可以应用这个结果到组件的 z 轴，上下移动这个组件。

自我尝试

使用 Timeline 移动可拾取物品

根据下列步骤通过 Timeline 移动蓝图的网格组件，让网格组件快速上下摆动。

1. 将 "PickupMesh" 组件从组件面板单击并拖曳到事件图表中，将它作为一个引用变量添加。

2. 单击并拖曳 "PickupMesh" 引用变量的蓝色数据引脚打开上下文菜单。在搜索框中，输入 set relative location 并选择 "SetRelativeLocation" 添加这个函数到事件图表。

3. 连接 Particle System update exec 引脚到 SetRelativeLocation 节点的 exec 输入引脚。

4. 单击并拖曳 Particle System 上的绿色 float 数据引脚打开上下文菜单。在搜索框中，输入 multiply，选择 "Float * Float" 添加一个节点。

5. 在 Multiply 节点的第 2 个 float 数据输入引脚旁的文本框中，输入 10，表示组件将移动的距离为 10 厘米。

6. 在第 2 步添加的 SetRelativeLocation 节点上，右键单击黄色的 vector 数据引脚，从列表中选择 Split Struct Pin 将 vector 切分为 3 个绿色的 float 数据引脚，分别用于 x、y 和 z 位置。

7. 连接 Multiply 节点上的绿色数据输出引脚到 SetRelativeLocation 节上的绿色 New Location Z float 输出引脚。

8. 单击蓝图编辑器工具栏上的编译和 Save 编译并保存这个蓝图。当完成后，你的蓝图序列应该如图 16.8 所示。

图 16.8

一个粒子系统的
移动动画序列

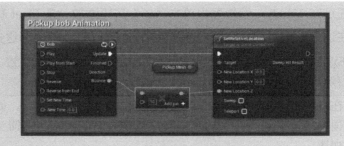

9. 预览关卡。你的可拾取物品现在应该能够上下持续移动。

16.5 编写一个脉冲光源

现在你对创建蓝图类和使用组件有了一些经验，对于这一章的后半部分，你需要准备学习创建一个扩展已有类的功能的蓝图类。

在接下来的一些自我尝试中，你将尝试创建一个脉冲光源蓝图，这个类派生自一个已有的类，在指定范围内随机生成光源强度 intensity，然后随着时间变换改变 Point Light intensity 以接上那个新的值。每次光源 intensity 等于这个新的 intensity，蓝图随机生成一个新的 intensity。这个蓝图随着关卡开始播放持续整个过程，所以它需要一个 Event Tick 事件来持续运行这个序列。

在这一节中，你首先创建从 Point Light 类派生创建一个新的蓝图类，如图 16.9 所示。这个新的类继承了父类的属性和组件。然后你可以使用蓝图编辑器来创建新功能。

图 16.9

Pick Parent Class
窗口的 All Classes
部分

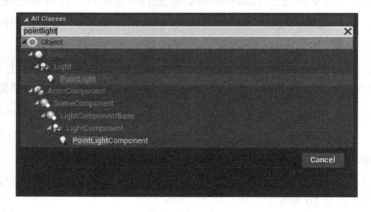

▼ 自我尝试

从 Point Light 类派生一个蓝图类

根据下列步骤从 Point Light 类创建一个新的蓝图 Actor。

1. 在内容浏览器中，在之前创建的 **MyBlueprints** 文件夹中，在资源管理区域的空白处右键单击，选择"蓝图类"。此时，选择父类窗口出现。

2．在所有类部分，输入 pointlight，选择"Point Light"。单击"选择父类"窗口底部的"选择"。

3．在内容浏览器中，重命名这个新资源为 MyPulseLight_BP。

4．双击"MyPulseLight_BP"在蓝图编辑器中打开。

5．从内容浏览器中拖曳"MyPulseLight_BP"到你的关卡中，在关卡的细节面板中查看它的属性。你可以看到与常规的 Point Light Actor 相同的 Actor 属性。

▲

现在你有了一个新的派生的蓝图类。下一步是创建需要的变量。

▼ 自我尝试

设置一个变量

根据下列步骤为蓝图创建你需要的变量。

1．在内容浏览器中双击打开在前面的自我尝试中制作的 MyPulseLight_BP 资源。

2．在我的蓝图面板中，变量下方，单击"+"添加一个新变量。

3．选中这个新变量，在细节面板中，命名这个变量为 Target_Intensity，设置 Variable Type 下拉列表为 Float。

4．重复第 2 步和第 3 步共 3 次，添加 float 变量 Max_Intensity、Min_Intensity 和 Pulse_Rate 到脚本中。当你完成时，单击蓝图编辑器工具栏上的"编译"按钮。

5．为了给一些刚刚创建的变量设置默认值，在细节面板中，设置 Max_Intensity float 变量的默认值为 10,000，Pulse_Rate float 变量的默认值为 100,000。

▲

> **注意**：**Point Light Component**
> 你不需要添加一个 Point Light Component 到这个 Actor，因为已经有了一个，这个蓝图是继承了 Point Light 类的。

By the Way

Max_Intensity float 变量存储光源的最大强度，Min_Intensity float 变量存储最低强度，在这里是 0，没有一点强度。Pulse_Rate float 变量被用于设置 intensity 从一个到另一个的变化速度。现在你设置了需要的变量，可以开始编写脚本了。下一步是随机生成一个新的 intensity 值，并将其存储在 Target_Intensity float 变量中，这样你可以使用它来改变 Point Light component 的光照强度（light intensity）。

▼ 自我尝试

生成一个随机 intensity 值并设置光照强度

根据下列步骤编写一个脚本，随机生成在最小强度值和最大强度值之间的一个 float 值，将它存储到目标值中，使用它来设置光源组件的 intensity。

1. 从我的蓝图面板的变量部分拖曳 Target_Intensity float 变量到 Event Graph 并选择 Set。

2. 现在，连接 Event Tick 事件的 exec 输出引脚到 Target_Intensity 的 Set 节点的 exec 输入引脚。

3. 在 Set 节点的绿色数据输入引脚上单击并拖曳，此时上下文菜单出现，搜索 random float in range，添加 Random Float in Range 到事件图表中。

4. 从我的蓝图面板的变量部分拖曳 Min_Intensity float 变量到事件图表并选择 Get。连接它的数据输出引脚到 Random Float in Range（在一定范围内生成 float 随机数）函数的 Min 输入数据引脚。

5. 从我的蓝图面板的变量部分拖曳 Max_Intensity float 变量到事件图表并选择 Get。连接它的数据输出引脚到 Random Float in Range 函数的 Max 输入数据引脚。

6. 从组件面板中，单击并拖曳 PointLightComponent（Inherited）到事件图表中添加一个指向 Point Light Component 的组件引用变量。

7. 从 PointLightComponent（Inherited）变量的数据引脚单击并拖曳，在上下文菜单的搜索框中，输入 set intensity。从列表中选择 Set Intensity，添加这个函数。

8. 连接 Set Target_Intensity 节点的 exec 输出引脚到 Set Intensity 节点的 exec 输入引脚。

9. 从我的蓝图面板的变量部分拖曳 Target_Intensity float 变量到事件图表中。选择 Get 为目标 intensity 放置一个 float 变量引用，并将它连接到 Set Intensity 函数的 New Intensity 上。当你完成时，你的蓝图序列应该如图 16.10 所示。

图 16.10

Event Tick 事件序列随机设置光源组件的 intensity

10. 编译此脚本，确保这个蓝图 Actor 的一个示例被放到了关卡中。预览关卡，这个新的电光源 Actor 应该可以快速闪烁了。

▲

Watch Out!

警告：Event Tick
　　Event Tick 事件，在默认情况下，在游戏过程中每帧都渲染再执行，这意味着它一直运行。因此，它有可能会影响性能。

目前，这个光源在由 Min_Intensity 和 Max_Intensity float 值决定的范围内生成一个 Target Intensity 值，并设置这个 intensity 为一个新的 Target Intensity。下一步是让这个光源在它的当前值和目标值之间平滑融合。你可以通过使用 FInterp to Constant（float 插值为常量）函数完成。你也需要检查这个光源的当前 intensity 是否等于目标值，它是否生成了一个新的目标值，然后你需要再次重复这个插值函数。

让光脉冲平滑

从前面的自我尝试开始，继续根据下列步骤让光源在当前强度（intensity）和目标强度之间混合。

1. 从组件面板中，单击并拖曳 PointLightComponent（Inherited）到事件图表添加一个引用 Point Light Component 的引用变量。

2. 单击并拖曳 PointLightComponent（Inherited）引用变量的数据输出引脚，在上下文菜单搜索框中输入 get intensity。从列表中选择 Get Intensity，添加节点到事件图表。

3. 单击并拖曳 Intensity 变量节点上的绿色 float 输出引脚，在上下文菜单搜索框中输入 finterp to constant，并从列表中选择 FInterp to Constant 添加这个节点到事件图表。

4. 找到 FInterp to Constant 函数上的数据输入引脚。按 Alt+ 单击断开 Target_Intensity float 变量到 Set Intensity 函数之间的连接，这是在前面的自我尝试中添加的，将它连接到 FInterp to Constant 的 Target 数据输入引脚。

5. 从 Event Tick 事件中，拖曳 Delta Seconds 数据驶入引脚到 FInterp to Constant 节点上的 Delta Time 数据输入输入引脚。

6. 从 My Blueprint 面板的 Variables 部分，拖曳出 Pulse_Rate float 变量将它添加到 Event Graph。将它连接到 FInterp to Constant 函数的 Interp Speed 数据输入引脚。

7. 将 FInterp to Constant 函数的 Return Value 数据输出引脚连接到 Set Intensity 函数的 New Intensity 数据输入引脚。

8. 在蓝图编辑器工具栏上，单击"编译"和"保存"。当结束时，蓝图序列看起来应该如图 16.11 所示。

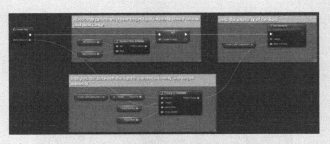

图 16.11

脉冲光源事件序列

9. 预览此关卡。你将看到这个光源已经开始脉冲和闪烁。

虽然这个光源在脉冲，但是这个脚本还没有完成。尽管这个光源在闪烁，但是 Event Tick 事件每次 tick 持续生成一个新的目标值，所以这个光源永远也达不到 Target Intensity 值。你可以在下一个自我尝试中修复这个问题。

▼ 自我尝试

比较 Point Light Component 的当前 Intensity

这个脚本需要在光源组件的当前 intensity 等于 Target Intensity 时生成一个新的 Target Intensity。对于这个脚本的最终部分，你需要比较这个光源的当前 intensity 和新的目标值，当它们相等时，然后重复这个过程。根据下列步骤操作。

1. 从组件面板中，单击并拖曳 PointLightComponent（Inherited）到 Event Graph 添加另一个引用到这个 Point Light component 的组件引用变量。

2. 单击并拖曳 PointLightComponent（Inherited）引用变量的数据输出引脚，在上下文菜单的搜索框中输入 get intensity。从列表中选择 Get Intensity 添加节点。

3. 单击并拖曳 PointLightComponent（Inherited）节点上的 float 数据输出引脚，在上下文菜单搜索框中输入 equals。从列表中选择 Equals（float）并添加。这个节点比较两个 float 值，如果它们相等就返回 1（true），如果不相等就返回 0（false）。

4. 从我的蓝图面板的变量部分，拖曳并添加 Target_Intensity 变量。连接它到 Equals 节点的第 2 个 float 数据输入引脚。

5. 单击并拖曳 Equal 节点的红色数据输出引脚，在上下文菜单搜索框中输入 branch 添加 Branch 节点，这将根据 Boolean 变量的状态改变序列的流程。如果这个 Boolean 为 true，它传递信号到 true exec 输出。如果它是 false，它传递信号给 false exec 输出引脚。

6. 连接 Event Tick 上的 exec 输出引脚到 Branch 上的 exec 输入引脚。

7. 连接 Branch 节点上的 true exec 输出引脚到 Set Target Intensity 函数节点的 exec 输入引脚。

8. 连接 Branch 节点上的 false exec 输出引脚到 Set Intensity 函数的 exec 输入引脚。

9. 设置 Pulse_Rate float 变量的默认值为 5,000。

10. 在蓝图编辑器工具栏上，单击"编译"和"保存"。当完成时，你的蓝图序列应该如图 16.12 所示。

图 16.12

比较点光源强度

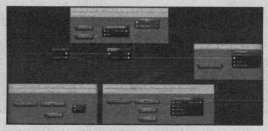

11. 预览关卡。这个光源仍然在闪烁，但是少了一点混乱。

当这个蓝图运行时，它做的第一件事是比较 Point Light Component 的当前 Intensity 和 Target Intensity，如果它们不相等，它会继续根据 FInterp to Constant 函数的结果设置强度。一旦这两个值相等，它从最小值和最大值之间随机为 Target Intensity 生成一个新值，让 Equals 节点再次返回 false，使 Set Intensity 函数再次运行。

16.6 小结

在这一章中，我们学习了创建蓝图类和使用蓝图编辑器。你创建了两个蓝图类：一个派生自 Actor 类，另一个派生自 Point Light 类。你还编写了一个简单的可拾取物品和闪烁的点光源 Actor，学会了如何使用 Timeline 给一个 Static Mesh Component 制作动画。蓝图类被用于几乎任何游戏性元素。尽管在关卡蓝图中编写游戏性功能也很好，但是蓝图类更加强大，因为它们可以在项目中被重复使用。你对使用蓝图类越熟悉，你就能够为自己的游戏添加越复杂的功能。

16.7 问&答

问：可拾取物品蓝图的动画播放了，但是这个动画看起来有些呆板。为什么？

答：就像 Matinee 中的样条线上的关键帧，你可以设置曲线类型。右键单击一个关键帧，并设置它为 Auto 创建这个关键帧的一个平滑过渡。

问：当我使用一个弹丸射击可拾取物品 Actor 时，弹丸被反弹回来了。为什么？

答：默认情况下，你的可拾取物品类的 Box Collision 组件的碰撞设置被设置为 Block Projectile（阻挡弹丸）。在蓝图编辑器中，在 Components 面板中选择"Box Trigger"，在细节面板中，设置"Collision Presets"为"Custom"。然后设置"Collision Response"为"Ignore"，这样它会忽略所有东西，设置"Pawn"为"Overlap"，这样这个 box trigger 仅响应 Pawn。

问：当我让 Pawn 穿过可拾取物品时，Pawn 被挂在 Static Mesh 的碰撞上。如何修复？

答：在可拾取物品蓝图的编辑器中，在 Components 面板中选择"Static Mesh component"。然后设置"Collision Presets"为"Custom"。设置"Collision Response"为"Ignore"，为这个 Static Mesh component 关闭碰撞，允许 Pawn 直接穿过这个可拾取物品。

问：动画播放一次然后就停止了。我如何矫正这个问题？

答：确保在 Timeline 编辑器中 Loop 被勾选了。

16.8 讨论

现在你完成了这一章的学习，检查自己是否能回答下列问题。

16.8.1 提问

1. 真或假：一些函数目标是 Actor，另一些函数目标是组件。

2．真或假：Timeline 必须一直被设置为 Auto Play。

3．真或假：Timeline 仅可以为 0～1 之间的值制作动画。

4．真或假：蓝图类可以有多个根组件。

5．真或假：根组件的位置和旋转可以在蓝图类中被编辑。

16.8.2　回答

1．真。根据你尝试在蓝图中影响什么，使用正确的函数类型。在一个函数节点上，在名称下方有"Target is Scene Component"或"Target is Actor"。

2．假。Auto Play 仅需要在你想要当关卡开始运行 Timeline 就开始播放的时候设置；否则，你可以使用一个事件在需要时播放这个 Timeline。

3．假。Timeline 可以被用于为任何范围的值制作动画。

4．假。尽管一个蓝图类可以拥有许多组件，但是它仅可以包含一个根组件。

5．假。你只能修改根组件的缩放。

16.9　练习

回到这一章的自我尝试中的可拾取物品 Actor 的首次设置，添加持续旋转，当这个 Actor 被放置时，使用一个可编辑的变量控制重生的 delay（延时）事件。

1．添加一个新的 Float 轨迹到 Timeline，并重命名这个 Float 轨迹为 Rotator。

2．添加两个关键帧到新的 Rotator Float 轨迹：第 1 个在 time 0 处，值为 0；第 2 个关键帧在 time 为 1 秒处，值为 1。

3．使用一个目标为 Static Mesh component 的 setRelativeRotation 函数节点。

4．右键单击 SetRelativeRotation 上的 New Rotation 数据引脚并选择 Split Struct Pin。

5．将 Timeline 上的 Rotator float 数据输出引脚乘以 360。

6．连接乘法的结果到 SetRelativeRotation 节点的 New Rotation Z（Yaw）输入引脚。当结束时，它应该看起来如图 16.13 所示。

图 16.13

使用 Timeline 旋转可拾取物品

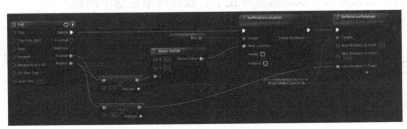

7．在关卡中放置一堆可拾取物品蓝图类的实例，预览关卡，它们应该持续上下摆动并旋转。

第 17 章

使用可编辑变量和构造脚本

你在这一章内能学到如下内容。

➤ 让变量在蓝图外可以被编辑。

➤ 使用构造脚本。

➤ 设置一个变量的值范围。

这一章将教你如何在蓝图中让变量可编辑并使用构造脚本。当使用可编辑变量和构造脚本时，每个放置好的蓝图实例可以被独立于源蓝图类编辑。在游戏过程中这个类的核心功能是相同的，但是对于每个实例的 Actor 的初始化设置可以是独特的。这一章将带你学习设置可编辑变量和使用构造脚本的过程。

> **注意：第 17 章设置**
> 　　使用第一人称（First Person）模版和初学者内容创建一个新项目，然后在内容浏览器中创建一个新文件夹并命名为 Hour17Blueprints。

By the
Way

17.1　设置

假设你编写了像"第 16 章"中一样的一个可拾取物品蓝图类。如果每次可拾取物品被放到关卡中时能够更改 Static Mesh 或旋转速度或摆动的高度，就会变得很好。在这一章中，你将编写一个蓝图类，根据需要创建用户定义数量的可以被放置和旋转的 Static Mesh Component。首先，你需要设置可编辑变量，然后在构造脚本中创建一个蓝图序列。

17.2　可编辑变量

通过你创建的蓝图 Actor，你可以在关卡中放置一些光源 Actor，让它们相互独立摆动。

但是，你可能想让一些光源比其他的更亮，或者希望改变脚本生成目标强度值的范围。目前，这些值对于放置在关卡中的这个蓝图的每个实例都是相同的。你可以复制这个蓝图资源并改变默认变量的值，但是这样会增加你必须编写的资源数——在一个大项目中，这可能变得杂乱无章。

蓝图编辑器可以使蓝图中的变量可编辑，这意味着它们可以在蓝图编辑器外被编辑。让变量可编辑会使 Actor 被放入关卡并选中时，这些变量出现在关卡的细节面板中。当让一个变量可编辑时，你应该给它一个 tooltip（工具提示）并定义一个分类来存储它。当光标经过这个变量属性时，一个工具提示弹出，所以其他人使用你的蓝图时，他们将知道这个变量的功能是什么么。分类被用于组织变量，如果你让许多变量可编辑，这就是非常重要的。

▼ 自我尝试

让蓝图变量可编辑

根据下列步骤从 Actor 类创建一个蓝图类，并让变量可编辑，这样每个放置好的蓝图 Actor 的实例都可以被独立修改。

1. 在内容浏览器的 Hour17Blueprints 文件夹中，右键单击并选择"蓝图类"。

2. 在出现的选择父类窗口中，选择"Actor"。在内容浏览器中，将蓝图重命名为你想要的名称，双击它在蓝图编辑器中打开。

3. 在我的蓝图面板的变量下方，单击"+"声明一个新变量。

4. 在变量名称属性文本框中，输入"NumComp"，设置变量类型为"Integer"。

5. 勾选"Instance Editable"多选框。

6. 在工具提示文本框中输入设置要添加的组件数量。

7. 在分类文本框中，输入"Actor_Setup"。

8. 在蓝图编辑器工具栏上单击"编译"。

9. 在细节面板中，默认值下，设置默认值为"10"。

10. 根据表 17.1 中的信息创建 6 个变量。当你完成时，我的蓝图面板的变量分类看起来应该如图 17.1 所示。

表 17.1　　　　　　　　　　这次自我尝试中要添加的可编辑变量

变量名	变量类型	工具提示	分类	默认值
PivCompLocation	Vector	设置 Arrow Component 的位置	Actor_Setup	0,0,20
PivCompRotation	Rotator	设置 Arrow Component 的旋转	Actor_Setup	0,0,15
MeshCompLocation	Vector	设置 Static Mesh Component 的位置	Mesh_Setup	100,0,0
MeshCompRotation	Rotator	设置 Static Mesh Component 的旋转	Mesh_Setup	0,0,0

续表

变量名	变量类型	工具提示	分类	默认值
MeshCompScale	Vector	设置 Static Mesh Component 的缩放	Mesh_Setup	1,1,1
SM_MeshAsset	Static Mesh（引用）	分配一个网格模型资源给 Mesh Component	Mesh_Setup	SM_CornerFrame

图 17.1

我的蓝图和蓝图细节面板，显示了声明了的可编辑变量

11. 在蓝图编辑器工具栏上单击"编译"和"保存"。

现在你已经创建了需要的所有变量，从内容浏览器中拖曳蓝图到关卡中。选中它，在关卡细节面板中，查找已创建的 Actor_Setup 和 Mesh_Setup 分类。在每个分类下你应该能够看到自己创建的所有变量，如果将光标悬停到每个变量上，应该会出现工具提示。你可以为这些变量调整值，但是调整不会产生效果，因为你还没有设置构造脚本来利用这些变量。

17.3　使用构造脚本

构造脚本对于每个蓝图类都是可用的。每次 Actor 的属性或变换在蓝图编辑器中被修改或当你编译蓝图时，它都会更新。虽然可编辑变量可以让你修改一个 Actor 的每个已放置的实例，但是游戏没有开始运行前，你看不到变化。但是，构造脚本在编辑器中使用时会为 Actor 处理这些更改。

> **注意：构造脚本执行**
>
> 　在默认情况下，每次一个变量在关卡细节面板中被更改时，每次 Actor 的变换被更新时，当一个 Actor 生成时，当相关蓝图被编译时，构造脚本都会执行。
>
> **By the Way**

在蓝图编辑器中，你可以看到构造脚本标签页在事件图表旁边。如果没有显示出来，你可以在我的蓝图面板的函数标签页下找到构造脚本，如图 17.2 所示。双击它打开构造脚本。在构造脚本中，你可以看到一个名为构造脚本的事件节点。这个节点执行一个信号并处理连接到它的节点。

图 17.2

My Blueprint
Construction Script

如果在蓝图编辑器工具栏上单击"类设置",如图 17.3 所示,你将在蓝图编辑器的细节面板中看到 Blueprint Options 部分,如图17.4所示。这里的第1个选项是 Run Construction Script on Drag。通过设置它,当 Actor 的位置、旋转或缩放被改变时,这个蓝图的构造脚本会被调用。

图 17.3

蓝图编辑器工具栏

图 17.4

细节面板中的
Blueprints Options
选项部分

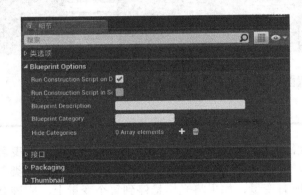

因为构造脚本在编辑器中运行,并经常更新,这里有一些限制,一些函数不能在构造脚本中访问。例如,你可以在运行时添加组件给这个蓝图,但是不能生成新的 Actor。使用构造脚本是查看修改的结果、Actor 上的可编辑变量的非常好的方式,美术师和关卡设计师可以用它获得你的蓝图的反馈。

17.3.1 添加 Static Mesh Component

现在你对构造脚本是如何工作已经有了一定理解,在下一个自我尝试中,你将使用构造脚本并创建一个序列,使用 ForLoop 节点和添加 Arrow 组件到蓝图中。

▼ 自我尝试

添加 Arrow 组件到一个蓝图

根据下列步骤使用构造脚本和 ForLoop 添加多个 Arrow 组件到一个蓝图。

1. 打开你在前面的自我尝试中创建的蓝图。

2. 在工具栏下方选择"构造脚本"。

3. 单击并拖曳已有的构造脚本节点的 exec 输出引脚并释放鼠标。在上下文菜单搜索框中，输入"forloop"，在列表中选择"ForLoop"添加节点。

4. 在 ForLoop 节点的 First Index 文本框中输入"0"。

5. 单击并拖曳我的蓝图面板中的 NumComp 整型变量到 ForLoop 节点的 Last Index 上，自动为这个变量放置一个 Get 节点到图表中。

6. 单击并拖曳 ForLoop 节点的 exec 输出引脚，在上下文菜单的搜索框中输入"add arrow"。选择"Add Arrow component"将它添加到图表。

7. 右键单击橙色的"Relative Transform"数据引脚并选择"Split Struct Pin"。

8. 单击并拖曳 ForLoop 节点的整型数据引脚，在上下文菜单搜索框中输入"vector"。选择"Vector * Int"放置节点。

9. 单击并拖曳我的蓝图面板中的 PivCompLocation 整型变量到 Multiplies Vector 数据输入引脚为这个变量选择 Get。连接 Multiplies vector 数据输出引脚到 Add Arrow Component 节点上的 Relative Transform Location 数据输入引脚。

10. 重复第 8~9 步，但是这次使用一个 Rotate * Int 和 PivCompRotation，并连接到 Relative Transform Rotation。

11. 右键单击 Add Arrow Component 节点上的"Return Value"数据引脚并选择"提升为局部变量"。在我的蓝图面板中，局部变量下方，重命名这个变量为 TempArrowComp。当你完成时，蓝图的构造脚本应该如图 17.5 所示。

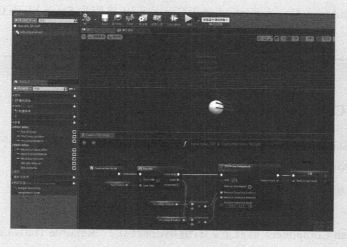

图 17.5

你的构造脚本应该如此图所示

12. 单击蓝图编辑器工具栏上的"编译"和"保存"。

刚刚做了什么呢？你设置了一个 ForLoop 事件并根据它的 First Index 和 Last Index 值执行指定次数。例如，如果 First 值为 0，Last 值为 10，ForLoop 事件将执行 11 次。add arrow component 仅在指定相对变换位置添加一个 arrow component 到此蓝图中。在这里，添加了 11

个 arrow component，每次添加，都通过 PivCompLocation 和 PivCompRotation 变量的值乘以 ForLoop 的 Index 序号偏移位置和旋转。局部变量临时保存在执行过程中添加到蓝图的 arrow component。（你将在这一章的后面用到它。）

By the Way

> **注意：局部变量**
>
> 局部变量是在一个函数中创建的临时变量。它们仅可以在那个函数中访问。一旦一个函数完成执行，这些变量就不再使用。

到目前为止，你只使用了前面创建的其中 3 个变量，但是你已经将构造脚本完成了一半，可以在蓝图编辑器中测试它。选择视口面板，这样你可以看到这些组件，然后在蓝图编辑器的工具栏上单击类默认值。在蓝图细节面板中，你可以看到自己创建的分类和所有变量。如果调整了 NumComp 属性，你将在视口中看到 Arrow Component 的添加和移除。

Watch Out!

> **警告：Class Defaults**
>
> 在蓝图细节面板中改变变量的属性将改变它们的默认值。当你完成时，确保你将所有变量设置回它们的原始设置，如表 17.1 所示。

17.3.2 添加 Static Mesh Component

现在已经给蓝图添加了 Arrow Component，你需要再添加 Static Mesh Component。在添加一个 Static Mesh Component 后，你可以分配一个 Static Mesh 资源给这个组件，这样就可以看到它。最后，将它附加给 Arrow Component。Arrow Component 将作为 Static Mesh Component 的一个轴心点。

▼ 自我尝试

添加 Static Mesh Component

根据下列步骤添加 Static Mesh Component 并分配一个 Static Mesh 资源给每个组件，并将它们附加给已有的 Arrow Component。

1．在构造脚本中，单击并拖曳"TempArrowComp exec"输出引脚，在上下文菜单搜索框中输入"add static"。在列表中选择"Add Static Mesh Component"。

2．在 Add Static Mesh Component 节点上，右键单击橙色的"Relative Transform"数据引脚并选择"Split Struct Pin"。

3．从我的蓝图面板的变量部分，拖曳"vector MeshCompLocation"变量到 Add Static Mesh Component 节点的 Relative Transform Location 数据输入引脚上并选择 Get。

4．为 MeshCompRotation 重复第 3 步，但是分配到 Relative Transform Rotation 数据引脚。同时为 MeshCompScale 重复第 3 步，但是分配到 Relative Transform Scale 数据引脚。

5．右键单击 Add Static Mesh Component 节点上的"Return Value"数据引脚，并选择"提升

为局部变量"。在我的蓝图面板中，局部变量下，重命名这个变量为 TempMeshComp，并为这个变量选择 Set。

6．单击并拖曳 Set 节点上的 exec 输出引脚并在上下文菜单搜索框中输入 set static。在列表中选择"Set Static Mesh"放置这个节点。

7．连接 Set 节点的蓝色数据输出引脚到 Set Static Mesh 节点的蓝色 Target 输入引脚。

8．从我的蓝图面板的变量部分，拖曳 Static Mesh 引用变量 SM_MeshAsset 到 Set Static Mesh 节点的蓝色 New Mesh 数据输入引脚上，并为这个变量选择 Get。

9．单击并拖曳 Set Static Mesh 节点的 exec 输出引脚并在上下文菜单搜索框中输入 attach。在列表中选择"AttachTo"放置节点。

10．从我的蓝图面板的局部变量部分，拖曳第 5 步中创建的 TempMeshComp 变量到 AttachTo 节点的蓝色 Target 数据引脚上选择 Get。

11．从我的蓝图面板的局部变量部分，拖曳 TempArrowComp 变量到 AttachTo 节点的 In Parent 蓝色数据输入引脚上并选择 Get。当你完成时，蓝图应该如图 17.6 所示。

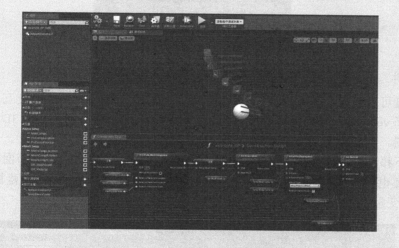

图 17.6

最终的构造脚本的另一半

12．单击蓝图编辑器工具栏上的"编译"和"保存"。

现在你完成了构造脚本，从内容浏览器中拖曳你的蓝图到关卡中。选中这个蓝图 Actor，在关卡细节面板中，找到你创建的 Actor_Setup 和 Mesh_Setup 分类，调整这些变量直到获得你想要的效果。然后拖曳第 2 个 Actor 到关卡中，给它不同的设置，并分配一个不同的网格模型给它。这两个 Actor 都是相同的蓝图类的实例，但是可以相互独立修改。

1．限制可编辑变量

你将注意到随着 NumComp 变量增大，可能伴随蓝图编辑器更新构造脚本会有一些延迟。当使用可编辑变量时，最好设置限制，这样任何使用你的脚本的人都不能选择极限值（极大或极小的值）。回到蓝图编辑器中，选择 NumComp 变量并在蓝图细节面板中，找到滑动条范围和值范围，滑动条范围可以控制当其他开发者使用你的蓝图时选择的值，但是用户仍然可以输入他们想用的任何值。值范围属性将这个值锁定，这样用户只能在你设定的范围内选择值。在这两个属性的第 1 个文本框中输入 1，在第 2 个文本框中输入 100，如图 17.7 所示。在你设置这些属性后，编译并保存你的蓝图。然后在关卡中选择 Actor，在关卡细节面板中，调整 NumComp 属性查看变化。

图 17.7

滑动条范围和值范围变量属性

2. 显示 3D 控件

一些可编辑变量可以被显示到关卡视口中，这样你可以直接使用变换与它们交互。回到蓝图编辑器中，选择 vector PivCompLocation 变量，在蓝图细节面板中，勾选显示 3D 控件，编译并保存你的蓝图。然后在关卡视口中，在 Actor 的根部找到一个线框菱形控件。单击这个菱形控件，并上下移动它，你将看到每个组件的位置实时更新；同时，关卡细节面板中的 PivCompLocation 值也响应变化，如图 17.8 所示。当你有时间的时候，对蓝图中的 MeshCompLocation 变量做相同的操作。

图 17.8

选择显示 3D 控件

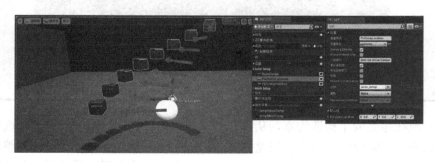

17.4 小结

在这一章中，你学习了如何在蓝图编辑器中使用构造脚本更新对 Actor 的可编辑变量作出的更改。正如你所看到的，可编辑变量和构造脚本极其强大。和你一起做项目的其他人将能够使用蓝图，而不需要打开蓝图编辑器进行修改。你对使用构造脚本越熟悉，你制作开发组中其他人使用的蓝图 Actor 时就更有效率。

17.5　问&答

问：在我的蓝图面板中的变量旁边的绿色和黄色眼睛是什么？

答：你可以使用这个绿色和黄色的眼睛快速让一个变量可编辑。一个关闭的眼睛表示这个变量不是可编辑变了，黄色的眼睛表示它是可编辑的变量，但是没有工具提示（tooltip）。一个绿色的眼睛表示它是可编辑的，同时也有一个工具提示（tooltip）。

问：我无法在蓝图细节面板中编辑局部变量的名称。如何重命名它们？

答：你必须在我的蓝图面板中重命名局部变量。在我的蓝图面板的局部变量中找到一个变量，右键单击它，选择重命名，输入一个新的名称。

问：为什么我看不到 Static Mesh Component？

答：这有两个可能的原因。第 1 个是你可能没有给第 1 个自我尝试中创建的 SM_MeshAsset 变量分配一个 Static Mesh 资源。第 2 个原因是 MeshCompScale 变量的值为 0,0,0。将它修改为 1,1,1。

17.6　讨论

现在你完成了这一章的学习，检查自己是否能够回答下列问题。

17.6.1　提问

1．真或假：虽然在构造脚本中可以添加不同的组件给蓝图，但是你不能从构造脚本中生成新的 Actor。

2．真或假：局部变量在它被创建的函数外可以访问。

3．真或假：Add Arrow component 添加一个 Static Mesh component。

4．真或假：如果你想能够在关卡视口中与一个 vector 变量交互，你需要设置显示 3D 控件变量属性。

5．真或假：构造脚本每次 Actor 的属性或变换改变时更新。

17.6.2　回答

1．真。虽然你可以在运行时从一个蓝图中的事件图表中生成新的 Actor 到关卡中，但是你不能从构造脚本生成 Actor 到关卡中。

2．假。局部变量仅可以在它们声明的函数内部访问。

3．假。Add Arrow 添加一个箭头。

4．真。一些变量类型（如 vector 变量），有一个 Show 属性，当这个蓝图的一个实例被放到关卡中时，在关卡中显示这个变量的一个可视化控件。

5．真。在蓝图编辑器的类设置下，Run Construction Script on Drag 属性被设置为 True。

17.7　练习

对于本次练习，使用一个 Set Material 节点和可编辑的材质接口引用变量改变所有添加的 Static Mesh Component 的材质。

1．打开你的蓝图，进入构造脚本。

2．单击并拖曳我的蓝图面板中的 TempMeshComp 局部变量，到构造脚本中的序列末尾，并选择 Get 将它添加到事件图表。

3．单击并拖曳 TempMeshComp 变量的数据引脚并在上下文菜单搜索框中输入 set material。从列表中选择 Set Material 放置节点到事件图表。

4．将 Set Material exec 引脚连接到 AttachTo 节点的末尾。

5．在我的蓝图面板中创建一个变量。

6．设置变量类型为 Material Instance，重命名这个变量，让它可编辑，给它一个工具提示，并将它分配到 Mesh_Setup 分类。

7．单击蓝图编辑器工具栏上的"编译"和"保存"。

第 18 章

制作按键输入事件和生成 Actor

你在这一章内能学到如下内容。

➤ 设置变量在生成时暴露。

➤ 从一个蓝图类生成一个 Actor。

➤ 编写一个键盘按键输入事件。

在前面一章，你学会了如何让变量可编辑和使用构造脚本。这一章将教你如何在蓝图中设置按键输入事件，以及如何在运行时从一个 Actor 生成另一个 Actor。

> **注意：第 18 章设置**
> 使用第一人称（First Person）模板和初学者内容创建一个新项目，然后在内容浏览器中新建一个文件夹，命名为 MyBlueprints。

By the Way

18.1 为什么生成特别重要

大多数游戏不仅仅需要碰撞事件来响应玩家的操作。在这一章中，你将创建一个蓝图类，每次玩家角色走到它上面并按下一个按键时，它会生成一个新的 Actor。能够在运行时生成新 Actor，以此打开了创建更好的动态和交互体验的大门，可拾取物品可以通过关卡随机生成，也可以根据玩家的技能增加敌人的数量。如果没有生成，关卡设计师应该手动为每个在游戏过程中展开的场景放置每个 Actor，当然，这是不可行的。为了在游戏过程中通过蓝图生成一个 Actor，你可以使用 Spawn Actor 函数。你需要创建两个新的蓝图类：一个生成器类和一个被生成的类。生成器类在游戏过程中通过将另一个类的 Actor 添加到关卡生成它，生成的是已创建的 Actor。

18.2 创建一个要生成的蓝图类

在让 Actor 生成另一个类的 Actor 前,你需要生成蓝图类。在这一章的第 1 部分,你将编写一个蓝图类,其中有一个设置为模拟物理的 Static Mesh Component。你将使用构造脚本来改变这个物理 Actor 的每个实例的属性。然后你将创建 UseKeySpawner 蓝图类来生成这个物理蓝图类的一个实例。

▼ 自我尝试

设置物理蓝图类

根据下列步骤创建一个将在运行时生成的物理蓝图类。

1. 为了创建一个新的蓝图类,在内容浏览器中右键单击"MyBlueprints"文件夹,从上下文菜单中选择"蓝图类"。然后从常见类标签页中选择"Actor"。

2. 将新蓝图类命名为 PhysicsActor_BP,然后在内容浏览器中双击它,在蓝图编辑器中打开这个"Actor"。

3. 在组件标签页中,单击绿色的"+添加组件"按钮并选择"Cube"添加一个立方体 Static Mesh component。

4. 重命名这个新组件为 PhysicsMeshComp,将它拖曳到 DefaultScene 组件上并选择 Make Root 将它分配为这个蓝图的根组件。

5. 选中"PhysicsMeshComp",在蓝图细节面板中,Physics 下方,勾选"Simulate Physics"。

6. 在蓝图编辑器工具栏上单击"编译"和"保存",并将你的蓝图放置到默认关卡中。

7. 预览关卡,并射击这个盒子,此时它应该会移动。

▲

18.2.1 使用构造脚本

有了蓝图类,你现在需要使用构造脚本,这样分配给 Static Mesh Component 的网格模型和材质可以被改变。稍后,这将让你可以改变被生成的 Actor 外表,并利用在生成时显示变量属性。首先,你需要设置构造脚本并创建一个 Static Mesh 引用变量和一个材质引用变量。然后你可以设置每个变量为在生成时显示。

Did you Know?

> **提示:Sequence 节点**
>
> Sequence 节点可以将事件信号根据需要切分成许多信号。因为分支比较的结果是未知的,应该确保其他信号被处理。你可以通过单击 Add Pin 给 Sequence 节点添加更多的exec输出引脚,并且可以右键单击想要移除的exec输出引脚并选择 Remove 移除该引脚。

交换分配给 Mesh Component 的 Static Mesh

根据下列步骤使用构造脚本改变分配给 PhysicsActor_BP 蓝图的 Static Mesh 组件的 Static Mesh 和材质。

1. 打开"PhysicsActor_BP"蓝图。

2. 在我的蓝图面板的函数标签页中单击"构造脚本"或单击它的标签页打开"构造脚本"。

3. 单击并拖曳 Construction Script 节点的 exec 输出引脚并释放。在上下文菜单搜索框中，输入"sequence"并从列表中选择"Sequence"添加节点。

4. 单击并拖曳 Sequence 节点的 then 0 exec 输出引脚并释放。在上下文搜索框中，输入"set Static Mesh"。选择"Set Static Mesh（PhysicsMeshComp）"放置一个 Set Static Mesh 函数节点，目标为 Static Mesh component。

5. 在 Set Static Mesh 函数节点上，右键单击左侧的"NewMesh"属性蓝色数据引脚并选择"提升为变量"。

6. 重命名这个新变量为 NewMesh，然后编译此蓝图。因为你创建的 Set Static Mesh 变量没有分配一个网格模型，当 Construction Script 运行时，这个组件的网格模型在 Viewport 中消失。

7. 为了检查 Set Static Mesh 函数执行前一个网格模型是否被分配给了这个变量，单击并拖曳 NewMesh 变量数据输出引脚。在上下文菜单搜索框中，输入"isvalid"，并从列表中选择"?IsValid"放置该节点。

8. 单击并拖曳"?IsValid exec"输出引脚，并将它连接到 Set Static Mesh 节点的 exec 输入引脚。

9. 连接 then 0 exec 输出引脚到"?IsValid"节点的 exec 输入引脚。

10. 重复第 4～9 步，但是这次使用 Sequence 节点上的 then 1 exec 输出引脚使用一个 Set Material 函数节点和一个材质引用变量 NewMaterial 改变 PhysicsMeshComp 的材质。当你完成时，蓝图应该如图 18.1 所示。

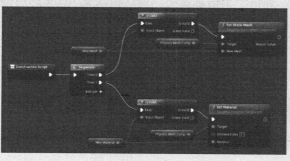

图 18.1

你的构造脚本应该类似于此图

11. 编译并保存蓝图。

18.2.2 使用"在生成时显示"变量属性

就像 Instance Editable 变量属性让 Actor 的属性可以在关卡细节面板中访问一样,"在生成时显示"属性将变量公开给要生成这个新 Actor 的蓝图。当一个类被分配给 Spawn Actor from Class 函数时,这个类中的任何开启"在生成时显示"的变量将作为一个数据引脚显示在 Spawn 函数上。在蓝图中创建的每个变量都可以设置为"在生成时显示"。

在继续创建生成物理 Actor 的生成器蓝图前,你需要在前面自我尝试的基础上准备两个变量。

▼ 自我尝试

准备让变量在生成时显示

根据下列步骤编辑本章已经创建的变量属性。

1. 打开"PhysicsActor_BP"蓝图。

2. 在我的蓝图标签页的变量部分选中"NewMesh"变量。

3. 在蓝图细节面板中,开启 Instance Editable 属性,如图 18.2 所示。

图 18.2

蓝图编辑器中的我的蓝图面板和细节面板

4. 在工具提示文本框中,提供一个信息说明,如这将改变 Actor 的网格模型。

5. 开启"在生成时显示",如图 18.2 所示。

6. 在分类文本框中,输入"Mesh Setup"创建一个名为 Mesh Setup 的新属性类别。

7. 为 NewMaterial 变量重复第 3~5 步,在分类下选择"Mesh Setup"分类。

8. 编译并保存蓝图。

▲

18.3 设置生成器蓝图

编写一个请求玩家按下某按键激活蓝图序列的输入事件是一个非常简单的过程。你需要分配给指定键的一个输入事件,例如 E 键。同时还需要告诉 Actor 临时为指定 Player Controller 启用输入。如果你仅为一个 Actor 启用了输入,而在你的关卡中放置了这个 Actor 的多个实例,当那个输入按键按下时,它们都将同时执行。所以你仅需要为玩家尝试交互的 Actor 上启用输入,这可以通过一个 Overlap 事件完成。当 Pawn 与一个碰撞组件 Overlap 时,为这个 Actor 启用输入,当玩家离开并停止 overlap 时禁用输入。

这个方法对于一个具有特殊功能的单键输入来说是很好的,例如生成一个 Actor 或打开一个门。对于需要更复杂输入系统的 Actor,如 Pawn、角色和载具,最好设置按键映射。

转到"第 20 章",学习关于输入映射的更多知识。

对于这个蓝图的设置,你需要为 Overlap 准备一个 Box Collision 组件,为这个 Actor 在关卡中的可视化外观准备一个 Static Mesh,当用户按下按键时定义物理 Actor 出生位置的一个 Arrow 组件。

自我尝试

设置和使用一个按键 Spawner 蓝图类

现在物理 Actor 已经就绪,是时候根据下列步骤设置 UseKeySpawner Actor 了。

1. 创建一个新的蓝图类,从内容浏览器中选择 MyBlueprints 文件夹,在资源管理区域右键单击,从上下文菜单中选择"蓝图类"。然后从常见类标签页中选择"Actor"。

2. 将新蓝图类命名为 UseKeySpawner_BP,并在蓝图编辑器中打开,如图 18.3 所示。

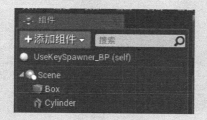

图 18.3

组件设置

3. 添加一个 box collision component 并设置相对 Z location 为 100。然后设置 box extents, x 为 100,y 为 100,z 为 100。

4. 添加 Basic Shapes 下的一个 cylinder Static Mesh component,设置它的相对 Z location 为 50。

5. 编译并保存蓝图。

当所有必要的组件都添加完成后,你现在需要为 Box Collision Component 编写一个 Overlap 事件序列,让这个 Actor 接收来自 Player Controller 的输入,当 Overlap 结束时,禁用输入。

▼ 自我尝试

编写 Overlap 事件启用和禁用玩家输入

根据下列步骤使用构造脚本修改 Actor 的属性。

1．打开"UseKeySpawner_BP"蓝图。

2．从 Components 标签页中选择"box collision component"。在 Event Graph 中，添加一个 OnComponentBeginOverlap 事件节点。

3．添加一个 Enable Input 函数节点，连接 OnComponentBeginOverlap（Box）exec 输出引脚到 enable input exec 输入引脚。

4．添加一个 player controller 并选择 Get，连接它的蓝色数据输出引脚到 Enable Input 节点的蓝色 player controller 输入引脚。

5．从组件标签页中选择"box collision component"，在事件图表中添加一个 OnComponentEndOverlap 事件节点。

6．添加一个 Disable Input 函数节点，并连接 OnComponentEndOverlap（Box）exec 输出引脚到 Disable Input exec 输入引脚。

7．将你在第4步中添加的 PlayerController 上的蓝色数据输出引脚连接到 Disable Input 节点上的蓝色 Player Controller 引脚上。当完成时，蓝图应该如图18.4所示。

图 18.4

蓝图中显示 Overlap 事件序列 的事件图表

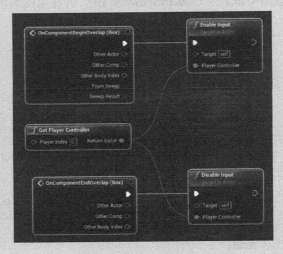

8．编译并保存蓝图。

▲

18.4 从一个类生成一个 Actor

Actor 在游戏过程中通过生成的方式添加。如果无法生成 Actor，你必须预先放置需要的每个 Actor，这将会限制游戏类型和所创建的遭遇战。Spawn 让你可以编写动态体验。目前有一些生成函数用来添加特定类型的 Actor，例如 Spawn Emitter 用于生成粒子特效，同时还有 Spawn Sound 用于当需要时添加 Sound Actor 到关卡中。Actor 可以被生成到指定变换位置，或者它们可以被附加到其他 Actor。当生成一个 Actor 时，则需要考虑位置，因为你通常不会想让 Actor 在其他 Actor 或组件的碰撞壳里面生成。

对于本次演示，你可以使用一个 Spawn Actor from Class 函数生成任意蓝图类。

自我尝试

添加键盘按键输入事件并从一个类生成一个 Actor

现在设置了启用输入事件和禁用输入事件，你需要添加一个键盘输入事件，当玩家按 E 键时执行。根据下列步骤进行操作。

1. 打开"UseKeySpawner_BP"蓝图。

2. 在事件图表中，右键单击空白区域打开上下文菜单，输入"e"，从列表中选择 E 添加此节点到事件图表。

3. 添加一个 Spawn Actor from Class 函数，连接它的 exec 输入引脚到 E 按键事件的 released exec 输出引脚。

4. 在紫色的数据输入引脚右侧，单击选择一个类，并使用搜索框搜索前面创建的 PhysicsActor_BP 蓝图。

5. 添加一个 world transform 定义游戏世界中的位置，添加给生成的 Actor。从组件面板中选择 arrow 组件并将它拖曳到 Event Graph。

6. 单击并拖曳这个组件引用的蓝色数据输出引脚。在上下文菜单搜索框中，输入"get world transform"并选择"GetWorldTransform"添加到"事件图表"。

7. 连接 GetWorldTransform 橙色的数据输出引脚到 Spawn Actor From Class 函数上的橙色 spawn transform 数据输入引脚上。当完成时，蓝图应该如图 18.5 所示。

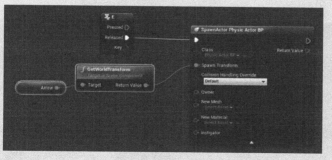

图 18.5

键盘输入事件序列

8. 编译并保存蓝图，然后放置它的一个实例到关卡中。

9. 预览此关卡，移动 Pawn 到 UseKeySpawner_BP Actor 的实例上，然后按 E 键。物理 Actor 应该添加到关卡中。

By the Way

注意：键盘输入

你也可以在这里使用键盘输入事件完成，播放或停止一个移动 Mesh Component 的 Time 的动画播放，如门开启或关闭。

你需要做的最后一件事是利用 PhysicsActor_BP 中"在生成时显示"的变量。当你添加 PhysicsActor_BP 到 Spawn Actor from Class 函数的 Class 属性时，由于"在生成时显示"属性，公开的变量也被添加到这个函数。现在需要在 UseKeySpawner_BP Actor 中添加那些变量并让它们可编辑，这样当你在关卡中放置一个实例时，将能够为生成的物理 Actor 选择一个新的网格模型和材质。

▼ 自我尝试

提升变量并让它们可编辑

为了改变 Spawn Actor from Class 函数节点功能显示的"在生成时显示"变量，你需要在蓝图中创建两个新的变量并让它们可编辑。根据下列步骤操作。

1．在蓝图编辑器中打开"UseKeySpawner_BP"。

2．在 Spawn Actor from Class 函数节点上，右键单击 NewMesh 属性左侧的蓝色数据输入引脚并选择"提升为变量"。

3．现在选择这个变量，在蓝图细节面板中让这个变量可编辑。

4．为 NewMaterial 属性重复第 2～3 步。

5．编译并保存蓝图。

6．在关卡中，选择"UseKeySpawner_BP Actor"的实例，分配一个新的网格模型和材质。

7．预览关卡并与 UseKeySpawner_BP 交互。

8．放置 UseKeySpawner_BP Actor 的多个实例并分配不同的模型和材质。当操作结束时，蓝图应该如图 18.6 所示。

图 18.6

提升的可编辑变量添加到序列

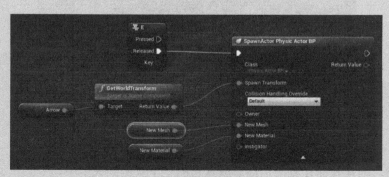

9．再次预览关卡并与放置好的每个 Actor 交互。

18.5　小结

在这一章中，你学习了如何让一个 Actor 生成另一个带修改的属性的 Actor。你也学习了如何使用"在生成时显示"属性和如何在一个 Actor 上启用和禁用 Player Controller 输入。现在你可以使用这些技能制作可以与玩家进行更多交互的动态 Actor。

18.6　问&答

问：这一章讲解的按键输入方法是否能在一个多人联机游戏里面使用？

答：不能，因为这个输入只是为 Player Controller 0 启用，这是单人游戏的默认 Controller。

问：我如何改变一个已生成的 Actor 的缩放。

答：你可以在 Spawn Transform 中完成。从 arrow 组件的 GetWorldTransform 上断开橙色的线，右键单击橙色的"Transform"节点，并选择"Split Struct Pin"将 transform 结构体分成独立的 location、rotation 和 scale 属性。

问：每次我的物理 Actor 出生后刚到关卡中就飞出去。为什么？

答：生成的物理 Actor 可能与关卡中的另一个 Actor 或组件发生碰撞了。因为出生位置是由 UseKeySpawner_BP 蓝图类中的 Arrow 组件决定的，在蓝图中调整 Arrow 组件的位置可以修复这个问题。

问：在第 2 个生成的 Actor 后，输入事件停止工作了。为什么会出现这种情况？

答：Box Collision 组件的 OnComponentEndOverlap 事件被其中一个出生的 Actor 触发了。在 UseKeySpawner_BP 中，编辑 Box collision 组件的碰撞属性，让它只响应 Pawn。

18.7　讨论

现在你完成了这一章的学习，检查自己是否能够回答下列问题。

18.7.1　提问

1. 真或假：按键输入事件仅对 E 键起作用。

2. 真或假：为蓝图中的一个变量启用"在生成时显示"属性会让这个变量出现在 Spawn Actor from Class 函数节点中。

3. 如果你想通过蓝图生成一个 Actor，你需要哪个函数？

A. GetWorldTransform

B. Spawn Actor from Class

C. OnComponentBeginOverlap

D. Enable Input

4．真或假：如果你为一个蓝图类启用输入并在关卡中放置这个 Actor 的多个实例，当输入按键按下时，它们将同时一起执行。

18.7.2 回答

1．假。输入事件对你的键盘上的每个按键都有效。

2．真。变量的"在生成时显示"属性让它们可以通过 Spawn Actor from Class 函数访问。

3．B。虽然有一些生成函数，但是 Spawn Actor from Class 函数允许你生成你自己的蓝图类。

4．真。你需要在蓝图中使用事件根据需要启用和禁用输入。

18.8 练习

当玩家按 E 键时，生成物理 Actor 的功能不是非常令人兴奋。当玩家与它交互时，除了显示生成的 Actor，也没有提供任何反馈。在本次练习中，你将在 UseKeySpawner 蓝图中创建一个杠杆，当物理 Actor 出生时，生成一个粒子效果并播放一个音效。

1．在 UseKeySpawner_BP 蓝图中，将 Starter Content 文件夹中的 Shape_Cylinder Static Mesh 资源添加为一个组件，并重命名为 LeverMesh。

2．缩放这个 LeverMesh Static Mesh 组件，让它看起来像是一个杠杆。设置 x 和 y 为 1.0，z 为 2.0。

3．放置 LeverMesh 组件到你在前面的"设置和使用一个按键 Spawner 蓝图类"自我尝试中添加的圆柱体网格组件右侧 0,70,0 处。

4．在 UseKeySpawner_BP Event Graph 中，添加一个 timeline，确认 Auto Play 和 Loop 未被选中，Time 设置为 1（秒）。

5．添加一个 float 曲线并命名为 LeverRotation。

6．给这个 float 曲线添加 3 个关键帧：关键帧 1（Time 设置为 0，Value 设置为 0），关键帧 2（Time 设置为 0，Value 设置为 1），和关键帧 3（Time 设置为 1，Value 设置为 0）。

7．从 E Input event 节点，连接 Released exec 输出引脚到 Timeline 的 Play from Start exec 输入引脚。

8．单击并拖曳 LeverMesh 并选择 Get，将它作为引用变量添加到 Event Graph。

9．单击并拖曳 LeverMesh 的蓝色数据引脚，并在上下文菜单搜索框中，输入 Set relative rotation。从列表中选择 SetRelativeRotation 放置这个节点。

10．连接 Timeline Update exec 输出引脚到 SetRelativeRotation 节点的 exec 输入引脚。

11．单击并拖曳第 5 步中创建的绿色 LeverRotation 引脚，在上下文菜单搜索框中，输入 multiply。选择 Float * Float 添加节点。在文本框中输入 60，作为当播放动画时，这个杠杆将旋转的角度。

12．在 SetRelativeRotation 函数节点上，右键单击 Rotation 数据引脚并选择 Split Pin，连

接乘法节点上的 float 数据输出引脚到 SetRelativeRotation 节点上的 New Rotation Y（Pitch）。

13. 单击并拖曳 timeline 节点的 Finished exec 输出引脚，并在上下文菜单搜索框中，输入 "spawn emitter"。选择 "Spawn Emitter at Location" 添加节点。在 Emitter Template 中，分配 P_Explosion。

14. 单击并拖曳 Spawn Emitter at Location exec 输出引脚，并在上下文菜单搜索框中，输入 "play sound"。选择 "Play Sound at Location" 添加节点。在 Sound 属性旁边，分配 Explosion01 Sound 资源。

15. 连接 Timeline Finished exec 输出引脚到 Spawn 节点上的 exec 输入引脚。

16. 使用 arrow 组件的 Transform 设置 Spawn Emitters at Location 和 Play Sound at Location 节点的 Location 和 Rotation 属性。

17. 连接 Play Sound at Location exec 输出引脚到前面的 "添加键盘输入事件和生成一个 Actor" 的自我尝试中放置的 Spawn Actor 节点。

18. 当你完成时，蓝图应该如图 18.7 所示。编译并保存蓝图。

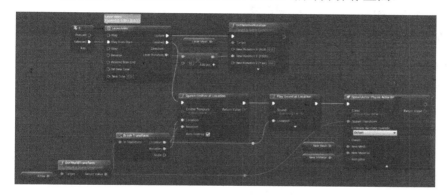

图 18.7

当玩家按下 E 键时播放杠杆动画并生成一个 Actor 的蓝图序列

19. 预览关卡，并与生成的 Actor 交互。当你按 E 键时，杠杆播放动画，爆炸粒子播放，你可以听到爆炸声，看到物理 Actor 出生。

第 19 章

制作一个遭遇战

你在这一章内能学到如下内容。

➤ 使用一个已有的蓝图类制作一个障碍游戏。

➤ 修改角色移动属性。

➤ 分配一个 Game Mode 给一个关卡。

➤ 分配一个 Actor Tag。

在这一章中，你将使用已有的蓝图搭建基于行为的遭遇战。使用其中一个已经提供的 Game Mode，你将放置并修改已有的蓝图类来创建一个基于时间的障碍游戏。

By the Way

> **注意：第 19 章设置**
>
> 对于这一章，你需要打开 Hour_19 项目，这个项目可以到本书官网下载。在这里你可以找到完成这一章的学习和创建一个简单第一人称射击或第三人称 Game Mode 的遭遇战。在 Hour_19 项目的内容浏览器中，你将看到一个名为 BasicFPSGame 的文件夹，其中有一个名为 BasicFPSGameMode 的 Game Mode。在这个项目的内容浏览器中，你将看到另一个名为 Basic3rdPGame 的文件夹，在这个文件夹中是一个名为 Basic3rdPGameMode 的 Game Mode。你还可以找到一系列根据功能组织进文件夹的蓝图类。

19.1 项目的 Game Mode

对于这一章，我们提供了两个 Game Mode 以供使用：一个名为 BasicFPSGameMode 的第一人称射击（FPS）Game Mode 和一个名为 Basic3rdPGameMode 的第三人称 Game Mode。FPS Game Mode 使用了一个名为 BasicFPSCharacter 的角色蓝图，而第三人称 Game Mode 使

用了一个名为 Basic3rdPCharacter 的角色蓝图。

19.1.1 平视显示器

对于这一章的两个 Game Mode 都有简单的 Unreal Motion Graphics（UMG）HUD。这两种 Game Mode 的 HUD 都显示了角色的健康值，收集到的可拾取物品数，和从关卡开始经过的时间。在这两种 Game Mode 中，角色掉落悬崖或受到伤害都会导致被杀。

转到"第 22 章 使用 UMG"，学习创建界面和使用 Unreal Motion Graphics（UMG）UI Designer 的更多知识。

19.1.2 游戏计时器和重生系统

这一章中的两种 Game Mode 都有编辑在它们的 Game Mode 蓝图中的重生系统和计时器系统。重生系统结合 CheckPoint_BP 和 KillVolume_BP 蓝图 Actor 使用，你可以在内容浏览器中的 BP_Respawn 文件夹中找到。

19.2 了解角色的能力

当制作一个关卡遭遇战时，了解所有关于角色能力的东西是一个不错的主意。他们移动得有多快？他们能跳多远？他们有什么武器？越了解角色的能力，在关卡中设计的遭遇战就越好。

在这一章中使用的 FPS Game Mode 角色在角色蓝图中包含普通武器脚本。里面有一个追踪武器，一个射击武器和一个物理枪。按下 1、2 或 3 数字键在这些武器之间切换。你可以通过按鼠标左键用追踪武器和射击弹丸的武器开火。当物理枪激活时，单击拾取物理 Actor 并右键单击将拾取到的 Actor 丢出去，或者推动地面上的一个物理物体。

在内容浏览器中，找到 Hour_19/Basic3rdPGame/Blueprints/Basic3rdPCharacter，在蓝图编辑器中打开这个蓝图。在 Components 面板中，选择 CharacterMovement 组件，并在蓝图细节面板中查看这个组件的属性。在这里可以找到你需要的大部分信息。角色的大部分移动是基于加速度和速度的。通过一点儿测试，你可以更好的理解这为什么等同于世界单位。

在下面的自我尝试中，你将开始熟悉 CharacterMovement Component 的设置。

▼ 自我尝试

建立第三人称玩家能力

根据下列步骤使用 JumpTest 关卡建立玩家跳跃的高度和距离。

1. 在内容浏览器中，进入 Hour_19/Maps 并打开 JumpTest 关卡。在这个关卡中，你可以看到一些被设置为不同尺寸的 BSP Actor。使用这些 Actor 能让你对角色可以跑多快、跳多高、跳多远有概念。

2．预览关卡并练习从一端跳到另一端。尝试立定跳远，然后尝试助跑跳远。你将能看到根据玩家的速度和加速度在距离上的一些轻微变化。通过这些测试，你可以估计出第三人称玩家的跳跃高度和跳跃距离。通过使用默认值，玩家可以跳到约 600 单位的距离，跳到 200 单位的高度。

3．在内容浏览器中，搜索 Basic3rdPCharacter 蓝图并打开。

4．在蓝图编辑器中，在组件面板中，选择"CharacterMovement Component"。

5．在细节面板中，在 Character Movement 中找到 Max Walk Speed 属性，如图 19.1 所示，将它的值改为 300。

图 19.1

CharacterMovement Component
属性

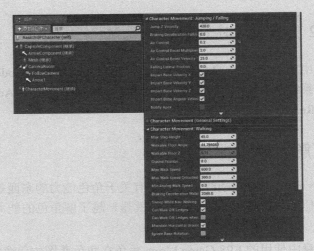

6．编译蓝图，然后预览关卡，再次与 BSP Actor 交互。

7．在细节面板中，Character Movement 下方找到 Jump Z Velocity 属性：Jumping/Falling（见图 19.1）。设置它为 1000。

8．编译蓝图，然后预览关卡，再次与 BSP Actor 交互。

9．调整并测试其他角色属性。你可以通过单击属性值右侧的黄色箭头将这个属性重置回默认值。

By the Way

注意：第一人称 Game Mode

可以为第一人称 Game Mode（BasicFPSCharacter）执行前面的自我尝试中的步骤，但是为了测试，你需要为 JumpTest 关卡更改 Game Mode Override 设置为 BasicFPSGameMode。

19.3　使用蓝图类

所有可以用来搭建障碍遭遇战关卡的蓝图，都根据功能组织进文件夹了。其中有一个文件夹用于移动平台和对玩家造成伤害的障碍物。另一个文件夹包含炮台 Actor 和弹丸 Actor。

另一个文件夹包含杠杆和开关，还有其他文件夹中包含可拾取物品、出生检查点、Kill Volume。每个 Actor 都利用了 Construction Script 和可编辑变量，这样每个放置的 Actor 都可以根据需要修改。所有 Actor 与它们的核心功能相关的属性，都可以使用关卡细节面板进行修改。一些 Actor 的网格模型、材质和粒子属性可以替换为你自己的资源。

> **提示：网格和对齐**
>
> 当放置许多蓝图时，开启网格对齐并设置单位为 100 会很有帮助，如图 19.2 所示。

Did you Know?

图 19.2

网格和对齐

下面将介绍这一章项目中提供的文件夹及它们的内容。

19.3.1　BP_Common 文件夹

BP_Common 文件夹中包含可以用于每种 Game Mode 的蓝图类。这个文件夹中包含一个案例地图 ActorGallery，其中演示了所有蓝图类的基本功能。在内容浏览器中，找到 Hour_19/BP_Common，打开 ActorGallery 地图，预览关卡。

在这个文件夹中有 6 个用来制作障碍游戏的 Actor。

➢ **Launcher_BP**：这个 Actor 将玩家的角色发射到空中，使用一个指定的距离和高度。为了更改方向，仅需要旋转放置了的 Actor。

➢ **Mover_BP**：这个蓝图在两个位置之间为一个 Mesh Component 制作移动动画。可以在它改变位置前，设置 Move Speed（移动速度）和 Delay（延时时间）。也可以设置它是从结束位置开始还是在起始位置开始。还可以通过选择 Destination transform 并移动和旋转它到任何想要的变换设定目的地。

➢ **Pendulum_BP**：这个 Actor 来回摆动，当击中 Actor 的角色时对角色造成指定伤害量。你可以设置摆动速度和开始方向，这个 Actor 可以被统一旋转和缩放。

➢ **Smasher_BP**：这个 Actor 让两个尖刺来回做活塞运动，当玩家被夹在中间时，对玩家造成伤害。你可以改变结束为止，返回速度和攻击速度，击中延时和攻击延时。这个 Actor 可以被旋转和缩放。

➢ **Stomper_BP**：这个 Actor 根据放置的距离的两个位置给一个 Mesh Component 制作动画。它对玩家角色造成指定伤害量。这个 Actor 可以被旋转和统一缩放。

➢ **SpikeTrap_BP**：当角色走到这个 Actor 上时，Actor 从地板上释放出飞矛。你可以为这个 Actor 改变速度、伤害量和音效。

在下一个自我尝试中，你将练习创建一个关卡，为这个关卡设置 Game Mode，并使用其中一个已经提供的蓝图 Actor。想要为当前关卡打开世界设置面板，可以在关卡编辑器工具栏上选择"设置>世界设置"，如图 19.3 所示。

图 19.3

打开世界设置面板

　　世界设置面板在关卡编辑器界面的细节面板旁边打开。世界设置面板可以为当前使用的关卡设置 Lightmass（光照烘焙参数）、Physics（物理）和 Game Mode 的属性。如果分配了 Game Mode 类，所有分配给这个 Game Mode 的蓝图类将被自动添加。下一个自我尝试将带你了解这个过程。

▼ **自我尝试**

使用提供的蓝图类

根据下列步骤创建一个默认关卡并使用 Mover_BP 类练习。

1．创建一个默认地图并将它保存到 Hour_19/Maps 文件夹。

2．在世界设置面板中，设置 Game Mode Override 为 Basic 3rdPGameMode，如图 19.4 所示。

图 19.4

设置 Game Mode

3．从内容浏览器选择"Mover_BP Actor"并将它放到关卡中。

4．选择放置好的 Mover_BP，然后选择蓝色的菱形（被称为 Destination transform）并移动它到一个新位置。

5．预览关卡并注意它是如何移动的。然后移动角色到平台上乘坐它。

6．停止预览并选中此 Actor，在细节面板中，更改 Move Speed。值越大添加的时间越多，并减慢运动；值减小则时间减小，并加快了平台的运动。

7．当得到了想要的移动速度，改变 Return 和 Destination Delay 时间让平台在每次移动前暂停。

8．制作 Mover_BP 的副本。选中该 Actor，按住 Alt 键并移动此 Actor 或按 Ctrl+W 组合键复制该 Actor。

9. 移动克隆出的 Actor 到一个新位置，然后拖曳它的 Destination transform，这样它与第 1 个 Actor 的 Destination transform 直线平齐。

10. 预览关卡并让角色从乘坐第 1 个移动平台到第 2 个移动平台。

11. 调整这两个 Actor 的 Start 和 Destination 变换，Move Speed 和 Delay 时间完善移动。

▲

19.3.2 BP_Turrets 文件夹

BP_Turrets 文件夹中包含 3 种类型的炮台蓝图和它们的弹丸蓝图。这里有两种追踪炮台，当角色出现在距离它们的位置指定距离时开始追踪角色。这里还有一个基于模式的炮台，在指定模式下在设定方向射出弹丸。所有炮台都可以在两种已经提供的 Game Mode 中使用。

在内容浏览器中，找到 Hour_19/BP_Turrets/，打开 TurretGallery 地图，预览关卡。

下面是这个文件夹中的蓝图。

➢ **Pattern_Projectile_BP**：这是由 PatternTurret_BP 蓝图生成的弹丸蓝图。当击中玩家时对玩家造成伤害。

➢ **PatternTurret_BP**：这个蓝图根据属性的一个模式生成 Pattern_Projectile_BP 蓝图。它可以根据需要被放置、旋转和统一缩放。

➢ **ProjectileTurret_BP**：这个炮台可以追踪玩家角色，当玩家移动到指定范围内时向玩家角色发射出一个炮弹（TurretProjectile_BP）。可以根据需要调整 Turret Range（范围）、Track Speed（追踪速度）和 Fire Rate（发射频率）。这个蓝图可以根据需要被放置、旋转和统一缩放。

➢ **TraceTurret_BP**：这个炮台可以追踪玩家角色，当玩家移动到指定范围内时向玩家角色发射出一个追踪武器。可以根据需要调整 Turret Range（范围）、Track Speed（追踪速度）和 Fire Rate（发射频率）。这个蓝图可以根据需要被放置、旋转和统一缩放。

➢ **TurretProjectile_BP**：这个蓝图由 ProjectileTurret_BP 蓝图生成。当击中玩家时对玩家造成伤害。

19.3.3 BP_Respawn 文件夹

在 BP_Respawn 文件夹中有两个蓝图类，可以用于在检查点重生或当角色掉落悬崖时销毁玩家角色。

在内容浏览器中，找到 Hour_19/BP_Respawn，打开 Respawn_Gallery 地图，预览关卡。

下面是这个文件夹中的蓝图。

➢ **Checkpoint_BP**：这个蓝图与已经提供的 Game Mode 中的重生系统一起工作。当角色走过这个 Actor 时，它发送它的位置给 Game Mode。然后当玩家角色死亡时，角色会在这个 Actor 的位置重生。如果在一个关卡中有这个类的多个 Actor。最后一个被交互的是角色的重生位置。

> **KillVolume_BP**：这个蓝图类当玩家角色接触时，销毁玩家角色，强制在已经提供的 Game Mode 中激活销毁事件，并在最后接触到的检查点 Actor 位置重生。

19.3.4 BP_Pickup 文件夹

在 BP_Pickup 文件夹中有 3 个可拾取物品蓝图类。一个是健康值可拾取物品给玩家增加生命值。另一个是收集品可拾取物品，玩家可以在这个关卡中玩的同时收集。第 3 个是一个物理可拾取物品，可以通过一个物理枪拾取，这样玩家可以将这个 Actor 拾取起来，从一个位置移动到另一个位置。这个蓝图仅可用于我们提供的第一个人称 GameMode 使用物理枪的时候。

下面是这个文件夹中的蓝图。

> **CollectionPickup_BP**：对于这个蓝图，你可以更改网格模型、材质和点分配。它可以用于我们提供的第一人称和第三人称 Game Mode。这个蓝图可以被缩放和放在任何地方。

> **HealthPickup_BP**：对于这个蓝图，你可以更改网格模型，材质和健康值。它可以用于我们提供的第一人称和第三人称 Game Mode。这个蓝图可以被缩放和放在任何地方。

> **PhysicsPickup_BP**：对于这个蓝图，你可以更改网格模型的材质。它仅用于第一人称 Game Mode 中的物理枪交互。它已经被分配了一个 Actor Tag，这样它可以和物理枪一起使用。

19.3.5 BP_Levers 文件夹

BP_Levers 文件夹中包含用于激活或开关其他蓝图的一系列蓝图类。这里有一个蓝图需要玩家按下 E 键来使用杠杆，还有一个接触蓝图，需要角色或带 Tag 的物理 Actor 被放到它上面激活另一个 Actor。

杠杆和开关板蓝图可以用于开关 Door_BP 蓝图类和 BP_Common 文件夹中的 Stomper_BP 蓝图类。

在内容浏览器中，找到 Hour_19/BP_Levers，打开 Lever_Gallery 地图，预览关卡。

这个文件夹中包含下列 Actor。

> **UseKeyLever_BP**：当玩家角色走到它上面并按 E 键时，这个 Actor 工作。它播放杠杆动画，并发送一个信号给关卡中所有被分配给它的需要激活的 Actor。

> **Door_BP**：当玩家走到它上面时，这个接触触发门开。它可以被设置为锁定状态，在它被玩家使用前，需要另一个 Actor，如 UseKeyLever_BP 或 TouchActivation_BP Actor，解锁这个门。

> **PhysicSpawner_BP**：当放置在关卡中时，玩家可以走到这个 Actor 上并按 E 键生成一个物理可拾取物品（在 BP_Pickup 文件夹中找到）。有一个属性可以让你分配 tag 来生成物理 Actor。

> **TouchActivation_BP**：当角色或 Actor Tag 被设置为 Key 的物理 Pickup_BP Actor 与它交互时，这个蓝图类工作。它可以解锁 Door_BP 或开启 ActivateStomper_BP。你可以使用 TouchActivation_BP 手动分配你想激活的关卡中与它交互的其他 Actor。

> **ActivateStomper_BP**：当这个 stomper Actor 接收到来自 UseKeyLever_BP 或 TouchActor_BP 的信号时，这个 Actor 可以被开启。

所有这些 Actor 使用蓝图接口（BPI）进行通信。当放置这些 Actor 时，你需要分配它们应该影响的 Actor。

19.4 Actor 和组件 Tag

为了让物理枪与一个物理 Actor 交互，这个物理 Actor 必须有一个 Actor Tag。一个 Tag 是可以分配给 Actor 或 Actor 的一个组件的名称，它可以被用于区分两个或更多相同的 Actor 或蓝图中的组件类型。在这种情况下，FPS 角色蓝图中的物理枪序列仅查找被分配了 Pickup Actor Tag 的物理 Actor。例如，你可能有两个模拟物理的 Static Mesh Actor，但是想让其中一个不能与物理枪交互。在这种情况下，你需要分配 Pickup tag 给你想要玩家能够拾取的物理 Actor。

在内容浏览器中，找到 "Hour_19/BP_Pickups"，打开 "ActorTagExample" 地图，并预览关卡。按下 3 键切换到物理枪。

这里有两个 Static Mesh Actor，它们都模拟物理。当你走近它们时，它们都可以被推动，但是右侧的 Static Mesh Actor 被分配了一个名为 Pickup 的 Actor tag，因此可以被拾取、扔下、推动和抛出。选中物理枪，尝试拾起这两个 Actor。

图 19.5 展示了带 tag 的 Static Mesh Actor 的细节面板属性。

图 19.5

Actor Tag 和 Component Tag

因为 PhysicsPickup_BP Actor 已经分配了 Pickup tag，当放置到关卡中或出生到关卡中时，它就已经可以用于物理枪交互了。

19.5 小结

在这一章中，你学习了可以用来放置和修改以创建第一人称或第三人称 Game Mode 的障碍遭遇战的一系列蓝图类。还学习了如何改变玩家的默认的移动能力，并学习了 Actor Tag 和 Component Tag 的概念。

19.6 问&答

问：当我试玩这一章中的关卡时，我没有找到可以控制的第一人称角色或第三人称角色。为什么？

答：记得为这个关卡在世界设置面板中设置 Game Mode Override 为 BasicFPSGameMode 或 Basic3rdPGame。

问：当我分配 Actor 到 TouchActivation_BP 的 Actor Activate List 属性时，它们没有启用。为什么？

答：虽然 TouchActivation_BP Actor 通过一个蓝图接口（BPI）广播一个信号给列表中的任何 Actor，但是不是这个列表中的所有 Actor 都知道如何接收这个信号。只有 Door_BP 和 ActivateStomper_BP 蓝图类被设置为响应这个信号。

19.7 讨论

现在完成了这一章的学习，检查自己是否能回答下列问题。

19.7.1 提问

1．为了更改玩家的默认移动属性，需要编辑分配给 Game Mode 的角色蓝图中的哪个组件？

2．如果你想要能够使用物理枪拾取一个模拟物理的 Static Mesh Actor，需要为它分配什么？

3．如果你想要在放置 Actor 到关卡中时有更多控制或更准确，为网格、旋转和缩放变换启用_____会很有帮助。

19.7.2 回答

1．Character Movement Component 包含角色的默认移动属性。

2．Actor tag。第一人称 Game Mode 中的物理枪仅与分配了 Pickup Actor tag 的模拟物理的 Static Mesh Actor 交互。

3．Snapping（对齐）。开启对齐让你可以控制网格单元数，旋转角度和缩放百分比。

19.8 练习

对于本次练习，你在第 19 章项目中使用我们提供的蓝图类和其中一个 Game Mode 创建了一个障碍关卡。当你完成这个障碍游戏时，可以从商城下载一个免费的 Infinity Blade 环境资源包和免费的 Infinity Blade FX 特效包，并将它们添加到这个项目，这样就可以装饰你的关卡了。

1. 在 Hour_19 项目中，创建一个默认关卡，为它命名，并保存到 Maps 文件夹。

2. 为这个关卡打开世界设置面板，设置这个关卡的 Game Mode Override 属性为第一人称（BasicFPSGameMode）或第三人称（Basic3rdPGameMode）Game Mode。

3. 使用原型 Static Mesh Actor 和/或 BSP Actor 制作出这个关卡。

4. 使用 BP_Common、BP_Pickups 和 BP_Respawn 文件夹中的蓝图类，为玩家设计障碍。

5. 调整 Actor 属性，预览并根据需要完善这个关卡。

6. 当你对这个关卡满意的时候，通过 Unreal Launcher 从商城下载一个免费的 Infinity Blade 资源包，并将这些资源添加到这个项目。

7. 通过 Unreal Launcher 从商城下载免费的 Infinity Blade FX 特效包，并将它添加到这个项目。

8. 使用 Infinity Blade 资源，装饰这个关卡，并根据需要放置光源和 Ambient Sound Actor。

9. 构建光照并试玩这个关卡。

第 20 章

创建一个街机射击游戏：输入系统和 Pawn

在这一章内能学到如下内容。

> 通过设计总结确认需求。

> 创建一个新项目。

> 制作一个自定义 Game Mode。

> 创建一个自定义 Pawn 和一个自定 Player Controller。

> 控制一个 Pawn 的移动。

> 设置一个固定摄像机。

当制作一个新的视频游戏时，总会让玩家控制游戏世界中的一些东西。这可以是一个完整的角色或一个简单的物体。重要的是玩家做一些事情，如按下一个按键或扣扳机，然后游戏世界中的一些东西响应。在 UE4 中，你可以使用 Player Controller 解释那些物理操作，使用 Pawn 来将它们演出来，这一章将研究这些概念并帮助你创建第一个游戏———一个简单的街机射击游戏。你将学习如何通过一个简要设计决定需求，如何创建和设置一个新项目，如何生成和使用一个 Pawn，和如何设置一个游戏摄像机。

By the Way

注意：第 20 章的项目设置

　　在这一章中，你将使用空模板并带 Starter Content 创建一个空项目。在 Hour_20 文件夹中（可以从本书官网下载），可以找到你需要使用的资源，以及一个名为 H20_AcradeShooter 的游戏，可以使用它来与你的结果比较。

20.1 通过设计总结确认需求

没有两个游戏是完全一样的。把重点放在你想要在游戏中包含的基础元素上是非常重要的。在这一章中，你将制作一个简单的街机射击游戏，类似于 Space Invaders 或 Asteroids。在创建这个游戏前，你需要确认需求和功能。

在这里，设计非常简单：玩家控制着一艘宇宙飞船，可以左右移动，必须躲避或摧毁路上的小行星。

当开始一个项目时，花一些时间决定什么类型的交互对于设计实现是必要的，这是至关重要的。了解游戏的需求可以帮助你专注于产品化。对于在这一章中要创建的游戏，你可以将设计概要分解成下列组件。

➤ 玩家控制着一艘宇宙飞船。

➤ 这艘宇宙飞船可以左右移动。

➤ 陨石在玩家的沿途，向下移动。

➤ 宇宙飞船可以射击陨石来销毁陨石。

分解这个设计总结会有一些需要记住的事情。这个设计告诉你在游戏中需要有一个 Actor 由玩家控制，在 UE4 中，这些 Actor 被称为 Pawn。这个设计还告诉你宇宙飞船的移动被限制到一个轴上，这个需求意味着你需要为那个轴设定输入绑定。因为你知道玩家是受到限制的，也可以假设摄像机是固定的，玩家不能控制它。你也看到了玩家将面对什么样的障碍物，需要另一种类型的输入来发射一个弹丸。

20.2 创建一个游戏项目

当创建一个新游戏时，我们需要做的第一件事是在 UE4 中创建一个新项目。UE4 为新项目提供了很多很好的起始内容和模板。也可以在项目创建过程中使用空项目模板，从零开始创建奇妙的体验。

> **提示：设置启动关卡**
>
> *Did you Know?*
>
> 你可以设置游戏和编辑器使用的默认启动关卡，选择 "Project Settings > Maps & Modes"。更改 Editor Default Map 为当前制作的关卡可以加速过程，更改 Game Default Map 改变游戏用来开始的地图（当在独立模式下播放时）。

在下面的自我尝试中，你将创建一个新的空项目和一个空地图，作为构建游戏创作体验的一个空白画布。

▼ **自我尝试**

创建一个新项目和默认关卡

根据下列步骤创建一个新的空白项目，并使用一个新的空白关卡替换默认关卡，作为街机射击游戏的基础。

1. 启动 UE4 项目浏览器，进入 New Project 标签页，如图 20.1 所示。

图 20.1

UE4 项目浏览器
中的 New Project
标签页

2. 选择空白模板。

3. 将这个项目的目标设定为桌面/游戏机。

4. 将质量设置为最高质量。

5. 为项目设置存储文件夹位置。

6. 命名这个新项目为 ArcadeShooter。

7. 单击"创建项目"按钮创建新项目。

8. 当新项目加载后，选择"文件> 新建关卡"（或按 Ctrl+N）。

9. 从新建关卡对话框中选择"Default"模板。

10. 选择"文件> 保存当前关卡为"（或按 Ctrl+Shift+S）。

11. 在将关卡另存为对话框中，右键单击"Content"目录并选择"New Folder"。重命名新文件夹为 Maps。

12. 确保选中 Maps 目录，在名称处，命名这个地图为"Level_0"。

13. 单击"Save"。

14. 在项目设置面板中，单击"Maps & Modes"。

15. 设置 Game Default Map 和 Editor Startup Map 为"Level_0"。

▲

> **提示： Maps 文件夹**
>
> 虽然你可以存储关卡 UAssets 到 Content 目录下的任何目录中，但是强烈建议你将所有关卡存储在一个名为 Maps 的目录中。既然你的关卡在一个名为 Maps 的文件夹中，它将出现在就像 Game Default Map 这样的下拉列表中。它也让使用 UE4 Front End 可执行程序进行发布和烘焙变得稍微简单点儿，因为这样可以自动找到关卡。

Did you Know?

现在你创建了一个基本空的关卡，可以继续设置这个游戏的逻辑和系统。

20.3 创建一个自定义 Game Mode

你需要一个地方来存储游戏的逻辑和行为。在 UE4 中，每个关卡有它自己的蓝图，这是存储游戏逻辑的一个地方，但是将太多脚本放在关卡蓝图中意味着转移这些逻辑到新关卡和地图时需要大量的复制粘贴。然而，UE4 有一个 Game Mode 的概念，像关卡蓝图一样，Game Mode 可以存储关于一个游戏的复杂行为，但是不像关卡蓝图，那些行为可以在多个关卡之间共享。

Game Mode 负责定义游戏的行为和执行规则。Game Mode 存储着玩家开始游戏的信息，当玩家角色死亡或游戏结束时发生什么、游戏时间限制和积分。

Game Mode 是一个游戏中许多不同系统之间的粘合剂。Game Mode 蓝图保存着你使用的角色或 Pawn，同时也引用了使用的 HUD 类，使用的 Spectator 类，以及控制多人游戏体验的必要信息的 Game State 类和 Player State 类。

在最基本的层面上，Game Mode 为当前游戏设置规则，例如，多少玩家可以加入进来，关卡过渡是如何处理的，游戏暂停或激活时的信息，以及游戏专用行为如胜利条件和失败条件。

创建一个新的 Game Mode 很容易。在内容浏览器中，右键单击并选择 Blueprint Class 打开 Pick Parent Class 窗口，这是你可以选择 Game Mode 的地方，如图 20.2 所示。

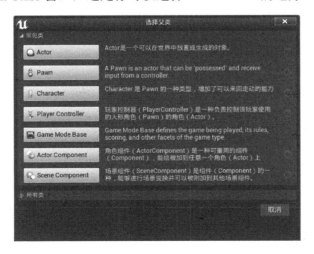

图 20.2

Pick Parent Class 窗口。这个常用的窗口提供了一些类选项，包括你现在需要的 Game Mode 选项

▼ 自我尝试

创建一个新的 Game Mode 蓝图类

根据下列步骤创建一个 Game Mode 蓝图类来存储游戏逻辑。

1. 在内容浏览器中，右键单击并选择"Folder"。
2. 命名这个文件夹为 Blueprints。
3. 双击"Blueprints"文件夹打开这个文件夹。
4. 在内容浏览器中，右键单击并选择"蓝图类"。
5. 在弹出的选择父类窗口中，选择"Game Mode"。
6. 命名新 Game Mode 为 ArcadeShooter_GameMode。
7. 选择"文件> 保存所有关卡"（或按 Ctrl+S 组合键）。

▲

现在有了一个新的 Game Mode，你需要告诉 UE4 加载它而不是默认 Game Mode。你可以在项目设置面板中完成这个任务。

Did you Know?

提示：关卡覆盖

有时候有必要在一个游戏的不同部分使用不同的 Game Mode。每个关卡也可以覆盖 Game Mode 和类设置。为了在关卡级别改变这些设置，选择窗口 > 世界设置，并找到 Game Mode Override 属性。这个属性的作用就像它在项目设置面板中一样。同时，当你添加一个 Game Mode Override 设置时，你可以覆盖其他属性，例如那些 Pawn 或 HUD 类，当你原型化新功能时，这是特别有帮助的。

无论是在 Project Settings 面板中的默认 Game Mode 设置还是关卡级别的 Game Mode 设置，每个关卡仅有一个 Game Mode 存在。在一个多人游戏中，Game Mode 仅运行在服务器上，规则的结果和状态被发送（复制）到每个客户端。

▼ 自我尝试

设置新的 Default Game Mode

根据下面这些步骤使用项目设置面板的 Maps&Modes 部分为游戏设置默认 Game Mode。

1. 选择"编辑> 项目设置"。
2. 在项目设置面板中，单击"Maps & Modes"部分。
3. 在 Default Modes 部分，单击"Default GameMode"打开所有 Game Mode 的搜索框。
4. 选择你刚刚创建的"ArcadeShooter_GameMode Game Mode"。

▲

20.4 创建一个自定义 Pawn 和 Player Controller

在 UE4 中，直接被玩家或人工智能（AI）控制的 Actor 被称为 Pawn。这些 Pawn 几乎可以是任何东西：恐龙、人类、怪物、载具、橡皮球、宇宙飞船、甚至是有动画的食物。在一个游戏中任何玩家或 AI 控制的实体是一个 Pawn。一些游戏可能没有玩家的物理或可见外表代理，但是 Pawn 仍然被用来表示玩家在游戏世界中的位置。

Pawn 定义了控制着的物体的可见外观，也可以控制移动、物理和能力。将它们看作是玩家在游戏世界中的物理身体通常会很有帮助。

玩家的非物理代表是一个 Controller。Controller 是一个 Pawn 和控制它的玩家或 AI 之间的接口。

Controller 是可以占有并控制 Pawn 的 Actor。同样，Controller 是非物理的，通常不能直接确定占有的 Pawn 的物理属性（如外观、移动、物理）。相反的，它们更多的是玩家意愿或意图的代表。

Controller 和 Pawn 之间存在一对一的关系。换句话说，每个 Pawn 被一个 Controller 占有和每个 Controller 占有一个 Pawn。记住这一点，Pawn 可以被 AI 通过一个 AI Controller 占有（即控制），或被一个玩家通过一个 Player Controller 占有（即控制）。

默认的 Player Controller 可以处理你的游戏所需要的大部分行为，但是你应该创建自己的 Pawn。

如果要创建一个 Pawn，你可以创建一个新的蓝图类。但是，这一次，你可以从选择父类窗口的所有类部分的一个已经为你预制了一些功能的类开始。创建一个蓝图类时，你可以展开所有类访问这个项目中的所有类。如图 20.3 所示，你可以查看这个列表中的指定类。在这种情况下，你想要使用 DefaultPawn 类，因为它自动为你设置了一些需要在游戏中使用的行为。

图 20.3

在选择父类窗口中，展开所有类子部分，并搜索你想要的 Pawn，如 DefaultPawn

提示：类继承

从一个已有的类继承允许普遍通用的行为可以被极端情况共享。例如，通过从 DefaultPawn 类继承，你可以创建一个类，它有一些普遍通用的行为的一个克隆，但是也有能力做一些专用的改变。如果对 DefaultPawn 类（或它的任何父类）作出了改进，Pawn 也将自动接收那些改进。

Did you Know?

在项目中使用继承可以帮助你避免重复工作和不合逻辑的工作。

▼ **自我尝试**

创建自定义 Pawn 类和 Player Controller 类

根据下列步骤创建一个继承自 DefaultPawn 类的新蓝图类，并创建一个继承自 Player Controller 的新蓝图类。

1. 在内容浏览器中，找到 Blueprints 文件夹。

2. 在内容浏览器中右键单击，并选择"蓝图类"。

3. 在弹出的选择父类窗口中，展开所有类。

4. 在搜索框中，输入"defaultPawn"并从结果中选择"DefaultPawn"类。单击窗口底部的"选择"。

5. 重命名这个新的 Pawn 蓝图类为 Hero_Spaceship。

6. 在内容浏览器中右键单击，并选择"蓝图类"。

7. 在弹出的选择父类窗口中，展开常见类分类并选择 Player Controller。

8. 重命名这个新的 Player Controller 蓝图类为 Hero_PC。

▲

你现在有了一个新的 Pawn 类，你需要理解组成这个类的不同部分。在内容浏览器中双击新的 Hero_Spaceship 类在蓝图类编辑器中打开它。

查看组件层次。默认情况下，在 DefaultPawn 类中有 3 个组件：CollisionComponent、MeshComponent 和 MovementComponent，如图 20.4 所示。这 3 个组件处理了一个 Pawn 负责的主要行为类型。

图 20.4

蓝图类编辑器中
DefaultPawn 类的
组件层次

CollisionComponent 处理 Pawn 的物理碰撞和触发 Pawn 与关卡中的 Volume 或 Actor 的 Overlap 事件。它代表了 Pawn 的物理体积，可以被造型为 Pawn 的最简化形状。ColllisionComponent 不会在游戏中显示，也不是 Pawn 的可视化表现部分。

MeshComponent 控制着游戏中的视觉效果。现在对于你的游戏，这个 MeshComponent 类是一个球体，意味着 Pawn 的可视化表现是一个球体。你可以替换或修改 MeshComponent 让你的 Pawn 看起来是想要的任何东西的样子。你可以在这里添加其他类型的组件来改变视觉效果，包括粒子发射器、2d Sprite 和 Static Mesh 的复杂层次。

MovementComponent 控制这你的 Pawn 的移动。使用 MovementComponent 是处理玩家移

动的一种方便的方法。复杂的任务（如检查碰撞和处理速度）通过 MovementComponent 的方便接口被简化了。

因为你还没有改变它，Pawn 现在仅仅是一个简单的球体。你可以通过完全替换 MeshComponent 或改变它的 Static Mesh 引用来改变这个情况。在下一个自我尝试中，你将导入被许多 UE4 内容案例使用的 UFO 网格模型，然后使用它替换当前 Pawn 的网格模型。

自我尝试

让宇宙飞船变得更好看

你的新 Pawn 很单调，只有一个球体。根据下列步骤改进它的外观。

1. 在内容浏览器的根文件夹中，右键单击并选择"New Folder"创建一个新的文件夹。

2. 重命名这个新文件夹为 Vehicles。

3. 打开这个 Vehicles 文件夹并单击"导入"按钮。

4. 在导入对话框中，找到本书自带的 Hour_20/RawAssets/Models 文件夹。

5. 选择 UFO.FBX 文件并单击"打开"。

6. 在弹出的 FBX 导入选项对话框中，保留所有设置为默认，单击"导入所有"。

7. 在内容浏览器中单击"保存所有"（或按 Ctrl+S 组合键）。

8. 在内容浏览器中，找到 Blueprints 文件夹并双击"Hero_Spaceship"蓝图类"Uasset"在蓝图类编辑器中打开。

9. 如果编辑器仅显示了类默认值面板，在面板标题下方的注释中，单击"Open Full Blueprint Editor"链接。

10. 在组件面板中，选择"MeshComponent"；在细节面板中，选择"Static Mesh"下拉菜单，在搜索框中输入 UFO，从搜索结果中选择"UFO Uasset"。

11. 在细节面板中，设置变换的 Scale 属性为"0.75, 0.75, 0.75"，将 UFO 的主体放到 CollisionComponent 的半径内。

12. 在工具栏上，单击"编译"，然后单击"保存"。

20.5　控制一个 Pawn 的移动

UE4 控制一个 Pawn 的移动非常容易。因为你从 DefaultPawn 类继承出了你的 Pawn，所有繁重的工作都已经完成了。为了检查控制 Pawn 的移动是多么简单，你可以测试。

首先你需要告诉 Game Mode 默认使用你的 Hero_Spaceship Pawn 生成玩家角色。你可以在这个 Game Mode 的蓝图编辑器的 Class Defaults 面板中或在项目设置面板的 Maps&Modes 中完成这个设置。

在下一个自我尝试中，你将设置 ArcadeShooter_GameMode 的默认 Pawn 类为 Hero_Spaceship Pawn 类。同时设置 Player Controller 类为 Hero_PC.。

▼ 自我尝试

设置 DefaultPawn 类和 PlayerController 类

Game Mode 需要知道当游戏开始时，你想要生成哪个 Pawn 和哪个 Player Controller。现在根据下列步骤设置这些东西。

1. 在内容浏览器中，找到 Blueprints 文件夹并双击 ArcadeShooter_GameMode 蓝图类 UAsset。

2. 在类默认值面板中，在 Classes 分类下，找到 Default Pawn Class 属性并单击它的向下箭头。

3. 选择"Hero_Spaceship"蓝图类。

4. 在 class Defaults 面板中，单击 Player Controller 属性旁边的向下箭头并选择"Hero_PC"蓝图类。

5. 在工具栏中，单击"编译"，然后单击"保存"。

▲

通过将 Hero_Spaceship 设置为 Game Mode 的 default Pawn，你就可以测试 Pawn 的移动了。在关卡编辑器工具栏中，单击 Play，如图 20.5 所示。当游戏启动时，使用箭头按键或 WSAD 键到处移动。你也可以使用光标查看周围。完成时，按 ESC 键停止。

图 20.5

单击工具栏上的 Play 按钮立即在编辑器中测试你的游戏

警告：使用 Player Start

如果看起来并没有生效，可能是因为在场景中没有 Player Start Actor。如果你没有在世界大纲视图中看到 Player Start，添加一个新的很容易，到模式面板>基本>玩家起始，将它拖曳到游戏世界中。记得旋转 Player Start Actor 到你想要在游戏开始时看到的方向。

尽管 Pawn 可以自由移动，但是两件事情貌似并不符合你的设计初衷。首先，摄像机是第一人称的，而不是从上而下并且固定的。第二，你的 Pawn 可以前后左右移动。在这种情况下，你想要撤销 UE4 提供的所有功能，并设置一些逻辑锁定 Pawn 和摄像机。

20.5.1 禁用默认移动

DefaultPawn 类自动完成很多事情，但是在这种情况下，你想要更多手动控制。幸运的是，获得那种控制相当简单。DefaultPawn 类的 Defaults 面板中包含着一个名为 Add Defaut Movement Bindings 的属性，默认是选中的。通过取消选中这个属性，你可以禁用 DefaultPawn 类的基本移动，并重写它的行为和绑定自己的控制，如图 20.6 所示。

图 20.6

在 Pawn 的类默认值中，禁用 Add Default Movement Bindings 多选框

自我尝试

禁用默认移动

在你创建的游戏中，DefaultPawn 的很多功能不是你需要的。根据下列步骤通过 Hero_Spaceship 的蓝图 Class Defaults 禁用这个行为。

1．在内容浏览器中，找到 Blueprints 文件夹并双击"Hero_Spaceship"蓝图类。

2．在类默认值面板中，在 Pawn 分类下，确保 Add Default Movement Bindings 属性的多选框未被勾选，禁用这个功能。

3．在工具栏中，单击"编译"，然后单击"保存"。

4．再次试玩，注意你已经不能再到处移动了。摄像机仍然是第一人称的，但是你的飞船现在被锁定到它出生的位置。

20.5.2 设置输入行为和按键绑定

一个锁定的宇宙飞船并不是你所想要的。看起来从太多自由度快速转到了完全没有自由度，你需要添加回一些用户控制。这个操作的一部分是绑定不同的按键事件到不同的行为。采用一个输入（比如一个摇杆移动、一个按键按下或一个扳机触发）并使用那个输入注册一个特殊行为被称为输入绑定，你可以在项目级别完成这个操作。

为了设置输入绑定，选择"设置>项目设置"，然后打开项目设置面板的 Input 部分。在这个部分的顶部是 Bindings 部分的两列：Action Mappings 和 Axis Mappings，这两个部分的不同是微妙而重要的。Action Mappings 是用于单个按键按下和释放输入的。这些通常用于跳跃、射击和其他非连续事件。Axis Mappings 是用于持续输入的，如移动、转向和摄像机控制。

这两种类型的映射都可以被同时使用，为你的行为选择正确的绑定类型让创建复杂而丰富的玩家交互更加容易。

Axis mappings 根据硬件生成的输入工作起来稍微有一些不同。一些硬件（如鼠标、摇杆或手柄）返回给 UE4 的输入值的范围是从-1 到 1 的。UE4 可以缩放这个值，取决于玩家想要让这个输入对游戏的影响。但是，键盘将上下左右分离到不同的按键，并且不提供连续输入。一个按键是被按下或没有被按下，所以当你在绑定一个按键作为 Axis Mapping 时，UE4 需要能够作为一个相同的-1 到 1 的值解释那个按下的键。

对于移动，你可以使用 Axis Mapping，并且在街机射击游戏中，你将限制玩家的移动到单个轴上，这样玩家可以左右移动。在下一个自我尝试中，你将设置输入绑定为 Pawn 带来左右移动支持。

▼ 自我尝试

创建 MoveRight 映射

在下列步骤中，你将设置游戏的用户输入准备。绑定所有相关的按键和左手柄摇杆到左右移动。这里的绑定将导致用户向左移动，而向右移动应该在它的 Scale 上有一个值-1.0。

1. 选择"编辑> 项目设置"。

2. 在项目设置面板中，选择"Input"分类。

3. 在 Bindings 分类下，找到 Axis Mappings 属性，单击旁边的"+"图标。

4. 单击 Axis Mappings 左侧的箭头展开，重命名这个映射为 MoveRight。

5. 单击 MoveRight 绑定左侧的箭头展开按键绑定列表。

6. 单击 MoveRight 旁边的"+"图标，通过 4 次创建 5 个 None 映射。

7. 单击每个 Node 旁边的像箭头并分配为如图 20.7 所示的按键。

图 20.7

用于 MoveRight 的 Axis Mappings 设置，每个都有 3 部分：映射的名称、被绑定的按键或轴、每秒应该增加的输入正值量或负值量

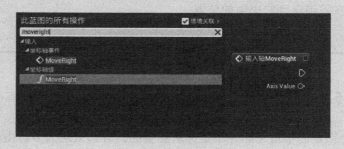

8. 确保每个 Scale 属性被设置为如图 20.7 所示。

▲

在项目设置面板的 Axis Mappings 属性的顶部是一个输入框，你可以输入被执行的行为的名称。你可以单击行为名称旁边的"+"号添加新的绑定。每个绑定有两个部分：被绑定

的输入和旁边的一个调节结果的 Scale。

你想要这个游戏处理按键，如 A 和 D，作为一个持续输入轴。为此，你需要那些案件中的一些是负的；换句话说，当你按下向左键时，你想要这个轴向下；当你按下向右键时，想要这个轴向上。

对于摇杆轴（如 Gamepad Left Thumbstick X-Axis），负值已经被计算了，所以 Scale 应该一直是 1.0。

在这个例子中，按键 A 和 D、向左键和向右键，以及 Gamepad Left Thumbstick 都被绑定到 MoveRight 行为。这带来了一个重要的区别：通过使用 Action Mappings 和 Axis Mappings，你可以绑定多个不同输入方法到相同的事件。这意味着你的项目中的蓝图需要更少的测试和复制，也意味着所有一切都变得更加可读。除了让蓝图脚本检查 A 键是否被按下，蓝图可以当 MoveRight 事件被触发时仅更新移动。

但是仅仅创建一个输入绑定不会让东西移动。现在你需要实际使用 Move Right 行为。

20.5.3 使用输入事件移动一个 Pawn

现在可以再次设置移动了。你有一个输入轴 MoveRight 和一个希望再次移动的 Pawn。首先，你需要打开 Pawn 的蓝图类编辑器，并进入事件图表。在这里，你可以放置当 MoveRight 操作被触发时激活的行为。

在事件图表中，右键单击并通过名称搜索你的行为 MoveRight，将 InputAxis MoveRight 事件放入这个图表，如图 20.8 所示。

图 20.8

Axis Events 下显示的 Axis mappings。这里也有 Axis Values 函数和 Pawn 函数，但是这些函数不是现在查找的函数

一旦有了 Axis Event，你可以查询 Axis 值并将它转换为移动。为此，你需要更多的蓝图节点，从 Add Movement Input 开始。这个函数和 MovementComponent 一起使用解析一个值和一个移动 Pawn 的世界空间方向。

通过连接 InputAxis MoveRight 事件的执行引脚和返回的 Axis Value 到 Add Movement Input，MovementComponent 可以采用用户的输入并将 Pawn 向一个世界空间方向移动。

因为想让宇宙飞船根据输入向左或向右移动，你需要采用来自 Pawn 的向右轴的 vector。

你可以使用 Get Actor Right Vector 节点来获得这个 vector，将它的 Return Value 连接到 Add Movement Input 的 World Direction，如图 20.9 所示。

图 20.9

Add Movement Input
的最终节点图

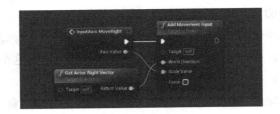

▼ 自我尝试

连接 MoveRight Axis Mapping 到 Pawn 的移动

通过使用 MoveRight axis mapping，Pawn 需要知道如何解析来自这个映射的值。根据下列步骤连接告诉 Pawn 如何根据玩家输入移动的简单节点图。

1. 在内容浏览器中，找到 Blueprints 文件夹并双击 "Hero_Spaceship Pawn" 的蓝图类打开蓝图类编辑器。

2. 右键单击事件图表中的空白区域，在搜索框中输入 "moveright"。

3. 从搜索结果中选择 "Axis Events > MoveRight"。

4. 单击并拖曳 InputAxis MoveRight 事件节点的 exec 输入引脚并放置一个 Add Movement input 节点。

5. 连接 InputAxis MoveRight 事件节点的 Axis Value 输出引脚到 Add Movement Input 节点的 Scale Value 输入引脚。

6. 单击并拖曳 Add Movement Input 节点的 World Direction 输入引脚，放置一个 Get Actor Right Vector 节点。

7. 在工具栏上，单击 "编译"，然后再单击 "保存"。

8. 当这个节点图都连接完成时，再次测试游戏。按下任何输入按键（A、D、向左键、向右键）或使用一个兼容的游戏手柄的左摇杆应该能够左右移动摄像机。

▲

Did you Know?

提示：　Default Pawn 的好处

在游戏中，你使用了 Add Movement Input，采用了世界方向。这个强大的函数可以在任何方向上移动 Pawn。但是，DefaultPawn 类为这种具体使用情况给你提供了一些方便的函数。尝试使用 DefaultPawn 类的 MoveRight 函数替代 Add Movement Input 和 Get Actor Right Vector。这将产生相同的结果，但是它可以保证节点图更加清晰，如图 20.10 所示。

图 20.10

替代设置，使用 Default
Pawn 类的 MoveRight
函数替代 Add Movement
Input 节点

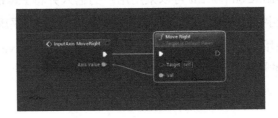

20.6　设置一个固定摄像机

现在，你的游戏有一个摄像机跟着 Pawn 到处移动。这是默认的，但是对于你想要制作的游戏，这是不正确的。相反，你想让摄像机保持固定，查看上面的宇宙飞船。你也不想当 Pawn 移动时摄像机移动。

为了解决这个难题，你可以使用 Camera Actor、View Target 和内置的 Player Controller 类来设置玩家看到的视图。这个设置可以在关卡蓝图中完成，但是这样做会让将游戏逻辑转到新关卡变得更加困难。相反，你会将这个摄像机逻辑绑定到一个 Game Mode。当游戏开始时，Game Mode 将为游戏生成一个摄像机，然后告诉 Player Controller 类使用那个新的摄像机。

在下一个自我尝试中，你将使用 BeginPlay 事件和 Spawn Actor from Class 节点来创建一个新摄像机并在将它设置为 PlayerController 类的 View Target 前，使用一个 Make Transform 节点放置它。

自我尝试

创建并设置一个固定位置的摄像机

根据下列步骤使用 ArcadeShooter_GameMode 来生成一个新摄像机并设置它为 PlayerController 类的 view target。

1．在内容浏览器中，找到 Blueprints 文件夹并双击"ArcadeShooter_GameMode"蓝图类打开蓝图类编辑器。

2．如果编辑器仅显示类默认值面板，在面板标题栏旁边单击"Open Full Blueprint Editor"。

3．在事件图表中，找到 Event BeginPlay 节点，如果不存在，右键单击并搜索 begin play 放置这个节点。

4．单击并拖曳 Event BeginPlay 节点的 exec 输出引脚并放置一个 Spawn Actor from Class 节点。

5．在 Spawn Actor from Class 节点上，单击 Select Class 处的向下箭头，选择"CameraActor"。

6．单击并拖曳 SpawnActor CameraActor 节点的 Spawn Transform 属性并放置一个 Make Transform 节点。

7．设置 Make Transform 节点的 Location 属性为 0.0, 0.0, 1000.0。

8．设置 Make Transform 节点的 Rotation 属性为 0.0, –90.0, 0.0。

9．在 SpawnActor CameraActor 节点右侧放置一个新的 Get Player Controller 节点。

10．单击并拖曳 Get Player Controller 节点的 Return Value 输出引脚并放置一个 Set View Target with Blend 节点。

11．连接 SpawnActor CameraActor 节点的 Return Value 输出引脚到 Set View Target with

Blend 节点的 New View Target 输入引脚。

12. 连接 SpawnActor CameraActor 节点的 Exec 输出引脚到 Set View Target with Blend 节点的 exec 输入引脚。图 20.11 展示了已经完成的 Game Mode 的 Event Graph。

图 20.11

已经完成的 Event Graph 在 Game Mode 中设置了一个固定摄像机

13. 在工具栏上，单击"编译"，然后单击"保存"。

14. 再次运行这个游戏测试。这时候，摄像机应该直接看向你的 Pawn，当输入按键按下时 Pawn 会左右移动。

20.7　小结

在这一章中，你学习了如何从零开始创建一个新的 UE4 项目和如何完成一个自定义关卡和 Game Mode。你学习了什么是 Pawn 和 Player Controller，及如何使用它们。你也学会了如何禁用 DefaultPawn 类的默认移动，如何通过项目设置面板连接自己的移动和输入。最终，你研究了在游戏中设置固定摄像机的一种方法。

20.8　问&答

问：为什么我应该将所有游戏逻辑放在一个 Game Mode 中，而不是在关卡蓝图中？

答：没有要求游戏逻辑必须被放在一个地方或另一个地方。相反，可以将这种分离看作是减少后续重复工作的一种方法。所有跨多个关卡共享的逻辑应该被放到一个 Game Mode 或单独的 Actor 中，而关卡相关逻辑（如导致门打开或灯打开的触发器）通常应该被放到关卡蓝图中。你可以将所有东西都放在关卡蓝图中，但是如果你决定制作一个新关卡，将所有逻辑都放在这里并更新，比主要使用一个 Game Mode 更加困难。

问：一个 Pawn 必须从 DefaultPawn 继承吗？

答：并不是！DefaultPawn 仅仅是一个比较方便的类，但是它的所有功能都可以通过一点工作被复制。UE4 也带有一些其他的比较方便的 Pawn 类，例如 Character 类，它包含了一个 Skeletal Mesh Component 和一些专用于运动的逻辑。

问：通过使用原始数字放置一个摄像机是很困难的。我是否必须使用这种方式生成一个摄像机？

答：不是。另一个选择是在关卡中放置一个摄像机，然后当调用 Set View Target with Blend

时在关卡脚本中引用它。将逻辑从 Game Mode 中带出去，让它变成关卡专用的，得到对摄像机更容易的美术方式的控制。

问：我不喜欢自己的 Pawn 移动的速度。可以改变吗？

答：当然可以。为了改变 Pawn 的移动速度，打开这个 Pawn 的蓝图类编辑器，并选择 MovementComponent。在细节面板中，设置控制 Pawn 的 Max speed（最大速度）、Acceleration（加速度）和 Deceleration（减速度）的 3 个 float 值。

问：我是否必须在 Hero_Spaceship Pawn 的蓝图类中仅使用一个 MeshComponent？

答：不是，你可以使用任意数量的组件来定义一个 Pawn 的视觉效果。如果你添加了一些组件（或者即使还保持是一个），你可能想要禁用 Static Mesh Component 的物理模拟。你可以通过单击单个组件并在细节面板中查找 Collision Presets 属性来改变碰撞预设。设置 Collision Presets 为 No Collision 确保最低的物理计算开销。确保 CollisionComponent 为 Pawn 预设并启用 Generate Overlap Events；如果你没有这么做，在下一章中的工作不会生效。另外，如果你禁用了任何 Static Mesh 或可见组件的碰撞，确保 CollisionComponent 的球体包围住了可见部分。

20.9 讨论

现在你完成了这一章的学习，检查自己是否能回答下列问题。

20.9.1 提问

1. 真或假：Pawn 是玩家或 AI 直接控制的 Actor。
2. 真或假：UE4 通过在内容浏览器中检测自动知道使用哪个 Game Mode。
3. 真或假：Action bindings 和 axis bindings 仅可用于固定名称 MoveRight。
4. 真或假：Axis bindings 用于持续按键输入，像按下一个按键或移动一个摇杆。

20.9.2 回答

1. 真。在场景中任何 AI 或玩家直接控制的 Actor 都被称为 Pawn。
2. 假。Game Mode 必须在项目设置面板或关卡的世界设置面板中被设置。
3. 假。任何字符串都可以被放入输入绑定的 Name 输入框并且使用。例如，你可以使用 Strafe 替换 MoveRight。
4. 真。任何你需要比一个简单的开关切换更多输入信息的时候，一个 axis binding 就是你应该做自己的行为映射的地方。

20.10 练习

在这一章的练习中，练习设置新的输入绑定来控制 Pawn，修改你的 Pawn 并自定义你的关卡。将你的 Pawn 的左右移动连接到光标输入中，添加墙壁或其他装饰到关卡，然后让地板和墙壁不可见。为这一章中的相同项目和关卡完成下列步骤的设置。

1. 选择"项目设置> Input"，并在 Move Right 绑定中，添加一个新轴。

2. 设置新轴为 Mouse X 和 Scale 属性为 1.0。

3. 预览你的游戏查看鼠标如何影响 Pawn 的位置。

4. 在 Pawn 的蓝图类编辑器中选择 Pawn 的 MovementComponent。

5. 修改 MovementComponent 的 Max Speed 和 Acceleration 设置改变 Pawn 的移动速度。

6. 选择关卡的地板，按 Ctrl+W 组合键复制几次。

7. 放置复制出的地板围绕到关卡的左侧和右侧，阻挡 Pawn 离开摄像机的视图。

8. 选择所有复制出的地板，在 Rendering 分类中启用 Actor Hidden in Game 属性，当游戏运行时让所有这些地板不可见。

第 21 章

创建一个街机射击游戏：障碍物和可拾取物品

你在这一章内能学到如下内容。

> 创建一个障碍物基类。

> 让一个障碍物移动。

> 伤害 Pawn。

> 当玩家角色死亡时重新开始游戏。

> 创建一个生命值可拾取物品。

> 创建一个蓝图生成其他 Actor。

> 清除旧的障碍物。

在前一章中，你制作了一个新的 Game Mode 并创建了一个可以前后移动的宇宙飞船。然而，目前你的游戏还不是真正的游戏。为了改变这一点，在这一章中，你将通过引入障碍物给这个游戏带来一些挑战，障碍物可以伤害和摧毁你的宇宙飞船。你也将创建新方法让玩家从受伤中恢复。在这一章中，你将学习如何创建一个 Obstacle 蓝图类，你的障碍物将继承自它，如何设置 Pawn 接受伤害，如何创建一个可拾取物品蓝图类来治愈那些伤害，如何创建一个 Spawner 蓝图类自动创建你的各种 Actor。

注意：第 21 章项目设置

这一章中你将继续使用你在"第 20 章"中的 ArcadeShooter 项目。如果你喜欢，作为一个开始点，你也可以使用本书提供的 Hour_20 文件夹中的 H20_ArcadeShooter 项目（可以从本书官网下载）。

在你结束本次课程后，将结果与本书提供的 Hour_21 文件夹中的 H21_ArcadeShooter 项目比较。

By the Way

21.1　创建一个障碍物基类

你的游戏需要用一些东西来给玩家带来挑战。障碍物有许多形状和形式，一些仅仅是扮演阻挡玩家继续前进的阻挡物的 Actor，其他的可以对玩家造成伤害或改变玩家的行为状态。制作一个宇宙飞船游戏，那么小行星应该是一个好的障碍物。你需要创建一个新的 Actor，在游戏世界中有一个 Static Mesh 组件显示它是什么，一个碰撞组件与玩家的 Pawn 交互，以及上下移动并越过玩家的能力。

因为可能想要在这个主题上制作一些变化，你应该利用了蓝图类继承的优势避免一次又一次地重写相同的游戏逻辑。因为定向移动是你需要的障碍物和可拾取物品的一个主要功能，你应该创建一个基类合并那种移动能力。在下面的自我尝试中，你将设置一个新的蓝图类，其中包含所有必要的组件，当你制作障碍物类时，将从它继承。

▼ 自我尝试

设置你的障碍物基类

一个障碍物可以像 Static Mesh 一样简单，也可以像自控导弹发射器一样复杂。有各种各样的选项，都需要相似的基础功能，所以你为移动和碰撞创建基础的必要的功能，后续再添加自定义逻辑。根据下列步骤设置你的障碍物基类。

1. 在内容浏览器中，找到 "Blueprints" 文件夹。

2. 在内容浏览器中右键单击并选择蓝图类。

3. 在弹出的选择父类窗口中，从常见类分类中选择 "Actor"。

4. 重命名这个新 Actor 蓝图类为 "Obstacle"，保存它并在蓝图类编辑器中打开。

5. 在组件面板中，添加一个新的 sphere collision component。

6. 确保 sphere collision component 是这个 Actor 的根组件，拖曳它到 DefaultScene Root 上。

7. 在球体碰撞组件的细节面板中，设置 Sphere Radius 属性为 50.0，设置 Collision Presets 属性为 Overlap All Dynamic。

8. 在组件面板中，添加一个新的 Sphere Static Mesh component。

9. 选择这个新的 Static Mesh component，当前的命名为 Sphere1，将它重命名为 StaticMesh。

10. 在这个 StaticMesh 的细节面板中，设置 Collision Presets 属性为 No Collision。

11. 在组件面板中，添加一个新的 Rotating movement component。

▲

让我们花点时间来看看在这次自我尝试中你做的所有事情。首先，你添加了一些组件，如图 21.1 所示，但是并不是它们所有都有明确的目的。

图 21.1

障碍物蓝图类的
组件

对于 Static Mesh Component，顾名思义你需要能够看到障碍物，所以需要使用一个网格模型来表现它。现在可以使用 UE4 的默认球体网格模型，但是你可以导入并使用任何 Static Mesh 来填充这个角色。

Sphere 碰撞组件是用来处理你需要的所有游戏碰撞和 Overlap 信息的地方。当你添加它时，将 Collision Presets 属性改为 Overlap All Dynamic。你想让 Actor 知道它什么时候与 Pawn 重叠，后面想让它知道它什么时候与其他障碍物重叠。因为想对这个球体做碰撞检测，而不是 Static Mesh，你需要设置 Static Mesh 组件的 Collision Presets 属性为 No Collision。

转到"第 4 章"，学习更多与 Collision Presets 属性相关的知识。

最后，你添加了一个 RotatingMovement 组件，这类似于在前一章中给你的 Pawn 添加的 floating Pawn Movement 组件。它是包含导致一个 Actor 在任意方向上旋转所必要的行为的一个组件。你将使用它和构造脚本导致障碍物在每次被创建时以一个随机方向旋转。

自我尝试

让每个障碍物都与众不同

如果你现在将障碍物放到关卡中，不会发生任何事情。如果你将它的许多复本放到关卡中，它们的外观和行为都完全一样。根据下列步骤使用 Rotating Movement 组件和构造脚本的能力来改变那种情况。

1．在内容浏览器中，找到 Blueprints 文件夹。

2．双击"Obstacle"蓝图类在蓝图编辑器中打开。

3．从组件面板拖曳 Rotating movement 组件到构造脚本创建这个组件的一个引用。

4．单击并拖曳这个 Rotating Movement 引用节点的输出引脚并放置一个 Set Rotation Rate 节点。

5．连接构造脚本节点的 exec 输出引脚到 Set Rotation Rate 节点的 exec 输入引脚。

6．在 Set Rotation Rate 节点下方放置一个 Random Rotator 节点。

7．连接 Random Rotator 节点的 Return Value 输出引脚到 Set Rotation Rate 节点的 Rotation Rate 输入引脚。

8．在我的蓝图面板中，创建一个新的 float 变量并命名为 Random Scale Min。

9．在我的蓝图面板中，创建一个新的 float 变量并命名为 Random Scale Max。

10．在工具栏上，单击"编译"。

11．在类默认值面板中设置 Random Scale Min 为 0.7。

12．在类默认值面板中设置 Random Scale Max 为 1.5。

13．单击并拖曳 Set Rotation Rate 节点的 exec 输出引脚并放置一个 Set Actor Scale 3D 节点。

14．在 Set Actor Scale 3D 节点下方放置一个 Random Float in Range 节点。

15．从我的蓝图面板中，拖曳 Random Scale Min 变量到 Random Float in Range 节点的 Min 输入引脚上。

16．拖曳 Random Scale Max 变量到 Random Float in Range 节点的 Max 输入引脚上。

17．连接 Random Float in Range 节点的输出引脚到 Set Actor Scale 3D 节点的 New Scale 3D 输入引脚。一个 Float to Vector 转换节点自动被放置两个节点中间。

你现在修改了 RotatingMovement 组件，在每个障碍物 Actor 创建时选取一个随机旋转，并且使得障碍物 Actor 是它默认大小的 70%～150%，如图 21.2 所示。

图 21.2

障碍物蓝图类的构造脚本，为每个障碍物类实例设置随机旋转率和随机缩放比例

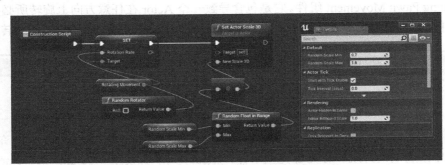

21.2　让你的障碍物移动

你不能通过使用一些旋转过但固定的小行星来制作一个特别的游戏。你需要让这些障碍物移动，因为你的游戏被锁定到一个轴，这个需求是相当简单的，但是仍然需要付出一点努力让一切顺利进行。

By the Way

注意：移动游戏世界

在这一章中，你将玩家约束到了一个轴上并移动游戏世界（或游戏世界中的元素）越过玩家。在一个完整充实的游戏中，你应该制作玩家的 Pawn 移动穿过平移的背景元素和粒子特效的假象。也可以通过让角色向前移动而不是移动游戏世界来制作这个游戏。

答案没有正确或错误之分，尽管有些时候"伪装"和移动游戏世界让行为和交互更易于处理。其他时候，实际上移动 Pawn 可以让关卡搭建更加容易，这取决于游戏世界的复杂性，可能更有效率。

对于 Pawn，你使用了一个飞行 Pawn 移动组件来处理它的运动。你的障碍物和可拾取物品不是 Pawn，并且真的只想要简单的移动。除了添加一个组件，你可以使用 Event Tick 事件来每帧向下移动障碍物，让它经过玩家。另外，你不想让所有的障碍物都以完全相同的速度移动，你需要通过构造脚本给每个小行星赋予不同的速度。

在下面的自我尝试中，你将使用一个 Event Tick 事件、一个 Random Float in Range 节点和 AddActorWorldOffset 节点让障碍物向前移动。

自我尝试

移动障碍物

障碍物 Actor 是静止的，根据下列步骤使用蓝图事件图表和构造脚本让它们移动。

1. 在内容浏览器中，找到 Blueprints 文件夹。

2. 双击 "Obstacle" 蓝图类在蓝图类编辑器中打开。

3. 单击 "事件图表"。

4. 在我的蓝图面板中，创建一个 Float 变量并命名为 Speed Min。

5. 在我的蓝图面板中，创建一个 Float 变量并命名为 Speed Max。

6. 在我的蓝图面板中，创建一个 Float 变量并命名为 Current Speed。

7. 在我的蓝图面板中，创建一个 Vector 变量并命名为 Movement Direction。

8. 在工具栏上，单击 "编译"。

9. 在类默认值面板中，设置 Speed Min 为 200。

10. 在类默认值面板中，设置 Speed Max 为 500。

11. 在类默认值面板中，设置 Movement Direction 为-1.0, 0.0, 0.0。

12. 单击并拖曳 Event Tick 节点的 Delta Seconds 输出引脚并放置一个 Float * Float 节点。

13. 拖曳 Current Speed 变量到 Float * Float 节点的第 2 个输入引脚上。

14. 单击并拖曳 Float * Float 节点的输出引脚并放置一个 Vector * Float 节点。

15. 拖曳 Movement Direction 变量到 Vector * Float 节点的 vector 输入引脚上。

16. 单击并拖曳 Event Tick 节点的 exec 输出引脚并放置一个 AddActorWorldOffset 节点。

17. 连接 Vector * Float 节点的输出引脚到 AddActorWorldOffset 节点的 Delta Location 引脚。

18. 单击 "构造脚本"。

19. 单击并拖曳 Set Actor Scale 3D 节点并放置一个 Set Current Speed 节点。

20. 在 Set Current Speed 节点下方放置一个 Random Float in Range 节点。

21. 拖曳 Speed Min 变量到 Random Float in Range 节点的 Min 输入引脚。

22. 拖曳 Speed Max 变量到 Random Float in Range 节点的 Max 输入引脚。

23. 连接 Random Float in Range 节点的 Return Value 输出引脚到 Set Current Speed 节点的 Current Speed 输入引脚。

你现在已经实现了障碍物的移动，流程如图 21.3 所示。

图 21.3

这里的事件图表和构造脚本一起导致你的障碍物 Actor 每帧在负 X 轴方向以随机速度移动。这个随机速度仅在每个 Actor 的构造时被计算一次。这意味着每个 Actor 都有一个独一无二的速度，但是单个Actor的速度将保持一致

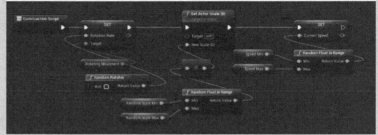

现在，每个障碍物都将有一个不同的速度，但是所有障碍物都在沿着 x 轴的相同方向上运动。放置一些障碍物 Actor 到关卡中，并通过 Play in Viewport 试玩这个游戏，所有障碍物都应该向着屏幕下方移动了。

你可能注意到了可以让宇宙飞船正好飞到障碍物中，但是没有发生任何事情。这是因为虽然这个飞船和障碍物发生了碰撞，但是你没有连接任何 Overlap 行为。

现在你已经在 Obstacle（障碍物）类中实现大部分可以共享的行为，你现在创建一个小行星（asteroid）类。在下面的自我尝试中，你将从 Obstacle 蓝图类继承创建一个新的蓝图类。

▼ 自我尝试

创建小行星子类

通过将大部分行为定义在 Obstacle 基类中，你可以通过继承来创建变体。根据下列步骤创建 Obstacle 类的 Asteroid（小行星）子类，并将 Static Mesh 改为匹配的模型。

1. 在内容浏览器中，找到"Blueprints"文件夹。

2. 在内容浏览器中右键单击并选择"蓝图类"。

3. 在弹出的选择父类窗口中，展开所有类分类，在搜索框中，输入 obstacle。

4. 从列表中选择"Obstacle"，单击窗口底部的"选择"。

5. 重命名新的 Obstacle 蓝图类为 Asteroid。

6. 双击 Asteroid 蓝图类在蓝图类编辑器中打开。

7. 在组件面板中，选择 "Static Mesh" 组件。

8. 在细节面板中，单击 Static Mesh 属性处的向下箭头，然后搜索 sm_rock 并选择 SM_Rock。

9. 单击 Element 0 Material 属性旁边的黄色 Reset to Base Material 箭头重置分配给 Static Mesh 的材质为默认材质。

10. 设置 Static Mesh 组件的 Location 属性为 0.0, 0.0,–30.0。

11. 设置 Static Mesh 组件的 Scale 属性为 0.5, 0.5, 0.3。

现在我们基于源 Obstacle 蓝图类创建了一个新的蓝图类。你给了它一个石块 Static Mesh 和一个用于碰撞的简单球体，因为你想使用这个 Sphere 组件进行所有碰撞检测。在前面的自我尝试中，需要确保它完全包住石块。除了重设碰撞球体的大小以适应石块模型，你可以将石块缩小以填充到球体碰撞的碰撞边界内。通过这样做，你已经可以确定小行星的碰撞和 Static Mesh 不存在很大的差异。

21.3 伤害 Pawn

制造伤害或减少生命值是视频游戏中的一个常见概念。一些游戏有复杂的系统用于再次恢复健康值，通过一个移动比例的效果和可视化效果及用户界面来显示角色的健康值。其他游戏是 "一击必杀" 游戏，通常玩家会有很多生命数或机会再次尝试。一些游戏根据基于状态的伤害将这些概念混合到一起。

对于这个游戏，你想要让玩家被伤害一次，但是如果玩家角色被再次伤害，这个玩家角色就会死亡。后续将引入一个治愈选项，让玩家可以再次恢复健康值。因为你将使用 Obstacle 类作为可拾取物品和小行星的基类，你需要有一种方式来区分这两种物品。为了设置伤害状态，你需要在 Pawn 上添加一个属性，监视玩家是否受伤，并且需要使用一些东西将那个属性显示给玩家。在下面的两个自我尝试中，你将设置 Pawn 有伤害状态，并且让 Asteroid 类知道它什么时候击中了 Pawn。

自我尝试

准备一个伤害状态和一个 TakeDamage 函数

宇宙空间是一个很危险的空间。你的 Pawn 需要知道它什么时候受伤，需要能够将那个伤害传达给玩家。根据下列步骤准备事件图表，最终结果如图 21.4 所示。

1. 在内容浏览器中，找到 Blueprints 文件夹。

2. 双击 "Hero_Spaceship" 蓝图类。

3．在我的蓝图面板中，创建一个新的 Boolean 变量并命名为 Is Damaged。

4．在工具栏上，单击"编译"。

5．确保 Is Damaged 的默认值被设置为 False。

6．在组件面板中，添加一个新的 Particle System component 并命名为 Damage Particle System，创建用于当宇宙飞船被摧毁时显示的粒子系统。

7．设置 Damage Particle System 的 Template 属性为 P_Fire。

8．设置 Damage Particle System 的 Auto Activate 属性为 False。

9．在我的蓝图面板中，单击"Add New"按钮创建一个新函数，并命名这个函数为 Take Damage。

10．在我的蓝图面板中，双击"Take Damage"函数打开这个函数的事件图表。

11．单击并拖曳 Take Damage 节点的 exec 输出引脚并放置一个 Branch 节点。

12．拖曳 Is Damaged 变量到 Branch 节点的 Condition 输入引脚。

13．单击并拖曳 Branch 节点的 False 引脚并放置一个 Set Is Damaged 节点。

14．设置 Set Is Damaged 节点的输入引脚为 True。

15．拖曳 Damage Particle System 并将它放在 Set Is Damaged 节点的右侧。

16．单击并拖曳 Damage Particle System 引用节点的输出引脚并放置一个 Activate 节点。

17．连接 Set Is Damaged 节点的 exec 输出引脚到 Activate 节点的 exec 输入引脚。

18．在工具栏上，单击"编译"，然后单击"保存"。

图 21.4

Take Damage 函数。无论 Pawn 什么时候接受到伤害，这个函数就被调用，这个 Pawn 检测它是否已经受到伤害，如果不是，在激活 damage Particle System 前，设置 Damage 变量为 True。

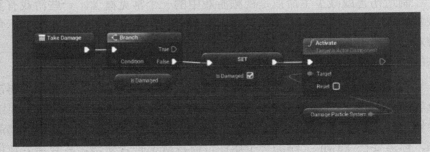

你已经为伤害状态完成了准备工作。现在，如果单击 Play，没有任何新事情发生。所以，你需要开始连接小行星 Actor 导致 Pawn 受到伤害。为此，可以使用两个节点 Event ActorBeginOverlap 和 Cast To，这些事件将让小行星决定它什么时候接触到了角色。Event ActorBeginOverlap 工作起来就像 Event Begin Play 或 Event Tick，只是它仅仅在一个 Actor 与另一个 Actor 重叠时触发。它提供了与之重叠的 Actor 的一个引用，但是你需要一种很好的方法来确定它是其中一个小行星，这就是 Cast To 节点使用的地方。

Cast To 节点集将一个目标对象转换为你尝试访问的指定类。当放置一个 Cast To 节点时，你必须选择一个指定类，如 Cast To Pawn 或 Cast To Game Mode。然后 Cast To 节点尝试转换目标对象为具体类型。如果这个对象属于这个指定类（或继承自这个指定类），则转换成功。

如果目标对象被解释为某个指定类（也就是说，条件为 True），Cast To 节点将通过 Success exec 引脚继续执行，并以请求的类返回这个对象。此时，这个请求的类专用的变量和函数可以使用。

如果目标对象不能被解释为这个指定类，Cast To 节点将通过 Failed exec 引脚继续执行，返回的对象是一个空引用指针。

重要的是注意使用 Cast To 节点不会转换出额外的数据。将 Cast To 节点看作是给你提供相同但解释方法不同的对象，这会很有帮助。目标对象与它被转换为一个不同的类前仍然是完全相同的，只有返回的引用可能知道关于那个对象或多或少的东西。

例如，Hero_Spaceship 继承自 Actor 类，但是 Actor 类中不存在名为 Take Damage 额度函数。因为 Event ActorBeginOverlap 以一个 Actor 引用返回重叠 Actor，你需要使用 Cast To Hero_Spaceship 将它解释为 Hero_Spaceship。一旦有一个 Hero_Spaceship 的 Pawn 的引用，你就可以在它上面调用 Take Damage 函数。任何被重叠但不是宇宙飞船的 Actor 会安全地被忽略。

在下面的自我尝试中，使用 Event ActorBeginOverlap 和 Cast To Hero_Spaceship 节点在 Hero_Spaceship 上触发 Take Damage 函数。

▼ 自我尝试

处理 Overlap

Asteroid Actor 需要在它们与 Pawn 重叠时调用 Take Damage 函数，它们也需要能够销毁自身。根据下列步骤准备事件图表，让它看起来如图 21.5 所示。

1. 在内容浏览器中，找到 Blueprints 文件夹。

2. 双击"Asteroid"蓝图类。

3. 单击"事件图表"。

4. 单击并拖曳 Event Actor Begin Overlap 节点的 Other Actor 输出引脚并放置一个 Cast To Hero_Spaceship 节点。

5. 确保 Event ActorBeginOverlap 节点的 exec 输出引脚连接到 Cast To Hero_Spaceship 节点的 exec 输入引脚。

6. 单击并拖曳 Cast To Hero_Spaceship 节点的 As Hero Spaceship 输出引脚并放置一个 Take Damage 节点。

7. 确保 Cast To Hero_Spaceship 节点的 exec 输出引脚连接到 Take Damage 节点的 exec 输入引脚。

8. 单击并拖曳 Take Damage 节点的 exec 输出引脚并放置一个 Spawn Emitter at Location 节点。

9. 设置 Spawn Emitter at Location 节点的 Emitter Template 输入引脚为 P_Explosion。

10. 在 Spawn Emitter at Location 节点下方放置一个 GetActorLocation 节点。

11. 连接 GetActorLocation 节点的 Return Value 输出引脚到 Spawn Emitter at Location 节点的 Location 引脚。

12. 单击并拖曳 Spawn Emitter at Location 节点的 exec 输出引脚并放置一个 DestroyActor 节点。

13. 在工具栏上，单击"编译"，然后单击"保存"。

14. 放置一些 Asteroid Actor 到关卡中的 Player Start 前。

15. 在关卡工具栏中单击"Play in Viewport"按钮以测试。当小行星与 Hero_Spaceship Pawn 重叠时，它们会爆炸并消失，宇宙飞船着火。

图 21.5

Asteroid 蓝图类的 Event ActorBeginOverlap 节点。无论什么时候另一个 Actor 与这个小行星重叠，它首先转换为 Hero_Spaceship 蓝图类。如果它成功转换为 Hero_Spaceship 类，Hero_Spaceship 通过 Take Damage 函数受到伤害，小行星在销毁自身前生成一个爆炸粒子发射器

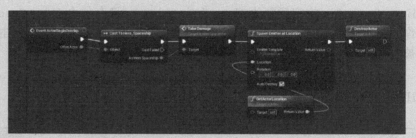

Watch Out!

警告：障碍物放置高度

如果小行星不能与飞船碰撞，这应该是因为它们和 Pawn 不在相同的垂直高度。修复这个问题最简单的方法是将你的 Asteroid Actor 沿 Z 轴方向升高，使它和你的 Pawn 在相同的高度。

21.4 在死亡时重新开始游戏

目前在你的游戏中，伤害仅仅是表面上的。无论玩家轻率地撞到了多少障碍物，宇宙飞

船永远也不会被摧毁。为了改正这个设计瑕疵，需要修改 Take Damage 函数创建一个死亡状态。然后可以使用一个计时器和 Game Mode 的 Restart Game 函数重新开始这个关卡。

注意：计时器

有时候有必要有一个函数或一个事件在一段具体指定的间隔时间后激活。使用一个计时器是指定次数激活行为的一种方便的方法。例如，在宇宙飞船爆炸后，你想要在重新开始游戏前等待一小段时间。通过使用一个计时器，你可以确保玩家有时间观看你的粒子特效，并明白在触发 RestartGame 函数前发生了什么。

在蓝图中，你可以以两种方法设置计时器。例如，你可以使用 Set Timer by Function 节点通过名称触发指定函数。或者将一个自定义事件连接到 Set Timer by Event 节点。一个计时器花费一个设定的 float 时间控制在触发它的行为前计时器等待多久。

计时器也可以通过这两个函数上的一个 Boolean 值被设置为循环启动。

在下面的自我尝试中，你将创建一个新的 On Death 函数，当宇宙飞船受到太多伤害时调用，使用一个计时器在通过 Game Mode 重新启动游戏前等待几秒。

▼ 自我尝试

创建一个死亡状态

在宇宙飞船撞上两个小行星后，你想让这个宇宙飞船爆炸，游戏重新开始。根据下列步骤将事件图表准备为如图 21.6 中所示。

1. 在内容浏览器中，找到 Blueprints 文件夹。

2. 双击"Hero_Spaceship"蓝图类。

3. 在我的蓝图面板中，单击"Add New"按钮创建一个新函数并命名这个新函数为 On Death。

4. 在我的蓝图面板中，双击"On Death"函数打开这个函数的事件图表。

5. 单击并拖曳 On Death 节点的 exec 输出引脚并放置一个 Spawn Emitter at Location 节点。

6. 在 Spawn Emitter at Location 节点下方放置一个 GetActorLocation 节点。

7. 连接 GetActorLocation 节点的 Return Value 输出引脚到 Spawn Emitter at Location 节点的 Location 输入引脚。

8. 单击并拖曳 Spawn Emitter at Location 节点的 exec 输出引脚并放置一个 Set Actor Hidden In Game 节点。

9. 设置 Set Actor Hidden In Game 节点的 New Hidden 输入引脚为 True。

10. 单击并拖曳 Set Actor Hidden In Game 节点的 exec 输出引脚并放置一个 Set Actor Enable Collision 节点。

11．单击并拖曳 Set Actor Enable Collision 节点的 exec 输出引脚并放置一个 Set Timer by Function Name 节点。

12．在 Set Timer by Function Name 下方放置一个 Get Game Mode 节点。

13．连接 Get Game Mode 节点的 Return Value 引脚到 Set Timer by Function Name 节点的 Object 输入引脚。

14．设置 Set Timer by Function Name 节点的 Function Name 输入为 RestartGame。

15．设置 Set Timer by Function Name 节点的 Time 输入为 3.0。

16．在我的蓝图面板中，双击 Take Damage 函数打开这个函数的 Event Graph。

17．单击并拖曳 Branch 节点的 True exec 引脚并放置一个 On Death 节点。

18．在关卡编辑器工具栏上，单击"Play In Viewport"按钮测试。当小行星 Actor 与 Hero_Spaceship 碰撞时，它们应该爆炸并消失，宇宙飞船着火。在第 2 次碰撞后，宇宙飞船应该爆炸并消失，过 3 秒后，游戏重新开始。

图 21.6

Hero_Spaceship 蓝图类的 On Death 和 Take Damage 函数。On Death 函数使用一个计时器调用 Game Mode 内置的 RestartGame 函数。在 Take Damage 函数中，On Death 节点被放置在 Branch 节点的 True 引脚后。这意味着 Take Damage 首先检查这个 Pawn 是否已经受到伤害，如果是，则调用 On Death 函数

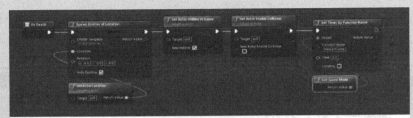
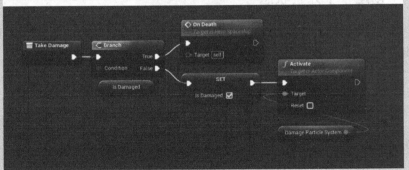

21.5 创建一个治疗可拾取物品

你已经为玩家角色创建了一种受到伤害的方法，但是没有对玩家角色受到伤害后的治疗做任何事情。在这一节中，你将复制 Asteroid 类并快速做一些小修改让它成为一个治疗可拾取物品。

前面创建的 Asteroid 类和治疗可拾取物品的主要区别是它接触到一个 Pawn 时如何响应。运动、旋转和碰撞所有这些都保持相同。因此，不是从零开始重新制作所有东西，可以通过从你在本章较前部分创建的 Obstacle 类继承开始。

在下一个自我尝试中，你将创建一个继承自 Obstacle 类的 Health_Pickup 类，然后对它的视觉效果和 Construction Script 变量做一些更改。

自我尝试

添加一个治疗可拾取物品

你的 Pawn 很难保持活着的状态。制作一个修复包可拾取物品熄灭火焰。根据下列步骤从创建一个蓝图类和在球体内创建一个 X 形状开始。

1. 在内容浏览器中，找到 Blueprints 文件夹。

2. 在内容浏览器中右键单击并选择"蓝图类"。

3. 在弹出的选择父类窗口中，展开所有类分类，在搜索框中输入 Obstacle。从类列表中选择 Obstacle，单击窗口底部的 Select。

4. 重命名这个新的 Obstacle 蓝图类为 Health_Pickup。

5. 在类默认值面板中，设置 Random Scale Min 默认值为 1.0。

6. 在类默认值面板中，设置 Random Scale Max 默认值为 1.0。

7. 如果编辑器只显示类默认值面板，在面板标题栏下方的提示中单击 Open Full Blueprint Editor 链接。

8. 在组件面板中，通过 Add Component 下拉列表添加两个立方体 Static Mesh。

9. 选择第 1 个立方体 Static Mesh 组件并设置它的变换 Scale 属性为 0.2, 0.2, 0.6。

10. 选择第 2 个立方体 Static Mesh 组件并设置它的变换 Scale 属性为 0.6, 0.2, 0.2。

Health_Pickup 类现在存在了，但是它不能被用户识别，因为它看起来就像是一个普通的球。你需要创建一些特殊的材质更好地传达这个可拾取物品的目的。

自我尝试

为可拾取物品创建材质

现在 Health_Pickup 可拾取物品的功能对于用户来说还是不够直观。你可以创建两个新材质来改变这个状况——一个用于球体边界和一个里面的叉模型。根据下列步骤准备你的材质 Event Graph，让它们如图 21.7 所示。

1. 在内容浏览器中，在根目录创建一个新文件夹并命名为 Pickups。

2. 在内容浏览器中右键单击并选择"Material"。

3. 重命名这个新材质为 M_Pickup_Orb。

4. 双击"M_Pickup_Orb"在材质编辑器中打开。

5. 在细节面板中，设置 Blend Mode 属性为 Translucent。

6. 在细节面板中，设置 Shading Model 属性为 Unlit。

7. 在材质事件图表中，右键单击并放置一个 Constant3Vector 节点。

8. 连接 Constant3Vector 节点的输出引脚到 M_Pickup_Orb 输出节点的 Emissive Color 引脚。

9. 在细节面板中，设置 Constant3Vector 节点的 Constant 属性为 0.0, 10.0, 0.0。

10. 在材质事件图表中，右键单击并放置一个 Fresnel 节点。

11. 连接 Fresnel 节点的输出引脚到 M_Pickup_Orb 输出节点的 Opacity 引脚。

12. 在工具栏上，单击"Save"。

13. 在内容浏览器中右键单击并选择"Material"。

14. 重命名这个新材质为 M_Pickup_Cross。

15. 双击"M_Pickup_Cross"在材质编辑器中打开。

16. 在材质事件图表中，右键单击并放置一个 Constant3Vector 节点。

17. 连接 Constant3Vector 节点的输出引脚到 M_Pickup_Cross 输出节点的 Base Color 引脚。

18. 在细节面板中，设置 Constant3Vector 节点的 Constant 属性为 0.0, 1.0, 0.0。

19. 在工具栏上，单击"Save"。

图 21.7

M_Pickup_Orb 和
M_Pickup_Cross
的材质事件图表和
属性

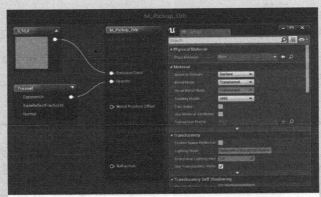
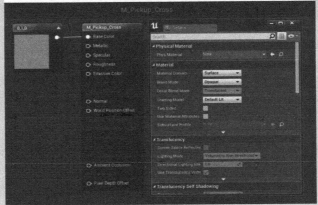

你已经创建了新材质，但是仍然需要将它们分配给 Health_Pickup 蓝图类中的 Static Mesh 组件。

应用可拾取物品材质

这些材质已经被创建完毕，但是它们仍然需要被应用到 Health_Pickup 蓝图类中的不同 Static Mesh 组件上以获得如图 21.8 所示的视觉效果。根据下列步骤操作。

1. 在内容浏览器中，找到 Blueprints 文件夹。
2. 双击 "Health_Pickup" 蓝图类。
3. 在组件面板中，选择 "StaticMesh" 组件。
4. 设置 Element 0 Material 为 M_Pickup_Orb。
5. 在组件面板中，选择第 1 个 Cube 组件。
6. 设置 Element 0 Material 为 M_Pickup_Cross。
7. 在组件面板中，选择 Cube1 组件。
8. 设置 Element 0 Material 为 M_Pickup_Cross。
9. 在工具栏上，单击 Compile，然后单击 "Save"。

图 21.8

将相应材质分配给每个 Static Mesh 组件后的治疗可拾取物品

现在处理了视觉效果，下一步是添加游戏逻辑让 Health_Pickup 改变 Pawn 的 Is Damaged 状态。你可以遵循与处理伤害的小行星一样的模式，只是这一次将创建一个 Heal Damage 函数来将 Is Damaged 变量设置为 False，并禁用 Damage Particle System 组件。

在下面两个自我尝试中，你将创建 Heal Damage 函数，Pawn 需要用它来治疗自己并禁用火焰粒子，然后使用 Health_Pickup 蓝图类的 Event ActorBeginOverlap 来调用那个 Heal Damage 函数。

创建 Heal Damage 函数

通过创建新的 Health_Pickup 和适当的移动，你需要设置函数来修理飞船。根据下列步骤准备事件图表，让它如图 21.9 所示。

1. 在内容浏览器中，找到 Blueprints 文件夹。

2. 双击"Hero_Spaceship"蓝图类。

3. 在我的蓝图面板中，单击"Add New"创建一个新函数并命名为 Heal Damage。

4. 在我的蓝图面板中，双击"Heal Damage"函数打开这个函数的节点图。

5. 单击并拖曳 Heal Damage 节点的 exec 输出引脚并放置一个 Set Is Damaged。

6. 确保 Set Is Damaged 节点的 Is Damaged 输入引脚被设置为 False。

7. 拖曳 Damage Particle System component 放到 Set Is Damaged 节点的右侧。

8. 单击并拖曳 Damage Particle System 引用节点的输出引脚并放置一个 Deactivate 节点。

9. 连接 Set Is Damaged 节点的 exec 输出引脚到 Deactivate 节点的 exec 输入引脚。

10. 在工具栏上，单击"编译"，然后单击"保存"。

图 21.9

Hero_Spaceship
蓝图类的 Heal
Damage 函数的
事件图表

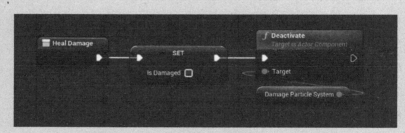

随着 Heal Damage 函数完成，可拾取物品现在知道什么时候应该在 Pawn 上调用 Heal Damage 函数了。

▼ 自我尝试

当重叠时调用 Heal Damage 函数

这个 Pawn 现在有能力治疗自身了，Health_Pickup 蓝图类需要能够告诉 Pawn 它应该在什么时候被治疗。根据下列步骤准备你的事件图表，让它如图 21.10 所示。

1. 在内容浏览器中，找到 Blueprints 文件夹。

2. 双击"Health_Pickup"蓝图类。

3. 单击"事件图表"。

4. 单击并拖曳 Event Actor Begin Overlap 节点的 Other Actor 引脚并放置一个 Cast To Hero_Spaceship 节点。

5. 确保 Event ActorBeginOverlap 节点的 exec 输出引脚被连接到 Cast To Hero_Spaceship 节点的 exec 输入引脚。

6. 单击并拖曳 Cast To Hero_Spaceship 节点的 As Hero Spaceship 输出引脚并放置一个 Heal Damage 节点。

7. 确保 Cast To Hero_Spaceship 节点的 exec 输出引脚被连接到 Heal Damage 节点的 exec 输入引脚。

8. 单击并拖曳 Heal Damage 节点的 exec 输出引脚并放置一个 DestroyActor 节点。

9. 在工具栏上，单击"Compile"，然后单击"Save"。

10. 在关卡中 Player Start 前放置一个 Asteroid Actor，然后在远处放置一个 Health_Pickup Actor。

11. 在关卡工具栏中，单击"Play In Viewport"按钮测试。当 Asteroid Actor 重叠 Hero_Spaceship 时，宇宙飞船着火，然后当 Health_Pickup 与 Hero_Spaceship 碰撞时，火焰熄灭。

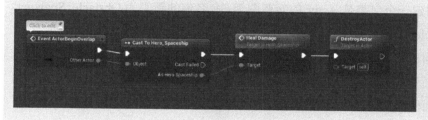

图 21.10

Health_Pickup 类的 Event ActorBegin Overlap Event Graph，当这个 Actor 与 Hero_Spaceship Pawn 重叠时，触发 Heal Damage 函数

21.6 创建一个 Actor Spawner

此时，你可以通过放置一系列小行星和可拾取物品到一个固定关卡中来创建一个游戏。这是一种搭建关卡的有效方法，并且许多伟大的游戏都是用手动放置的元素来创造精心制作的用户体验。然而，在这种情况下，你想要使用一种低劳动密集型的方法来建立一个关卡。

这样做的一个简单方法是创建一个专用于生产其他 Actor 的蓝图类。这个"Spawner"蓝图处理新 Actor 被引入的频率，以及什么时候随机选择不同类型的元素。在游戏中，你需要随机生成小行星或治疗可拾取物品。

创建一个系统在生成新 Actor 之间等待一段随机（但是是可控的）时间，继续这样做会有点难处理。有多种解决方案，如使用计时器和事件或函数，或使用递归函数。一个简单的方法是建立自己的倒计时器并使用 Event Tick 事件来检查你是否需要生产一个新对象。这个设想是一个 float 变量存储随机创建的倒计时时间，每次 tick，给它减去这一帧的时间。一旦变量到 0，它生成一个 Actor 并设置倒计时回一个新的随机时间。这个过程会无限继续下去。这个系统的问题是性能密集的，当频繁使用时可以在游戏中导致实际的性能问题。它也很难维持。一个基于 Tick 的倒计时处理起来很简单，但是随着游戏的规则变得越来越复杂，如果所有逻辑都在一个 Event Tick 中完成，管理游戏流程就变得很困难。

你可以使用 Set Timer by Function Name 节点和一个自定义函数来创建一个逻辑无限流动的 Actor，而不是建立一个基于 Tick 的模式。在下面两个自我尝试中，你将创建一个蓝图类生产其他 Actor 并随机决定生产哪个。你将创建一个新函数使用 Set Timer by Function Name

来持续生产新的 Actor。

▼ **自我尝试**

准备 Spawn 函数

你的游戏中有要躲避的 Actor 和作为目的的 Actor，但是手动放置它们会很痛苦。你可以让 UE4 帮你完成这项繁重的工作。根据下列步骤准备你的事件图表，让它看起来如图 21.11 所示。

1. 在内容浏览器中，找到 Blueprints 文件夹。

2. 右键单击并创建一个父类是 Actor 的新蓝图类。命名你的新类为 Obstacle_Spawner。

3. 双击"Obstacle_Spawner"蓝图类。

4. 在我的蓝图面板中，创建一个新的 float 变量并命名为 Spawn Time Min。

5. 在我的蓝图面板中，创建一个新的 float 变量并命名为 Spawn Time Max。

6. 在我的蓝图面板中，创建一个新的 float 变量并命名为 Health Pickup Probability。

7. 在工具栏上，单击"编译"。

8. 在类默认值面板中，设置 Spawn Time Min 为 5.0。

9. 在类默认值面板中，设置 Spawn Time Max 为 10.0。

10. 在类默认值面板中，设置 Health Pickup Probability 为 0.1。

11. 在我的蓝图面板中，单击"Add New"创建一个新函数，并命名新函数为 Spawn。

12. 在事件图表中，单击并拖曳 Event BeginPlay 节点的 exec 输出引脚并放置一个 Set Timer by Function Name 节点。

13. 设置 Set Timer by Function Name 节点的 Function Name 输入引脚为 Spawn。

14. 在 Set Time by Function Name 节点下方放置一个 Random Float in Range 节点。

15. 拖曳 Spawn Time Min float 变量到 Random Float in Range 节点的 Min 输入引脚上。

16. 拖曳 Spawn Time Max float 变量到 Random Float in Range 节点的 Max 输入引脚上。

17. 连接 Random Float in Range 节点的 Return Value 输出引脚到 Set Timer by Function Name 节点的 Time 输入引脚。

18. 在工具栏上，单击"编译"，然后单击"保存"。

图 21.11

Obstacle_Spawner 蓝图类的 Event BeginPlay 事件，经过指定的最小值和最大值之间的一个随机时间调用 Spawn 函数

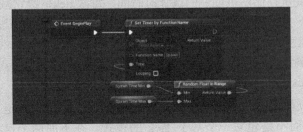

　　此时，Spawn 函数没有包含任何逻辑，如果你测试游戏，什么都没发生。你需要填充 Spawn 函数来创建 Actor 并无限持续。

选择哪个类生成

　　Spawn 函数还没有做任何事情，但是你可以使用一个 Branch 节点来决定生成哪个蓝图类，然后你可以设置一个计时器创建一个递归模式。根据下列步骤准备你的事件图表，让它看起来如图 21.12 所示。

1. 在内容浏览器中，找到 Blueprints 文件夹。

2. 双击 "Obstacle_Spawner" 蓝图类。

3. 在我的蓝图面板中，双击 Spawn 函数打开这个函数的事件图表。

4. 单击并拖曳 Spawn 节点的 exec 输出引脚并放置一个 Branch 节点。

5. 在 Branch 节点下方放置一个 Random Float 节点。

6. 单击并拖曳 Random Float 节点的 Return Value 输出引脚并放置一个 Float < Float 节点。

7. 拖曳 Health Pickup Probability 变量到 Float < Float 节点的第 2 个输入上。

8. 连接 Float < Float 节点的 Boolean 输出引脚到 Branch 节点的 Condition 输入引脚上。

9. 单击并拖曳 Branch 节点的 True exec 引脚并放置一个 Spawn Actor by Class 节点。

10. 设置 Spawn Actor by Class 节点的 Class 输入为 Health_Pickup。

11. 在 SpawnActor Health Pickup 节点下方放置一个 GetActorTransform 节点。

12. 连接 GetActorTransform 节点的 Return Value 输出引脚到 SpawnActor Health Pickup 节点的 Spawn Transform 输入。

13. 单击并拖曳 Branch 节点的 False exec 引脚并放置一个 Spawn Actor by Class 节点。

14. 设置 Spawn Actor by Class 节点的 Class 输入引脚为 Asteroid。

15. 在 SpawnActor Asteroid 节点下方放置一个 GetActorTransform 节点。

16. 连接 GetActorTransform 节点的 Return Value 输出引脚到 SpawnActor Asteroid 节点的 Spawn Transform 输入。

17. 单击并拖曳 SpawnActor Health Pickup 节点的 exec 输出引脚并放置一个 Set Timer by Function Name 节点。

18. 连接 SpawnActor Asteroid 节点的 exec 输出引脚到 Set Timer by Function Name 的 exec 输入引脚。

19. 设置 Set Timer by Function Name 节点的 Function Name 输入引脚为 Spawn。

20. 在 Set Time by Function Name 节点下方放置一个 Random Float in Range 节点。

21. 拖曳 Spawn Time Min float 变量到 Random Float in Range 节点的 Min 输入引脚上。

22. 拖曳 Spawn Time Max float 变量到 Random Float in Range 节点的 Max 输入引脚上。

23. 连接 Random Float in Range 节点的 Return Value 输出引脚到 Set Timer by Function Name 节点的 Time 输入引脚。

24. 在工具栏上，单击"编译"，然后单击"保存"。

25. 从关卡中移除所有 Asteroid Actor 或 Health_Pickup Actor。

26. 放置一些 Obstacle_Spawner Actor 到关卡中。

27. 在关卡编辑器工具栏上，单击"Play In Viewport"测试你的工作。在大约 5 秒后，Obstacle_Spawner Actor 应该开始生成 Asteroid 或 Health_Pickup Actor 了。

图 21.12

Obstacle_Spawner 蓝图类的 Spawn 函数，通过比较一个随机 float 值和一个设定的阈值决定要生成哪个蓝图类。当这个随机 float 值小于那个 probability 阈值时，Health_Pickup 蓝图类被生成；否则，Asteroid 蓝图类被生成。无论哪个蓝图类被创建，这个函数都会设置一个计时器在一个随机生成的时间后调用它自己

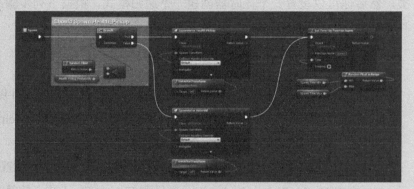

随着 Obstacle_Spawner 的完成，你不再需要手动放置小行星和治疗可拾取物品了。反而，在远离摄像机的地方，你可以放置多个 Obstacle_Spawner Actor 来创建可以生成 Obstacle 的各种地方。图 21.13 和图 21.14 展示了有可能的 Spawner 的放置和在游戏中的结果的样子。

图 21.13

Obstacle_Spawner Actor 的放置的例子，它们被分布在游戏空间中

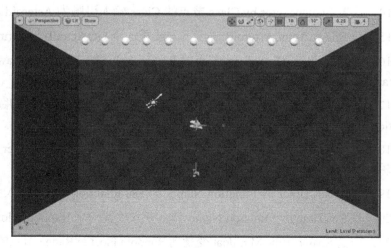

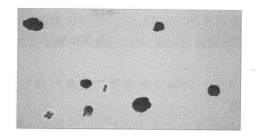

图 21.14

通过图 21.13 的 Obstacle_Spawner Actor 的放置后在游戏中的一个截图

自己尝试放置一些 Obstacle_Spawner 并试玩游戏。

21.7 清理旧的障碍物

现在你有可能生成无限数量的小行星和可拾取物品，由于在场景中出现太多小行星和可拾取物品，可能内存开始消耗光或出现性能问题。幸运的是，虚幻引擎让这样的情况很容易修复。

从模式面板中，放置一个新的 Kill ZVolume 到屏幕的底部边缘，让它横跨整个游戏区域。无论一个 Actor 什么时候进入一个 Kill ZVolume，那个 Actor 被销毁并清理，如图 21.15 所示。

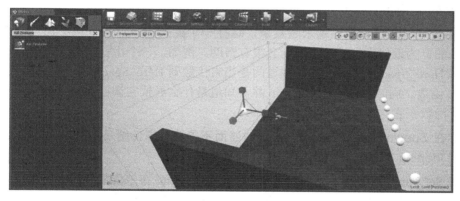

图 21.15

一个 Kill ZVolume 的放置例子，可以随着小行星离开屏幕，清理这些小行星

在放置一个 Kill ZVolume 后，单击"Simulate"确保你的小行星随着它们进入 Kill ZVolume 被清理。

21.8 小结

在这一章中，你学到了如何制作一系列可以与 Pawn 交互的蓝图类。你为游戏创建了一个伤害状态和一个治疗机制。你学到了如何以受控的随机方式生成 Actor，及当与 Actor 交互时销毁 Actor。此时，你有了一个包含主要功能的游戏和一个合适的框架基础。

21.9 问&答

问：我的小行星和可拾取物品没有与 Pawn 交互。为什么？

答：这里可能存在两个问题。首先，确认你的每个障碍物和可拾取物品有一个 Sphere 碰撞，并且它的 Collision Presets 属性被设置为 OverlapAll。然后也确认你的 Pawn 有碰撞。最后，检查确认 Pawn 和障碍物处于相同的高度，并且它们确实接触了。从一个自上而下的角度来看，这很难分辨出来。

问：我想要给 Health_Pickup Actor 的构造脚本添加更多特殊行为，但是我不想让 Asteroid Actor 被影响。我应该怎么做？

答： 有两种主要方法在相同的父类的多个子类之间实现这种分离。第 1 种方式类似于你禁用 Health_Pickup 的随机缩放的方法。这个缩放行为是在父类的构造脚本中实现的，但是设置了变量让不同的子类分别缩放，

另外，在 Health_Pickup 类的构造脚本节点图中，右键单击构造脚本节点并选择 Add Call to Parent Function。这将创建一个特殊的 Parent: Construction Script 节点。这个节点将在运行任何随后添加的特定子类行为之前运行所有父类的（例如，Obstacle 类）的 construction 行为。

问：为什么你在 Obstacle 中检测 Overlap，而不是在 Hero_Spaceship 蓝图中？

答： 尽管所有 Overlap 交互都应该在 Hero_Spaceship 蓝图中完成，但是那个方法是令人气馁的。问题是当你按照 Pawn 的模式检测是什么影响了它时，逻辑会变得非常难操控。为了从 Pawn 的视角处理两个相同的交互需要创建一个非常长而且稍显复杂的节点图，并通过一些 Branch 节点来处理不同的行为。

随着游戏开始变得越来越完整也越来越复杂，这样一个庞大的节点图变得更加难以维护。反而，让适当的行为近似它们的逻辑单元会很有帮助。例如，一个小行星并不知道它是用什么手段来伤害 Hero_Spaceship 的，它所知道的是当它接触到 Hero_Spaceship 时，它应该调用 Take Damage 函数。同时，Hero_Spaceship 并不知道是什么导致它调用 Take Damage，但是它知道当这个函数在它身上调用时它应该做什么。

问：为什么你在 Spawn 函数中使用另一个计时器而不是使用事件图表中的 Begin Play 上的计时器上使用 looping 布尔值？

答： 你可以在 Set Timer by Function Name 节点上使用 looping 布尔值替代再次在函数中调用计时器。这是可以完成的，但是结果稍微有点不同，Spawner 的每个实例在生成新 Obstacle 之间有不同的间隔时间，但是那些间隔时间是一致的。通过给每次 Spawn 函数调用设置一个新的随机事件，你可以确保 Obstacle_Spawner Acto 一直在随机间隔后创建新 Obstacle，创建要给更混乱的游戏。

21.10 讨论

花点时间复习并检查自己是否能回答下列问题。

21.10.1 提问

1. 真或假：rotating movement component 绕一个轴以设定速度旋转它所附加的 Actor。
2. 真或假：DefaultPawn 类包含处理自身伤害和健康值信息的逻辑。
3. 真或假：Cast To 节点仅可被用于转换 Actor 为其他 Actor。

4．真或假：Set Timer by Function Name 节点需要你尝试调用的函数的准确名称。

21.10.2　回答

1．真。但是，组件能够做更多。解锁这个组件的所有能力，绝对值得试一下。

2．假。DefaultPawn 类做了很多事情，但是它将健康值和伤害行为留给了你。

3．假。Cast To 节点可以用于所有类型。任何类型（如贴图、材质、粒子效果）都可以被转换为其他类型，只要它们共享了同一个通用类层次即可。

4．真。如果拼写不当，Set Timer by Function Name 节点就没办法猜测你想使用哪个函数；甚至在名称里面出现空格也会有影响。

21.11　练习

独立完成，考虑到你可以引入其他类型的可拾取物品和简单的基于碰撞行为的 Actor 到这个游戏中。然后使用你在第 20 章中和这一章中学到的知识创建一个可以摧毁小行星的 Obstacle，玩家可以通过按一个键将它射击出来。如果你感觉自己独立完成特别难，考虑改变光照和环境以更好地适配这个游戏的主题。

1．创建一个继承 Obstacle 类的新蓝图类，并命名为 Plasma_Bolt。

2．给 StaticMesh component 分配一个自定义材质。因为这应该是一个爆炸武器，考虑使用高自发光红色或电蓝色材质。

3．在你的新 Plasma_Bolt 蓝图类的 Class Defaults 面板中，将 Movement Direction Vector 从-1.0, 0.0, 0.0 改为 1.0, 0.0, 0.0。

4．设置 Random Scale Min 和 Random Scale Max 为 0.2。

5．设置 Speed Min 和 Speed Max 为 1000。

6．在这个 Obstacle 的事件图表中添加一个新的 Event ActorBeginOverlap 节点，并使用一个 Cast To Asteroid 节点检测它什么时候与一个小行星重叠。

7．当 Plasma_Bolt 与一个小行星重叠时，生成一个爆炸粒子发射器，使用 DestroyActor 将小行星和 Plasma_Bolt Actor 都销毁。

8．为射击行为创建一个新的输入绑定，绑定空格键和另一个键或手柄按钮给它。

9．在 pawn 的事件图表中，为你的行为绑定创建一个新事件。

10．从 Pressed exec 引脚，使用 SpawnActor 在相应位置生成 Plasma_Bolt Actor。

11．测试游戏，并使用第 8 步绑定的按键或手柄按钮射击那些让人讨厌的小行星！

第 22 章

使用 UMG

你在这一章内能学到如下内容。

➢ 使用 Unreal Motion Graphics（UMG）UI Designer。

➢ 创建一个控件蓝图。

➢ 制作一个 Start menu Game Mode。

➢ 制作一个菜单界面。

Unreal Motion Graphics UI Designer（UMG）是 UE4 中用来设计、动画、编写用户界面和 HUD 功能的一个编辑器。这一章将为你介绍 UMG 和如何创建一个开始菜单。

By the Way

注意：第 22 章的配置

对于这一章，使用飞行模板并包含初学者内容创建一个新项目。然后，在这个项目创建后，在内容浏览器中创建一个名为 StartMenuGame 的文件夹。

22.1 创建一个控件蓝图

有两种在蓝图中创建界面和 HUD 的方法。第 1 种是在分配给一个 Game Mode 的蓝图 HUD 类中编写代码。第 2 种是更加美好的方法，使用 UMG UI Designer。UMG 让你可以以交互的方式放置被称为控件的界面资源和使用蓝图编写代码。当你了解 UMG 的基础知识后，创建一个界面是相当容易的。

在开始使用 UMG 前，你需要创建一个控件蓝图，根据下面的自我尝试中的步骤进行操作。

创建一个控件蓝图资源

为了查看 UMG 界面，根据下列步骤创建一个控件蓝图资源：

1. 在这一章创建的 StartMenuGame 文件夹中右键单击，选择"Widget Blueprint"添加一个新的控件蓝图到 Content 文件夹中。

2. 命名这个新控件蓝图为 StartMenuWidget_BP。

3. 双击"StartMenuWidget_BP"在 UMG 中打开。

22.2 浏览 UMG 界面

UMG 界面有两种模式，如图 22.1 所示：用于放置如图像和文本这样的控件的设计师模式和用于蓝图编程添加功能的图表模式。UMG 第 1 次打开时，默认是在设计师模式。

图 22.1

UMG 模式

22.2.1 设计师模式

设计师模式下有一个控制板面板列出了所有可以使用的控件，按照它们的功能组织。如图 22.2 所示，层次结构面板显示了在界面中放置的所有控件。在层次结构面板中，你可以根据需要将控件附加到另一个控件上，或从其他控件上分离。这个控件蓝图的根是 Canvas Panel，并且所有放置了的空间都被附加给它。这里也有一个细节面板显示在界面中任何选中的已放置的控件属性。这个模式还有一个动画面板和一个时间轴用来创建、管理和编辑控件的动画。在设计师面板的中央，是通过从控制板面板拖曳元素放到设计师面板中创建界面布局的地方。

下列区域已经在图 22.2 中用数字标出了：1）工具栏；2）控制板面板；3）层次结构面板；4）设计师面板；5）细节面板；6）动画面板。

注意：默认根控件

> By the Way

在一个新的控件蓝图上，Canvas Panel 是可以附加控件的默认根控件。但是，你可以删除这个 Canvas Panel 并放置任何其他控件作为根控件。通常当那个控件蓝图将被用作为另一个控件蓝图的一部分时这样做。

图 22.2

UMG 设计师模式
界面

22.2.2　图表模式

图表模式是控件蓝图的蓝图编辑器，如图 22.3 所示。这是你为放置好的控件编写功能代码的地方，无论是函数还是事件序列。图表模式蓝图编辑器有一个我的蓝图面板，用来管理节点图、函数、宏、变量和事件调度器；一个细节面板，显示所选节点的属性；一个事件图表，用来编程。通常在设计师模式中放置的控件在这里显示为变量。

图 22.3

UMG 图表模式界面

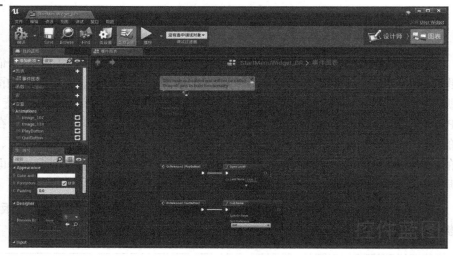

By the Way

注意：控件引用变量

　　如果在设计师模式中放置的控件没有在图表模式下显示为一个变量，但是如果你需要让它成为一个变量，可以回到设计师模式，选择这个控件，然后在设计师模式的细节面板中，选择 IsVariable 属性。

22.2.3　设置分辨率

设计师模式让你可以为正在创建的界面或 HUD 设置分辨率。虽然 UE4 能够将你的游戏缩放为目标平台支持的任何分辨率，但是界面应该被设计为常见分辨率和屏幕纵横比设置。

为了在设计师模式中为你的界面选取一个分辨率设置，选择右上角的"Screen Size"下拉列表，然后从常见分辨率预设列表中选择一个分辨率，如图 22.4 所示。

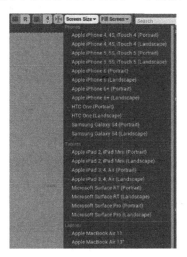

图 22.4

屏幕尺寸预设

当我们为 PC 或游戏机这样的目标平台开发一个游戏时，你永远无法确定终端用户将使用什么样的显示器，所以你应该假设界面适用于不同的屏幕分辨率和纵横比。表 22.1 显示了常见的预览分辨率（不是这个控件蓝图或项目的实际设置），因为分辨率将由最终用户的硬件决定。预览设置提供了一个"工作比例"来制作 UI。

表 22.1　　常见的纵横比和屏幕分辨率

纵 横 比	常见的分辨率
4∶3（1.33）	320×240、640×480、1024×768、2048×1536（HD）
16∶10（1.6）	1280×800、1440×900、2560×1600（UHD）
16∶9（1.77）	1280×720（HD）、1920×1080（HD）、3840×2160（4K UHD）

> **注意：分辨率设置** *By the Way*
>
> 　　不管平台的分辨率和纵横比是什么样的，在任何屏幕上左上角的坐标都是 0,0，X 是水平方向，Y 是垂直方向。HD 和 UHD 表示像素密度，它等于横向总像素乘以纵向总像素。例如，1280×720=921 600 像素。

> **注意：纵横比** *By the Way*
>
> 　　纵横比决定是在宽屏（16∶9）还是 4∶3（NTSC/PAL）下工作。纵横比指的是显示器上的横向总像素除以纵向总像素。例如，16∶9 意味着每 16 个横向像素对应着 9 个纵向像素。

你应该为游戏想支持的每个分辨率构建一个界面，但是这样做需要大量美术资源和控件蓝图，这将增大项目的内存占用并增加复杂性。

一个好的经验法则是在你想让游戏支持的最高目标分辨率和最高常见纵横比下设计一个界面。然后把界面缩减到较小的分辨率和不同的纵横比。Epic Games 提供了完成这个工作的工具：锚点和 DPI 缩放。

22.2.4　锚点和 DPI 缩放

当使用控件蓝图时将一个 Canvas Panel 作为根控件，你可以使用锚点。每个放置了的控件都有一个锚点，为屏幕上的控件放置建立了一个标准参考点。屏幕上锚点的位置是基于百分比的，不是基于像素的。这意味着锚点是独立于分辨率和纵横比的。例如，无论分辨率和纵横比是怎么样的，一个（x,y）位置为（0.5,0.5）的锚点将一直在屏幕中心位置，一个位置在（1,1）的锚点将一直在右下角。但是，一个控件与它的锚点的关系是基于像素的，意味着它将一直距离锚点一定距离，无论界面的分辨率或纵横比是什么样的。

这就是 DPI 缩放进来的地方。DPI 缩放根据目标平台的分辨率和纵横比上下缩放界面分辨率，这样所有锚点会相应调整，进而调整它们的控件在屏幕上的位置。为了调整 DPI 缩放设置，你可以依次选择"编辑> 项目设置> Engine > User Interface"。

如图 22.5 所示，虽然你可以微调 DPI 曲线，但是默认值已经是非常好的了。唯一需要更改的可能是 DPI Scale Rule 属性，它设置了哪个轴被用于决定界面应该如何被缩放。Horizontal 一直指的是 x 轴，Vertical 一直指的是 y 轴。最短边和最长边根据这个游戏是在横向模式还是纵向模式更改。

图 22.5

DPI 缩放设置

22.3　创建一个开始菜单

对于这一章的剩余部分，我们将创建一个开始菜单。为此，你将创建一个新的 Game Mode 和 Player Controller 蓝图以及一个空关卡。Player Controller 将被设置为显示光标，Game Mode 将被分配给这个空关卡，这样每当这个关卡启动时，它将自动显示开始菜单。最后，你将设置关卡为这个游戏的默认地图，这样这个关卡将是每次这个游戏可执行程序运行时被加载的第 1 个关卡。

22.3.1　导入资源

在创建界面之前，你需要一些图像和音频文件。

在本书自带的 Hour_22 文件夹中，找到名为 InterfaceAssets 的文件夹，它包含了用来制作一个基本的开始菜单界面所需的所有资源。图像将被导入为贴图，音频文件将被导入为声音波形。

当为界面导入图像时，你必须担心的 3 个主要设置是：mipmap 生成、texture streaming 和将此贴图分配给 Texture Group。

当你创建并导入将被用在一个界面中的图像时，没有使用 2 的幂的规则。虽然对用于将被平铺或分配给 Static Mesh 的材质的贴图而言，遵循 2 的幂的规则很重要，但是用于界面中的贴图则可以不受这些限制。

转到"第 6 章"，学习使用贴图、材质和 2 的幂的更多知识。

当你导入图像时，UE4 想让它们被分配给 Texture Group，这样编辑器就知道如何处理它们。为了在贴图编辑器中打开一个贴图资源，在内容浏览器中找到它，并双击这个贴图资源。对于将被用于界面的贴图，你应该在贴图编辑器中设置 Texture Group 属性为 UI，如图 22.6 所示。

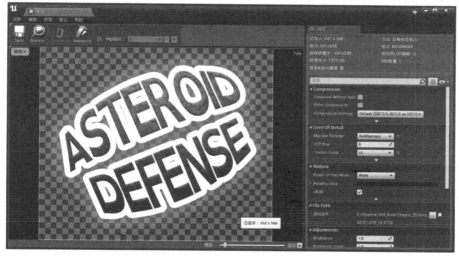

图 22.6

贴图编辑器显示了贴图的 Mip Gen Settings 和 Texture Graph 分配情况

Mipmap 中的 mip 是 multu in parvo 的缩写（"小中见大"），mipmapping 是从一个较高分辨率的图像生成一个较低分辨率图像序列的过程。在 UE4 中，当一个支持 2 的幂的规则的图像被导入时，mipmaps 会自动生成。这是 3D 图形学中的一个高效技术。随着一个物体移动地距离摄像机越来越远，它的分辨率会变得越来越小，因此这个物体可以使用更低分辨率的贴图。但是，用于界面的图像，通常不需要 mip，因为它们被显示在前景上，通常在所有其他物体的前面。

Texture streaming 指的是在运行时将贴图加载到内存中的过程。当游戏关卡在运行时加载时，这是很明显的。首先使用 mipmapping 创建的较低分辨率的图像被加载进内存，并显示在模型的表面上。低分辨率贴图最终被所加载的更高分辨率贴图替代。从低分辨率到高分辨率的转换会导致 texture popping（贴图弹出），这是许多游戏在现实关卡前首先让你观看一个加载界面的原因。texture popping 是你不想让玩家在界面上看到的东西，每个贴图都可以被设置为 Never Stream。

Watch
Out!

> **警告：Texture Streaming**
>
> 仅为用于界面的贴图启用 Never Stream 是一个很好的习惯。贴图的 Never Stream 设置可以在贴图编辑器的细节面板中 Texture 分类下找到。你需要展开这个分类找到这个设置。

当一个不是 2 的幂的贴图被导入时，它会自动被设置为 Never Stream，并且它的 Mip Gen Settings 自动被设置为 NoMipmaps。你仍然应该在贴图编辑器中将 Texture Group 设置为 UI。

我们提供的 InterfaceAsset 文件夹中包含一张背景贴图、一张标题贴图、一张按钮贴图，以及两个音频文件（Mouse Hover 和 Mouse Pressed），导入所有这些已经提供的资源。当图像被添加到内容浏览器中时，在贴图编辑器中打开每张贴图，切换它们的 Texture Group 设置为 UI，并开启 Never Stream。

Did you
Know?

> **提示：贴图分辨率**
>
> 如果你需要在贴图导入后知道贴图的分辨率，在内容浏览器中，将鼠标悬停到导入的资源上查看相关信息，或者也可以在贴图编辑器中打开它。

在前面创建的项目的内容浏览器中的 StartMenuGame 文件夹中，你现在创建一个新文件夹，并将所有导入的资源放到这个文件夹中。

22.3.2 放置控件到画布上

导入资源后，是时候开始在控件蓝图中设置界面了。首先你需要在 UMG 中使用 Image 控件放置一个背景图和游戏标题图片。

▼ **自我尝试**

放置一个 Image 控件

根据下列步骤添加一个 Image 控件并分配一个贴图。

1. 双击 "StartMenuWidget_BP" 在 UMG 中打开。

2. 在设计师模式中，设置 Screen Size 为 1080p（HDTV,Blu-ray）。

3. 从控制板面板拖曳一个 Image 控件到设计师模式窗口中的层次结构面板的 Canvas Panel。

4. 将放置的 Image 控件选中，在细节面板的 Slot 部分，使用预设设置锚点为屏幕中央，或者手动设置 Minimum X,Y 为 0.5,0.5，并将 Maximum X,Y 设为 0.5,0.5，如图 22.7 所示。

5. 从内容浏览器中拖曳背景图资源到细节面板的 Appearance 的 Image 属性。

6. 在细节面板的 Slot 部分，设置 Size X 属性为 1920，设置 Size Y 属性为 1080。

7. 在设计师视口中，放置这个图像让它填满整个 Canvas 面板。

8. 拖曳出另一个 Image 控件，重复第 3～6 步放置标题贴图资源。这个控件的锚点也应该在屏幕中央，但是 Size X 和 Size Y 属性应该与这个新贴图匹配，为 641 × 548。

9．保存这个控件蓝图。此时，你的开始菜单看起来应该如图 22.7 所示。

图 22.7

UMG 设计师面板显示背景图和标题图

接下来，你需要使用 Button 控件和 Text 控件创建一个 Play 按钮和 Quit 按钮。Button 空间已经为处理光标交互设置了基本的按钮功能，如 MouseOver 和 MouseDown 事件。所需要做的是将它放到 Canvas 面板上并分配正确的资源。下面的自我尝试将说明这个过程，表 22.2 中提供了光标与一个 Button 控件交互的按钮状态。

表 22.2 Button 控件 Style 属性

Button State	说　明
Normal	当没有光标交互时，将显示这个图像
Hovered	当光标滑过这个按钮时，将显示这个图像
Pressed	当光标滑过这个按钮并按下鼠标时，将显示这个图像
Disabled	如果这个按钮在蓝图中被禁用，将显示这个图像

▼　　　　　　　　　　　　　　　　　　　　　　　　　　　　　自我尝试

放置 Button 控件和 Text 控件

现在你将为开始菜单创建 Play 按钮和 Quit 按钮。Button 控件中有表现这个按钮的图像和一个为这个按钮显示文本的 Text 控件。这个 Text 控件应该被附加到这个 Button 控件，这样如果你决定重新放置这个按钮，这个 Text 控件将跟随着这个 Button 移动。下面是操作步骤。

1．双击"StartMenuWidget_BP"打开 UMG（如果还没打开）。

2．从控制板面板拖曳一个 Button 控件并放到 Hierarchy 面板的 Canvas Panel 中。

3．选中放置的 Button 控件，在细节面板顶部，重命名这个控件为 PlayButton。

4. 选中已放置的 Button 控件，在细节面板中，在 Slot 部分，设置锚点到屏幕中央，使用预设或者手动设置"Minimum X,Y"为"0.5,0.5"并且设置"Maximum X,Y"为"0.5,0.5"。

5. 设置这个空间的尺寸与细节面板中 Slot 部分按钮贴图的大小匹配，设置 Size X 属性为 256，Size Y 属性为 64。

6. 在细节面板中，到 Appearance 部分，分配 NormalButton 贴图到 Normal Image 属性。

7. 在细节面板中，到 Appearance 部分，分配 HoverButton 贴图到 Hovered Image 属性。

8. 在细节面板中，到 Appearance 部分，分配 PressedButton 贴图到 Pressed Image 属性。

9. 为了为这个按钮设置音效，在细节面板中，到 Appearance 部分，分配 MPressed_sw 声音波形到 Pressed Sound 属性。

10. 在细节面板中，到 Appearance 部分，分配 MHover_sw 声音波形到 Hovered Sound 属性。

11. 给这个按钮添加文本，从 Palatte 面板拖曳一个 Text 空间到 Designer 视口中的 PlayButton 控件上。

12. 选中这个 Text 控件，在细节面板中，到 Content 部分，设置 Default Text 为 PLAY。

13. 为了创建 Quit 按钮，重复第 2～11 步，但是这次设置这个 Button 控件的名称为 Quit Button，设置 Default Text 为 QUIT。

当完成时，开始菜单应该如图 22.8 所示。

图 22.8
UMG 设计师面板在细节面板中显示了 Button 控件的 Appearance 属性

编写功能脚本

现在你需要为每个按钮编写一些基本的蓝图功能。这里有 3 种常见事件可以分配给一个按钮的：OnClicked、OnPressed 和 OnReleased。

为按钮编写事件脚本

通过在设计师模式中选中 PlayButton 控件，在细节面板的 Events 部分，你可以看到可以给按钮添加的 3 种事件类型。根据下列步骤为 Play 按钮和 Quit 按钮编写一个简单的 OnReleased 事件。

1. 在设计师视口中的设计师模式中，选择"PlayButton"控件。

2. 在细节面板中，找到 Events 部分，单击 OnReleased 旁边的"+"号，如图 22.9 所示。这可以切换 UMG 为图表模式，并在事件图表中放置一个 OnReleased 事件。

图 22.9

细节面板中的按钮控件 Events 属性

3. 单击并拖曳 OnReleased 事件节点的 exec 输出引脚，并在上下文菜单搜索框中，输入 open，选择 Open Level 放置节点。

4. 在放置 Open Level 函数节点后，设置 Level Name 为 FlyingExampleMap。

5. 在 Designer 视口中的 Designer 模式中，选择 QuitButton 控件，在细节面板中找到 Events 部分，单击 OnReleased 旁边的"+"号为 QuitButton 在 Event Graph 中添加一个 OnReleased 事件节点。

6. 单击并拖曳 OnReleased 事件节点的 exec 输出引脚，并在上下文菜单搜索框中，输入 quit，选择 Quit 放置这个函数。当你完成时，这个控件蓝图应该如图 22.10 所示。

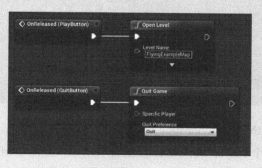

图 22.10

UMG 事件图表显示了 Button 控件分配的 OnReleased 事件

7. 编译并保存这个控件蓝图。

切换光标显示是由 Player Controller 蓝图处理的。现在开始菜单控件完成了，当游戏开始时，你需要将这个控件蓝图添加到视口中。为此，创建一个新的 Game Mode 和 Controller，并分配给游戏启动时加载的第一个关卡。

完成开始菜单控件蓝图设置并准备好后，你需要创建一个简单的 Game Mode 使用一个 Player Controller 显示光标。

▼ 自我尝试

创建一个简单的 Game Mode 并显示光标

根据下列步骤创建一个 Game Mode 和 Controller 蓝图显示光标。

1. 为了创建一个新的 Game Mode 蓝图，在内容浏览器中找到 StartMenuGame 文件夹。

2. 右键单击内容浏览器资源管理区域并从对话菜单中选择"蓝图类"。

3. 在弹出的选择父类窗口中，从常见类分类选择"Game Mode"。

4. 命名这个 Game mode 为 StartMenuGameMode。

5. 为了创建一个新的 Player Controller，在内容浏览器中找到 StartMenuGame 文件夹。

6. 在内容浏览器中右键单击并选择"蓝图类"。

7. 在弹出的选择父类窗口中，从 Common Classes 分类选择"Player Controller"。

8. 命名这个 Player Controller 为 StartMenuController。

9. 分配这个 Player Controller 给这个 Game Mode，打开 StartMenuGameMode 蓝图，并在蓝图编辑器工具栏上选择类默认值。在 Classes 部分下的细节面板中，分配 StartMenuController 蓝图给 Player Controller Class 属性，如图 22.11 所示。

图 22.11

蓝图细节面板中的 StartMenuGameMode 类默认值属性

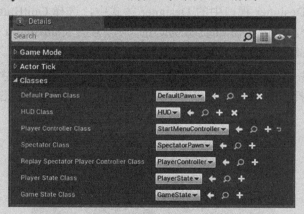

10. 编译、保存并关闭 StartMenuGameMode 蓝图。

11. 接下来，你需要告诉这个 Player Controller 蓝图显示光标。打开 StartMenu Controller 蓝图，在蓝图编辑器工具栏中选择类默认值，在 Mouse Interface 中开启 Show Mouse Cursor、Enable Click Events 和 Enable Mouse Over Events，如图 22.12 所示。

图 22.12

蓝图细节面板中的
StartMenuController
类默认值属性

12. 编译并保存这个 StartMenuController 蓝图。

注意：分辨率设置

虽然切换光标的显示是由 Player Controller 处理的，但是你可以从任何
蓝图中设置它，而不仅仅是在 Player Controller 中。单击并拖曳任何蓝图类
中的 GetPlayerController 节点，并使用 SetShowMouseCursor 切换光标的显示。

By the Way

设置完 Game Mode 后，你需要创建一个蓝图序列，在游戏过程中将这个控件蓝图添加到
玩家的视口中。

自我尝试

添加一个控件蓝图到玩家的视口

根据下列步骤添加一个控件蓝图到视口中。

1. 在蓝图编辑器中打开 StartMenuController 蓝图并进入事件图表。

2. 在事件图表中，找到 Event BeginPlay 事件节点。

3. 单击并拖曳 Event BeginPlay 事件节点的 exec 输出引脚；在上下文菜单搜索框中，
输入 create widget 并从列表中选择"Create Widget"放置此节点。

4. 在刚刚放置的 Create Widget 函数节点上，在 Class 属性中，从下拉菜单中选择你在
这一章开始时创建的 StartMenuWidget_BP。

5. 单击并拖曳 Create Widget 节点的 exec 输出引脚，在上下文菜单搜索框中，输入 add
to Viewport 并从列表中选择"Add to Viewport"放置此节点。

6. 从 Create Widget 连接 Return Value 到 Add to Viewport 节点的 target。当你完成时，

这个蓝图看起来应该如图 22.13 所示。

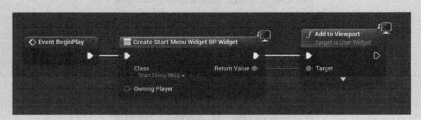

图 22.13

StartmenuPlayer
Controller 蓝图序
列，添加一个控件
蓝图到玩家视口

7. 编译并保存 StartMenuController 蓝图。

你需要做的最后一件事是创建一个游戏开始时加载的第 1 个关卡。在项目设置面板的 **Maps & Modes** 下将这个关卡分配为 Game Default Map。完成操作后，当这个游戏第一次启动时，这个关卡和 Game Mode 就会被加载，开始菜单被显示出来。

▼ 自我尝试

添加一个 Game Default Map

根据下列步骤分配一个 Game Mode 给一个关卡，然后设置这个关卡为 Game Default Map。

1. 在内容浏览器中，新建一个文件夹并命名为 Maps。

2. 创建一个新的空关卡并将它保存到 Maps 文件夹。命名这个地图为 StartLevel。

3. 单击关卡编辑器工具栏中的"设置"按钮并选择世界设置打开世界设置面板。

4. 在世界设置面板中，在 Game Mode 下分配 StartMenuGameMode 蓝图给 GameMode Override 属性。

5. 再次保存关卡保存这些修改。

6. 单击关卡编辑器工具栏中的"设置"按钮并选择"项目设置"，打开项目设置面板。

7. 在项目设置面板中，在 Maps & Modes/Default Maps 下分配 StartLevel 到 Game Default Map。

8. 预览此关卡。开始菜单应该出现了，光标也出现了。移动鼠标到按钮上查看它们是否有变化，音频是否播放了。

9. 单击 Play 按钮。FlyingExampleMap 关卡应该被加载。

▲

22.4 案例菜单系统

Hour_22 文件夹中包含一个简单的项目，其中有一个完整的菜单系统，让你可以查看和解构。这个系统被设置为使用飞行模板，这个项目有使用前面展示的方法创建的开始菜单以及两个其他控件蓝图，还有用于创建一个暂停菜单和一个简单的 HUD。暂停菜单控件蓝图在 Flying Game Mode 模板中的 FlyingController 蓝图中被添加到视口，HUD 控件蓝图在 Flying Game Mode 模板中的 FlyingPawn 蓝图中被添加到视口。

如果打开 FlyingController 蓝图，你可以看到当玩家按 Q 键或 Esc 键时暂停菜单控件蓝图被添加到视口。这是因为在预览模式下 Esc 键是被编辑器控制的。当这个游戏准备好打包并制作成一个可执行文件时，你可以断开 Q 键输入事件，Esc 键的功能将是正确的。

PawnHud 控件蓝图通过 CastTo 从 FlyingPawn 蓝图中获得变量数据。这是在两个函数中完成的，其中一个用于 Pawn 的速度，另一个用于 Pawn 的健康值。这两个 Text 控件的 Text 属性都被绑定到使用 CastTo FlyingPawn 的函数和接收存储 Pawn 的健康值和速度的变量。

22.5 小结

这一章中，你学习了如何创建一个控件蓝图，使用 UMG，以及放置 Image、Button 和 Text 控件。你还学到了如何为用在界面中的贴图准备资源和如何设置一个 Game Mode 进行光标交互。和往常一样，还有更多东西需要学习。例如，你可以将一个控件蓝图嵌入到另一个控件蓝图中给菜单添加更加复杂的功能。现在，你知道了如何创建在每个游戏中都可以找到的基础菜单系统。

22.6 问&答

问：为什么当关卡首次加载时，界面贴图像素化了？

答：你没有在贴图编辑器中将 Texture Group 设置为 UI，所以你的贴图仍然在生成 mipmaps。

问：为什么当我导入一个不是 2 的幂的贴图时 UE4 会警告我？

答：根据使用的编辑器的版本，你可能会收到警告消息。大多数贴图通常是被用在分配给 Static Mesh 的材质上，应该是 2 的幂。界面贴图不受这个限制。

问：什么是蓝图转换？

答：在一个传统的编程或脚本环境中，转换让你可以将一个变量类型转换为另一个类型。但是蓝图转换也允许将一个 Actor 引用游戏中的另一个 Actor 并调用函数，或在 Cast Actor 上获得和设置变量。

问：当我将自己的贴图导入 UE4 时，我想能从一个贴图看过去（透明）。我需要怎么做？

答：如果你需要一个贴图是半透明或蒙板，你需要在图像编辑软件为你的图像创建一个 alpha 通道。然后将这个图像保存为 32 位图像，这样透明数据或蒙板数据将和这个图像一起被导入。文件类型.tga 和.psd 都存储了 alpha 通道，并可以导入到 UE4 中。

22.7 讨论

现在你完成了这一章的学习，检查自己是否能回答下列问题。

22.7.1　提问

1. 真或假：界面贴图必须是 2 的幂。

2. _____是当贴图被导入时生成图像的多个分辨率的过程。

3. 真或假：当导入一个用在界面中的贴图时，你想要将这个贴图分配到 World Texture group。

4. mip 是什么的缩写？

5. Button 控件的 4 种样式属性是什么？

22.7.2　回答

1. 假。用于界面的贴图不需要是 2 的幂。

2. Mipmapping 是当贴图被导入时生成图像的多个分辨率的过程。

3. 假。你应该为用于界面的贴图分配 UI Texture group。

4. Mip 是 Multum in parvo 的缩写。

5. Normal、Hovered、Pressed 和 Disabled 是 Button 控件的 4 种样式属性。

22.8　练习

对于本次练习，使用我们提供的图像和音频资源为你在"第 20 章"和"第 21 章"中的街机射击游戏项目创建一个开始菜单。如果你还没有做完那些任务，可以使用这一章提供的街机射击游戏项目。

1. 打开你在第 20 章和第 21 章场景的街机射击游戏项目，或使用这一章提供的版本 ArcadeShooter22。

2. 创建一个 Start Menu Game Mode，使用我们提供的资源通过控件蓝图制作开始菜单界面。根据这一章中所有自我尝试中的步骤进行操作。

第 23 章

制作一个可执行文件

在这一章内能学到如下内容。

- ➤ 对比烘焙的和未烘焙的内容。
- ➤ 为 Windows 平台打包一个项目。
- ➤ 用于安卓和 iOS 平台打包的资源。
- ➤ 访问高级打包设置。

在完成制作一个独特且令人兴奋的用户体验的工作后，下一步是将你的作品提交到用户的手上。对于许多游戏引擎，这是一个漫长、复杂并且充满许多陷阱的过程。值得庆幸的是，UE4 将创建打包发布过程变成了一个顺利的过程。在这一章中，你将学习烘焙内容和如何使用 UE4 通过 Shipping 配置创建一个可执行程序。

By the Way

> **注意：第 23 章配置**
>
> 　　这一章中使用的过程可以在任何兼容 Windows 或 Mac OSX 的 UE4 项目下完成。
>
> 　　这一章中你将继续使用在第 20 章创建并在第 21 章和第 22 章完善的 ArcadeShooter 项目上进行。如果你喜欢，作为这一章的起点，你也可以使用在 Hour_22 文件夹中提供的 H22_ArcadeShooter 项目。

23.1　烘焙内容

UE4 在 UAsset 文件中为内部使用按格式存储内容。这些格式在 UE4 编辑器中使用是有保证的，但是它们在所有平台或没有安装编辑器的情况下是没有必要使用的。开发者不需要为不同的平台准备不同版本的资源，UE4可以使用一个烘焙阶段确保那些内容在目标设备上可用。

开发过程中的烘焙步骤在功能上是一个转换步骤，它涉及执行必要的处理，将编辑器专用数据转换为准备在许多平台上使用的资源。这个阶段也涉及其他任务，如删除不必要的或多余的信息。

烘焙也可以确保一个游戏项目准备好了，并且未丢失可能会导致后续出现问题的信息。烘焙阶段涉及大量帮助避免出现Bug的步骤，如编译蓝图并检查错误，确保所有Shader都被完整编译，检查正在烘焙的关卡中丢失的资源。

烘焙阶段花费的时间量取决于你一次烘焙多少内容。默认情况下，UE4会烘焙一个游戏可玩的所有内容，从默认游戏关卡开始。幸运的是，UE4也知道从你最后一次烘焙后什么信息被更改了，通常在首次烘焙后这个过程会更快。

Did you Know?

> **提示：为 Windows 烘焙**
>
> 即使开发的目标是相同的平台，你也需要烘焙内容，虚幻引擎此时不支持独立的项目使用未烘焙的内容。因为烘焙会花费一些时间，有时候预先烘焙是个不错的主意。你可以选择 "File>Cook Content for Windows" 在打包前开始烘焙。

23.2　为Windows平台打包一个项目

准备内容仅仅是将你的项目交付给用户的过程中的一步。下一步是使用所有那些烘焙后的内容，并将它们打包成一个用户可以运行的可执行文件。如何打包取决于你选择的目标平台，如果你选择了Windows操作系统，并将游戏目标定位在微软的操作系统下运行，UE4可以制作内容和代码的可发布包。

虽然UE4编辑器需要一个64位处理器运行，但是UE4支持为32位和64位处理器打包项目。对于许多项目，这个差异是不明显的。另外，64位处理器是兼容32位项目的。今天，64位处理器被越来越多的现代设备采用，支持32位处理器的计算机需求持续减少。为64位系统开发应用让用户可以利用现代硬件的更多功能。

一般来说，仅当你特别针对更旧的硬件或有一些其他明确的原因时，才需要开发32位的应用。

打包你的项目非常简单，这需要感谢File菜单下的两个菜单选项：发行和Windows（64位），如图23.1所示。

图23.1

为Windows快速打包一个项目所需的两个菜单选项。左侧的图像设置Build Configuration 为 Shipping，右侧的图显示了Windows（64位）选项

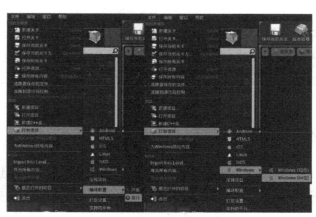

> **注意：发行配置**
>
>
> 在图 23.1 中的第 1 个图显示了项目的编译配置被设置为发行。使用了这个选项，许多调试命令被禁用。通过开发设置，一些被启用的调试功能被错误地使用，可能给用户带来会使游戏崩溃的 Bug。因此，任何发行包都应该使用发行配置创建。
>
> 但是，当你在本地测试时，开发是一个很好的选择。

选择"文件> 打包项目> Windows > Windows（64 位）"弹出 Browse For Folder 对话框，如图 23.2 所示，可以使用它来指定你想让打包好的文件包放在哪里。将这个包放到有足够剩余存储空间的硬盘上，再次存储整个项目时，将这个文件夹命名为项目专用名称是很重要的。

图 23.2

Browse For Folder 对话框，这是你指定存放新项目的位置

在你单击"OK"按钮后，一个进度条消息出现在屏幕右下角，注意打包步骤的进度，如图 23.3 所示。

图 23.3

项目打包时出现的进度消息

打包过程可能需要花一些时间，特别是当内容需要被烘焙的时候。关于这个过程的详细信息已经在 Output Log 面板中给出了，尽管这些信息有时候很难可视化地阅读，毕竟打印到屏幕上的日志非常庞大。

消息日志中也提供了一个简化（分类的）版的输出，你可以通过选择"窗口>开发者工具> Message Log"打开这个面板。图 23.4 展示了 Message Log 面板，当出现一个错误时设置到 Packaging Results 分类，图 23.5 所示为在 Output Log 面板中更详细地显示着相同的错误。

图 23.4

Message Log 面板，在 Packaging Results 中显示了一个未知烘焙的错误消息

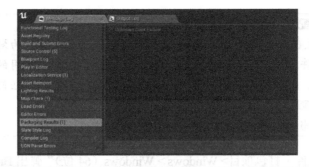

图 23.5

在图 23.4 中提到的烘焙错误，显示在 Output Log 面板中。这个错误是由于一个损坏的蓝图网格不能被正确编译而导致的

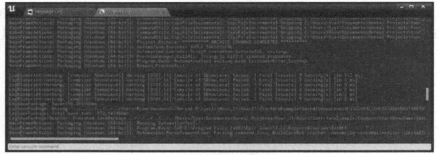

一旦烘焙和打包完成，内容将被放到你在 Browse For Folder 对话框中指定的位置处。如果在资源管理器中进入那个文件，你现在可以看到可用的包。在默认情况下，这个文件夹包含一个名为 WindowsNoEditor 的新文件夹，这个文件夹里包含着用于在 Windows 上运行这个项目所必需的完整打包后的项目。

在 WindowsNoEditor 文件夹中，双击"ProjectName.exe"启动这个项目，如图 23.6 所示。

图 23.6

Hour 23 项目，从一个独立版本运行

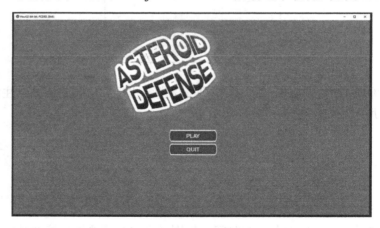

▼ 自我尝试

打包项目

根据下列步骤在一台计算机上练习在 Windows 中打包项目。

1. 打开 Hour 23 项目（或你选择的项目）。

2．选择"文件>打包项目>编译配置>发行"。

3．选择"文件>打包项目> Windows > Windows（32 位）"。

4．在弹出的 Browse For Folder 对话框中，在选择的位置创建一个文件夹，并命名为相关名称，如 Hour23_packaged。

5．选择这个新文件夹并单击"OK"。

6．等待右下角的提示出现 Package Success 然后消失。

7．打开资源管理器，浏览到第 4 步中创建的文件夹中。

8．打开你的打包文件夹中的 WindowsNoEditor 文件夹。

9．双击这个文件夹中的.exe 文件，这应该遵循模式 ProjectName.exe（例如，它应该是 Hour23.exe）。

10．尽情享受新的独立版本游戏吧！

▲

23.3　对于安卓和 iOS 打包的资源

两个主要移动平台——iOS 和安卓，两者在处理打包和部署方面稍微有些不同。开发一个安卓或 iOS 的项目可能很艰难，而且需要预先配置一些选项。

这个过程首先需要设置开发环境——Android Works SDK 或 iTunes。为了确保你能获得最新的相关信息，请看这些 UE4 文档 https://docs.unrealengine.com/latest/INT/Platforms/Android/GettingStarted/和 https://docs.unrealengine.com/latest/INT/Platforms/iOS/QuickStart/。阅读这些在线文档是在 UE4 中遵循最准确的步骤开发移动平台的最好方法。

记住为了向 iOS 的 App Store 和安卓的 Google Play Store 提交和开发，你首先需要成为每种服务的一个已在册的开发者。这两种服务都需要支付一次性注册费，以将游戏放到它们的商城中。在本书编写时，如果没有想要将游戏部署到它们的服务器，你就不需要支付给 App Store 或 Google Play Store 注册费。但是，为了在 iOS 上不注册开发者账号也能测试你的 App，你可以使用 Xcode 7 或更新的版本在一台 OSX 机器上直接部署这个项目。如果你是基于 Windows 开发的，需要首先成为开发者程序的一部分并支付一个注册费。

此外，这两种服务都为你的 App 提供了在发布一个项目前必须遵循的认证步骤。当你提供了在 UE4 Quick Start 文档中的所有相应详细信息时，你需要将 App 设置为发布模式。为了切换到发布模式，选择"文件>打包项目>打包设置"，然后选择"打包"分类，切换到 For Distribution 选项。通过这样做，你告诉了 UE4 如何打包各自商城所需要的所有必要的证书和签名信息。

23.4　访问高级打包设置

尽管前面提到的步骤通常可以满足大部分项目的打包，但是我们偶尔还需要对这个过程进行更多控制。UE4 的打包设置让你可以很容易地修改大量高级打包配置，使用这些选项是顺利打包过程的关键，特别是当你在为多个平台准备一个游戏时。

为了访问打包设置，选择"文件> 打包项目> 打包设置"，然后选择打包分类，如图 23.7 所示。

图 23.7

打包标签页的常见属性

打包标签页允许你设置下列属性。

➢ **Build Configuration**：你可以为编译基于 C++代码的项目指定构建配置。如果你在使用蓝图项目，对于是使用 Development 配置还是使用 Shipping 配置进行最终发布测试，这里是没有太大差别的。

➢ **Staging Directory**：你可以为打包好的版本指定存储目录。当你在 File Browser 中使用"File > Package Project"选择一个新目录时，这个地方将自动更新匹配。

➢ **Full Rebuild**：对于基于 C++代码的项目，这个属性决定是重新编译所有代码还是仅仅是修改后的代码。在蓝图项目中，将这个选项保持不勾选比较安全。

➢ **For Distribution**：这个选项决定你的游戏是否在发布模式下。启用这个选项打包是将一个游戏提交到 Apple App Store 或 Google Play Store 的一个必要条件。

➢ **Use Pak File**：这个选项决定将项目中的所有资源打包为独立文件还是单个文件包。当它被启用时，所有被一起打包到一个.pak 文件中。如果一个项目有大量文件，启用这个选项可能会让发布更加容易。

➢ **Include Prerequisites**：当这个选项被启用时，一个打包好的游戏所需的先决条件软件都被包含在文件包中。这对于发布到未知系统是非常重要的，你不能保证目标系统已经安装了所有先决条件软件。

23.5　小结

在这一章中，你学习了如何将 UE4 项目从编辑器发布出来，并将它们递交给最终用户。你学到了烘焙内容和如何为 Windows 平台抢先烘焙内容以及如何将内容打包到一个独立的文件夹准备发布。

23.6 问&答

问：当我运行独立版游戏时，加载了错误的地图。我如何修复这个问题？

答：选择"编辑>项目设置"，然后选择"Maps&Modes"标签页，并更改"Default Game Level"属性为你想让游戏开始的地图。

问：当我将打包后的目录复制到一台新的计算机上时，我得到一个错误，但是它在我的机器上运行正常。这是发生了什么？

答：尽管这可能有很多问题，取决于错误是什么，其中一个最常见的原因是因为目标计算机缺少 UE4 项目运行所需要的先决条件软件。你可以将先决条件软件打包到你的打包游戏中；为此，在打包窗口中，确保 Include Prerequisites 属性已勾选。

问：烘焙过程在 Message Log 中抛出了一个未知错误。发生什么事了？

答：当你烘焙一个项目时，大量问题都可能出现。如果你在 Message Log 中收到一个未知错误，请花时间查看 Output Log。Output Log 使用红色表示代码错误，所以在日志中查找红色文本。通常这个问题可能简单到只是一个被删除的对象或文件，所以首先检查 Output Log 对任何明显的修复都是一个很好的方法。

23.7 讨论

现在你完成了这一章的学习，检查自己是否能回答下列问题。

23.7.1 提问

1．涉及将编辑器专用格式转换为可以在目标平台上使用的格式的过程名称是什么？
2．真或假：64 位处理器可以运行 UE4 中制作的 32 位可执行程序。
3．真或假：当你从编辑器打包一个项目时，当前打开的关卡将是第一个被加载的。

23.7.2 回答

1．烘焙。这不同于分期，这是在部署到一个目标设备前在一个本地位置存储烘焙数据的过程。
2．真。64 位处理器可以运行 32 位程序，但是 32 处理器不能运行 64 位程序。
3．假。当一个独立包被创建时，加载的关卡是在 Project Settings 对话框中 Maps&Modes 中指定的关卡。

23.8 练习

全面练习打包，创建并打包一个全新的项目。

1. 在 Launcher 中，使用你选择的模板，创建一个新的 UE4 项目。为了快速完成，请不要包含初学者内容。

2. 打开这个新项目。

3. 选择"文件>打包项目>编译配置>发行"。

4. 选择"文件>打包项目> Windows > Windows（32 位）"为 Windows 平台打包这个项目。

5. 为这个项目选择一个好的存储位置。

6. 当这个项目完成打包时，在资源管理器中，找到这个文件夹，找到项目的.exe 文件。双击这个.exe 文件完成本次练习。

第 24 章

使用移动设备

你在这一章内能学到如下内容。

➤ 为移动设备开发。

➤ 使用触摸控制。

➤ 使用一个设备的运动数据。

目前视频游戏中规模最大增长最快的市场不再是游戏机或 PC 游戏了，而是手机游戏。近年来，手机游戏市场爆发性地增长，在各种移动平台上开发（并盈利）的游戏数量令人难以置信。但是移动设备的性能比游戏机和普通计算机低，所以你需要多加注意以确保你的游戏能够顺畅地运行在移动设备上。在这一章中，你将学习大多数移动平台的限制，如何在一个游戏中使用触摸事件交互，如何使用虚拟摇杆控制一个 Pawn，如何使用陀螺仪创建一个独特的移动设备专属的控制方案。

注意：第 24 章配置　　　　　　　　　　　　　　　　　　　　*By the* *Way*

这一章中，你将继续使用在第 20 章中创建并在第 21、22、23 章中完善的 ArcadeShooter 项目。如果你喜欢，你也可以使用本书自带的 Hour_23 文件夹中提供的 H23_ArcadeShooter 项目。

在你完成本章的学习后，将你的结果与本书自带的 Hour_23 文件夹中提供的 H23_ArcadeShooter 项目比较。

注意：在移动设备上测试　　　　　　　　　　　　　　　　　　*By the* *Way*

当你在制作移动端游戏时，你需要在真实硬件上做补充测试。这个过程是错综复杂且不断变化的，各种操作系统和设备在处理过程中略有不同。

为了确保你能够正确设置一个安卓设备，请参考：https://docs.unrealengine. com/latest/INT/Platforms/Android/GettingStarted/。

为了确保一个 iOS 设备已经准备好部署，请参考：https://docs.unrealengine. com/latest/INT/Platforms/iOS/QuickStart/index.html。

24.1 为移动设备开发

一般来说，移动设备在许多方面不如游戏机和 PC。它们速度更慢，图形能力更弱，内存更小，存储空间更小，屏幕也更小。然而，计算机硬件设备每年都不断进步，所以在这一年的硬件限制在下一年会大幅度减小。

在某些方面，移动硬件领域的进步与去年同期相比已经超过了游戏机和 PC。这让移动领域更难以追踪，尽管设备适配仍然很重要。最新的 iPhone 和三星设备可能能够处理高端图形和功能，但是广泛采用最新硬件并不是立竿见影的，绝大多数潜在用户可能还在使用两年或 3 年前的硬件。更让人困惑的是，平板电脑和触摸式笔记本电脑的崛起意味着一些设备将能够与台式机媲美，但是它们仍然属于移动设备的范畴。

因为这些设备正在以如此快的速度改进，因此为项目制定最低要求是很重要的。UE4 允许可变的质量和功能，所以利用 Microsoft Surface 或 iPad 的最新图形技术优势是可行的，但是那些相同的功能对于手机设备来说是禁用的。

随着移动设备空间的需求快速变化，本节将介绍一些在处理移动设备时的最佳实践（在本书编写时的最佳实践）。

24.1.1 为移动设备预览

当为移动设备开发时，应牢记几个最佳实践。但是在编辑器中工作时，想要知道你的设备的限制是如何影响一个项目的视觉效果是很困难的。幸运的是，UE4 可以预览移动设备的材质功能集和渲染级别。

为了启用可视化功能，在视口工具栏中，选择"设置>预览渲染级别>移动设备/HTML 5 > 默认移动设备/HTML5 预览"，如图 24.1 所示。

图 24.1
设置预览渲染级别导致所有材质和 Shader 以更严格的显示设置重新编译，更接近于真实移动设备上的表现

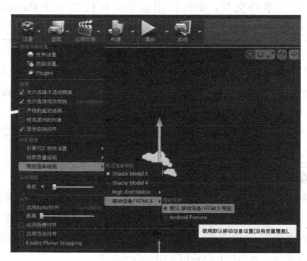

当选择 HTML5 Preview 选项时，关卡的可视化预览可能会被改为更准确地显示你的项目在一个移动设备上的样子。但是，渲染级别并不能完全表示在设备上的最终结果，你仍然需

要在真实硬件上测试。

因为移动硬件的变化如此之大，有时候依赖设备上的自动材质优化是不够的。在这些情况下，对于开销很大的材质，你应该使用 Quality Switch 节点从材质中移除开销很大的运算。图 24.2 展示了一个开销很大的材质功能被从最高端配置移除的例子。

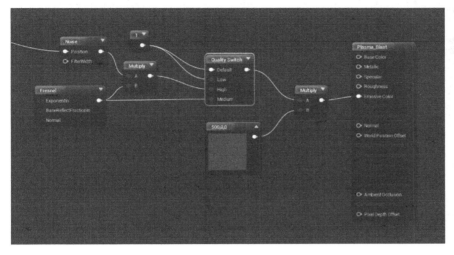

图 24.2

Quality Switch 节点用于当材质的质量级别被设置为 Medium 或 Low 时，移除开销很大的 Noise 节点的情况。然后当材质质量级别被设置为 Low 时，Fresnel 节点被移除

当你将 Quality Switch 节点放置在项目中的材质移除开销很大的运算时，你可以为这个项目设置材质质量级别，选择"设置>材质质量级别"，如图 24.3 所示。这里有 3 个选项：低级、中级和高级。只有当你为项目中的材质使用了 Quality Switch 节点时才会产生差异。

图 24.3

你可以使用设置菜单设置项目材质质量级别中的一个选项：低级、中级和高级

不同的设备有独特的纵横比和分辨率，以发布项目时使用的相同的分辨率来测试你的项目就显得至关重要。

图 24.4 展示了如何在编辑器偏好设置面板的 Play 部分的 Play in Standalone Game 下设置移动设备分辨率。通过 Common Window Sizes 下拉列表可以看到常见设备分辨率。然后你可以使用工具栏选择"Play > Mobile Preview"。

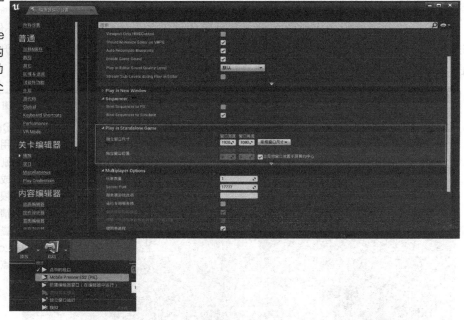

图 24.4

使用 Play > Mobile Preview 创建你的游戏的一个移动分辨率的独立处理版本

24.1.2 为移动设备优化

当你为移动设备开发时，应该考虑很多最佳实践。有时一个项目的设计需要你忽略其中的一些建议，但是这么做要非常小心，因为忽略这些优化可能会显著地降低项目的性能。

➤ **总是烘焙光照。** 动态光照可以极大地影响在任何平台上的渲染开销，并且大部分移动设备在处理动态光照时特别慢。只要有可能，就将你的光源设为 Static，最多使用一个设置为 Stationary 的动态 Directional Light。但是，高端移动设备可以使用更多动态 Point Light，感谢一个被称为 Max Dynamic Point Lights 的功能，它可以在 Project Settings 面板的 Rendering 部分找到。Max Dynamic Point Lights 可以通过限制在单一时间影响像素的 Point Light 数量让场景中的动态光照开销更低。

➤ **在移动设备上避免使用 movable 光源。** 即使有了 Max Dynamic Point Lights 设置，Movable 光源总是比 Stationary 光源或 Static 光源开销更大。

➤ **禁用大部分后期处理效果。** 你可以保留 Temporal AA、Vignettes 和 Film 后期处理效果开启，但是这些也会导致性能丢失。特别是确保禁用 Bloom、Depth of Field 和 Ambient Occlusion。

➤ **保守使用 masked 和 translucent 材质。** Overdraw 是当硬件必须多次着色相同的像素的过程，这是开销非常大的。当你使用 Translucent 或 Masked 材质时，确保只有小部分屏幕中包含它们。当你有太多 Overdraw 或材质太复杂时，你可以使用 Shader Complexity 视图模式进行识别，如图 24.5 所示。另外，你可以在移动预览中使用控制台命令 viewmode shadercomplexity。

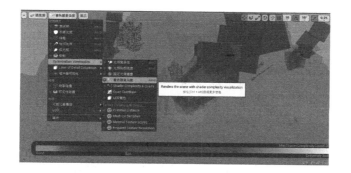

图 24.5

Shader Complexity 视图模式对查找项目中的开销特别大的材质和 Overdraw 非常有帮助

Shader Complexity 视图模式显示了视图的每个像素指令开销。这个视图是从亮绿色（开销非常低）到红色（开销很大）再到白色（开销极大）进行着色的。因为对于 Translucent 和 Masked 材质，相同的像素必须被评估多次，Overdraw 会造成巨大的开销，往往显示为亮白色。

➢ **保持你的材质极其简单，低指令数和非常少的贴图。** 在大多数移动设备上，你只可以使用 5 个贴图采样器（TextureSample），但是在任何平台上，使用尽可能少的贴图采样器是一个好主意。

➢ **确保 Lit Opaque 材质仅使用两个贴图。** 通过 UE4 的基于物理着色模型，有一个使用贴图包来获得这种优化的简单方法。在第 1 个贴图中，RGB 通道应该是 Base Color 引脚，Alpha 通道应该保存 Roughness 引脚。对于第一个贴图，应该使用 TC_Default 压缩。第 2 个贴图在 RGB 通道中应该保存 Normal Map 并使用 TC_NormalMap 压缩，Alpha 通道应该是空的。这意味着没有用于 Specular 和 Metallic 的贴图采样器，在这些引脚上使用常量。图 24.6 展示了遵循这样的格式的一个材质。

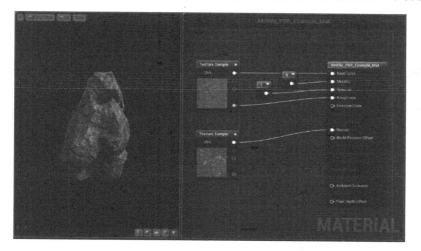

图 24.6

对于大部分材质，这两个贴图采样器的设置可以创建高效且高品质的基于物理的材质

因为在这个例子中的石块是没有金属性的，在基于物理着色模型中，镜面反射是由 Roghness（粗糙度）控制的，Metallic 和 Specular 输入引脚可以被常量替代。同时，Roghness 输入可以被打包到存储 RGB Base Color 的相同贴图中。最终，Normal 输入需要它自己的 RGB 贴图来说明石块表面的法线变化。

这个技术不适用于混有金属和非金属部分的物体。对于那些情况，需要另一个贴图采样器来控制材质的金属性。

➢ **在材质节点图中不要给贴图采样器连接 UV 修改（如缩放）。** 应该为材质启用 Num Customized UVs 选项在顶点上进行 UV 缩放，如图 24.7 所示。当材质节点图中没有选中任何东西时，你可以通过细节面板启用自定义顶点 UVs。这让 UV 计算按每顶点进行而不是按每像素进行，这对于移动图形处理器来说是很重要的。当你将一个缩放后的贴图坐标连接到一个自定义 UV 输入时，顶点着色器处理这个图标，并在缩放（或修改）结果上替换贴图坐标。

图 24.7

这个图中的两个节点图都产生相同的视觉效果，但是第 2 个在许多设备上开销更低

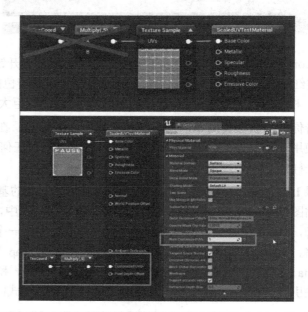

这个处理让你可以缩放 UVs，当每个像素被渲染时没有缩放它们的开销，也没有源 3D 建模软件中缩放它们带来的不便（如 Maya、Max、Houdini、Blender）。

➢ **为项目中的任何视图的三角面数保持尽可能低。** 使用简化的艺术风格是降低项目中三角面数的一种方法，如果这种方法对于一个项目不适用，并且你需要使用高面数模型，请注意减少每个视图中 Actor 和 Mesh 组件的数量。在移动预览中使用 Stat RHI 控制台命令可以帮助你决定在一个场景中的三角面数。在 Counters 中，Triangle Drawn 行显示了在当前视图中的三角面数，如图 24.8 所示。

图 24.8

使用 Stat RHI 查看在任何帧中被处理的当前三角面数和 Draw calls。按"～"键打开控制台

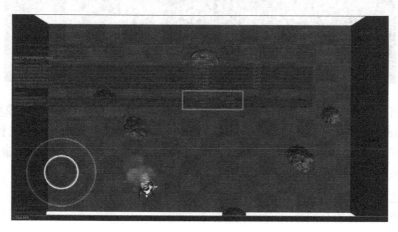

对于任何视图 Draw calls（在单一帧中被渲染到屏幕上的对象数）都应该保持尽可能低。DrawPrimitive call 的数量可以通过在移动预览的控制台输入 Stat RHI 看到，如图 24.8 所示。

在每个项目中的最大 Draw calls 数取决于你所针对的硬件。但是，无论是什么设备，保持 Draw calls 数尽可能小可以保证一个稳定的帧率。

> **一直使用 2 的幂尺寸的方形贴图（例如 32 × 32、64 × 64、128 × 128、256 × 256、512 × 512 以及 1024 × 1024）。**这样做可以确保你的内存浪费量尽可能低。你可以在移动预览控制台中使用命令 listtextures 查看正在使用的贴图内存。

24.1.3　设置编辑器目标

UE4 包含用于项目的一般预设，取决于这个项目是针对游戏机/PC 市场还是移动手机/平板电脑市场。这些预设接触到一些渲染和输入功能，通过通知虚幻引擎你在什么平台开发，可以让你少一些麻烦。

当你第一次创建一个项目时，可能选择了游戏机/PC。如果你后来决定应该制作一个面向移动设备/平板电脑的项目，可以将设置改为移动设备/平板电脑。为此，到项目设置面板，在目标硬件分类中，以下项目优化设置为移动设备/平板电脑和可缩放 3D 或 2D。然后在这个窗口的 Pending Changes 部分出现一些变化，你需要重启编辑器查看所有修改，如图 24.9 所示。

图 24.9

项目设置面板中目标硬件，在你更改为以下项目优化设置为移动设备/平板电脑和可缩放的 3D 或 2D 后

Pending Changes 部分显示所有将自动设置的项目设置。单击"重启编辑器"按钮确认这些更改。做出这些更改会导致内容浏览器中的每个 Lit 材质都需要被重新编译，这会花一些时间，但是只发生一次。

移动设备/平板电脑预设禁用了一些渲染功能和后期处理效果。

> **Separate Transparency**：这是在后期处理发生后渲染一些 Translucent 材质的能力。它通常被用于与景深结合渲染玻璃，是一个开销特别大的功能，没有被包含到移动设备上。

- ➤ **Motion Blur**：这是一个根据相对移动模糊屏幕和 Actor 的后期处理。这个功能有相当数量的开销，对于移动设备来说太大了，因此它在移动设备上不可用。

- ➤ **Lens Flares（Image Based）**：这是一个根据场景中的高动态范围光照（HDR）值渲染近似镜头炫光的后期处理功能。这种评估全屏幕的后期处理相对开销大，没有被包含到移动设备上。

- ➤ **Auto Exposure**：这个后期处理功能评估场景中的光照值，调整曝光以帮助实现更好的能见度。像其他后期处理效果一样，这个功能在移动设备上不可用。作为一个侧面说明，Auto Exposure Bias 设置是支持的。

- ➤ **Ambient Occlusion**：这是另一个开销大的后期处理功能。它禁用屏幕空间环境遮蔽处理，需要对深度缓冲区渲染采样多次生成接触阴影。这种类型的效果对于大多数移动设备来说是开销非常大的，因此在移动设备上也不可用。

- ➤ **Anti-Aliasing Method**：这是一个尝试去除锯齿边缘和去除子像素走样的后期处理，抗锯齿没有被包含在移动设备上。Temporal AA 可以用在移动设备上，但是会在移动物体上出现小的抖动走样。

除了禁用各种高开销的功能，移动设备/平板电脑预设启用了输入功能 Mouse for Touch，让光标可以模拟一个手指触摸。

设置可缩放 3D 或 2D 预设禁用两个更高开销的功能。

- ➤ **Mobile HDR**：这个核心功能可以让移动设备渲染 HDR buffer，这是允许所有光照效果起作用的功能。这些 HDR render buffer 被用在各种渲染功能和效果中，移除这个选项可以快速减小被渲染器使用的内存。副作用是依赖于那些 HDR buffer 的所有渲染功能不再以相同的方式工作。

- ➤ **Bloom**：这个后期处理功能在场景中呈现一个模糊的亮点，并将它们放在渲染的顶部。这个功能允许大量的自发光功能或看起来有辉光明亮的照明，它严重依赖于移动 HDR 渲染，因为在许多情况下，只有值大于 1.0 的像素被看作是发光。

Watch
Out!

> **警告：可缩放 3D 或 2D 和移动设备中的光照**
>
> 当你选择可缩放 3D 或 2D 预设时，Mobile HD 渲染功能被禁用。这将导致所有光照功能在移动设备上被禁用，包括静态烘焙光照。在编辑器中的移动预览不会显示这个变化，所以项目的视觉结果从移动预览到使用在真实设备上会有很大的变化。如果要在编辑器中模拟这个效果，应该删除或禁用场景中的所有光照。
>
> 同样，如果在一个移动设备项目中你需要光照效果，你不应该切换到可缩放 3D 或 2D 预设。

24.2 使用触摸控制

移动设备的其中一个主要创新是触控输入的崛起。一个手指按下和一个屏幕上操作的一一对应关系绝对是移动设备上的一个巨大的亮点。

触控的本质让你可以在相同的输入基础上创造无数的交互风格。一些交互风格模拟硬件输入、虚拟键盘和虚拟摇杆，而其他的使用全新的触控。

24.2.1 虚拟摇杆

当你将一个项目切换为移动项目时，UE4 通过创建一个虚拟摇杆集为你处理一个更加复杂的输入方式。如图 24.10 所示，这些摇杆是轴输入的两种数字表示。内圈表示摇杆，外圈显示摇杆可以被移动到多远。

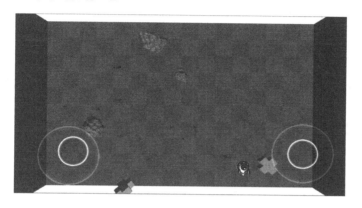

图 24.10

Hour 23 项目的一个移动版。两个白色的圈集是UE4创建的左虚拟摇杆和右虚拟摇杆。左虚拟摇杆当前被绑定到移动

当你在制作双摇杆游戏时，这些虚拟摇杆特别方便。你可以在项目设置面板中，找到 Input 分类，选择 Default Touch Interface 下拉列表并选择 Clear 禁用摇杆，如图 24.11 所示。

图 24.11

项目设置面板中的 Input 分类，Touch Interface 中高亮 Clear 选项

一个 touch interface 是一个 UAsset，让你能够建立和显示一个允许触控的用户界面。这些界面让你可以创建虚拟摇杆和按钮。

例如，在你的街机射击游戏中，你仅使用一个有向输入来控制移动，所以不需要右摇杆。你可以在项目设置面板的 Input 分类中将 Default Touch Interface 设置为 LeftVirtualJoystickOnly，移除右摇杆。

▼ 自我尝试

移除右摇杆

你的游戏只需要一个虚拟摇杆，可以使用默认设置将双摇杆替换为单摇杆。

1. 在 Hour 23 项目中，打开项目设置面板。

2. 找到 Input 分类。

3. 找到 Default Touch Interface。

4. 单击属性处的向下箭头。

5. 在选中的下拉列表右下角，单击 View Options 眼睛图标。

6. 确保 Show Engine Content 被选中。这将允许你查找和选中 UE4 提供的默认引擎 Touch Interfaces。

7. 在选项下拉列表中，找到 LeftVirtualJoystickOnly Interface UAsset。

8. 使用工具栏预览更改并确保只有一个摇杆出现。

▲

24.2.2 Touch 事件

虽然 Touch Interface 非常适用于设置虚拟摇杆，但是一些输入直接通过蓝图处理会更好。在本书中，当你添加了新输入时，仅需要在项目设置面板的 Input 分类中连接这个输入到 Action Mappings。Touch 事件有一点不同，因为它们是直接在蓝图中被处理的。

Did you Know?

> **提示：为一个按钮按下使用一个 Touch Interface**
>
> 你可以使用一个 Touch Interface 来模拟控制器按钮，但是仅用于 axis mappings。如果你在制作自己的 Touch Interface，那么所有的输入应该是 axis mappings，而不是 action mappings。

对于更精细的控制，在事件图表中使用 Input Touch 节点设置 Touch 事件。图 24.12 显示了 InputTouch 节点及其属性。

图 24.12

InputTouch 事件节点可以通过在蓝图上下文菜单中搜索 touch 找到；这个输入及其细节面板的工作非常类似于任何其他事件节点

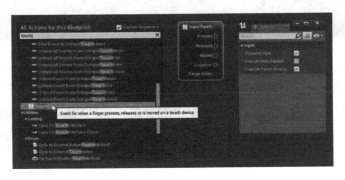

InputTouch 事件节点有 3 个执行引脚和 2 个属性引脚。

➢ **Pressed**：对于每根手指每次触摸时激活一次。

➢ **Released**：当一根手指悬浮离开传感器时激活一次。

➢ **Moved**：当一根手指在触摸并且手指当前位置在改变时每次 tick 激活。

➢ **Location**：手指在屏幕空间中的当前位置，[0,0]表示左上角，单位为像素。这个位置可以通过 Deproject Screen to World 节点被转换到世界空间。

➢ **Finger Index**：一个唯一的序号，识别当前被处理的是哪根手指。这取决于触摸顺序，而不是用户的真实物理手指。你可以将这个引脚与 Branch 节点和比较节点结合使用处理多个输入。

在这个节点上有一个属性值得注意。

➢ **Consume Input**：当有多于一个 Actor 被绑定到这个 Touch 时，只有第 1 个勾选了这个标签的 Actor 将能够处理 Touch 事件。如果你想让多个 Actor 能够处理 Touch 事件，每个 Actor 上的所有 InputTouch 节点的 Consume Input 标签都应该禁用。

▼ 自我尝试

设置按下射击

因为移动设备没有鼠标也没有扳机，在这个街机射击游戏中，你需要设置 Pawn，当用户按设备时射出一个弹丸，这里你就可以做到了。

1. 在 Hour 23 项目的内容浏览器中，双击 Blueprints 文件夹中的"Hero_Spaceship"。

2. 在 InputAction Shoot 节点下方，搜索 touch 并放置一个新的 InputTouch 事件。

3. 单击并拖曳 InputTouch 事件节点的 Released 引脚，并将它连接到 InputAction Shoot 使用的相同 SpawnActor 节点。这两个事件都应该连接到相同的节点。图 24.13 显示了 Event Graph 的样子，你可以将结果与 Hour 24 项目中的比较。

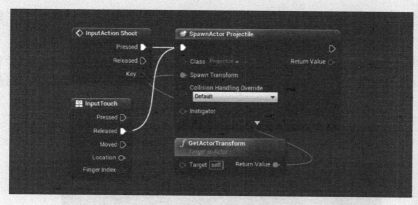

图 24.13

InputAction Shoot 和 InputTouch Released 事件都被连接到相同的 Spawn 行为

▲

> **By the Way**
>
> **注意：使用 UMG 的交互**
>
> 在来自"第 22 章"的项目中，你有一个 UMG 开始界面。幸运的是，UMG 处理触摸事件，就像它们是鼠标单击，所以你仍然能够使用主菜单。

24.3 使用一个设备的运动数据

大部分手持设备都内置了陀螺仪和加速度传感器。这些小传感器让移动设备能够检测方向上的变化。这种体验上的区分是移动设备的另一个强大力量。

UE4 使用这些传感器非常简单，通过项目设置面板的 Inputs 就可以完成。通过添加 Tilt 选项到一个已有的 Axis Mapping，你可以提供另一种方式使用已经建立的输入控制。

图 24.14 显示了 Tilt 选项添加到 MoveRight axis mapping。在这种情况下，你想反转来自 Tilt 的值，并将它缩小，这样移动更容易控制。

图 24.14

Tilt axis mapping
添加到已有的
MoveRight axis
mapping

尽管轴输入极其方便，有时候你想在其他地方访问陀螺仪或加速度传感器的值，像 InputTouch 事件节点一样，你可以直接在 Event Graph 中放出当前被陀螺仪处理的值。

但是，不像 InputTouch 事件，设备的运动数据不能作为一个事件被访问。另外，这个数据可以从一个 Player Controller 以 Get Input Motion State 函数的形式被访问，这些节点如图 24.15 所示。

图 24.15

从默认 Player
Controller 拉出来
的 Get Input
Motion State 节点

Get Input Motion State function 节点提供了 4 种运动状态。

➤ **Tilt**：绕着设备的 x 轴和 z 轴旋转。

➤ **Rotation Rate**：每个轴上每秒设备旋转的速度或变化。

➤ **Gravity**：一个非标准向量从 Player Controller 的视点指向地面。

➤ **Acceleration**：每个轴上每秒设备的旋转速度的变化。例如，一个恒定旋转速度的设备的加速度为零，但是旋转速率不为零。

使用输入映射，提供了许多功能，可能不能给你所有的控制。主要问题是输入映射没有死区，这意味着如果移动设备没有完成校准，你将 Tilt 连接到角色的移动上，它将一直移动，即使这个设备被放到一个桌子上。另外，通过使用 Event Tick 节点和 Get Input Motion State 节点，你可以为飞船创建自己的基于重力的控制。

自我尝试

使用你的设备的重力

在这里，你将在 Pawn 使用 Get Input Motion State 和 Event Tick 创建一个控制方案，当玩家向左或向右倾斜设备时工作。你需要一个兼容的移动设备来测试这个行为，根据下列步骤连接重力向量到设备的移动控制。

1. 在 Hour 23 项目的内容浏览器中，在蓝图编辑器中打开 "Hero_Spaceship"。

2. 添加一个新的 Event Tick 节点（或者使用已有的，如果已经存在一个 Event Tick 节点）。

3. 在 Event Tick 节点旁边，放置新的 Get Actor Right Vector 和 Get Player Controller 节点。

4. 单击并拖曳 Get Player Controller 节点的 Return Value 引脚并放置一个新的 Get Input Motion State 节点。

5. 单击并拖曳 Gravity 引脚并放置一个新的 Normalize 节点。

6. 创建一个新的 Vector * Vector 节点，并连接 Get Actor Right Vector 的 Return Values 和 Normalize 节点。

7. 创建一个 Vector 类型的新变量并命名为 Internal Gravity Vector。

8. 设置 Internal Gravity Vector 为 Vector * Vector 节点的结果，并连接到 Event Tick 节点。

9. 创建一个新的 Branch 节点，并连接到 Internal Gravity Vector's Set 节点的 exec 输出引脚。

10. 从 Internal Gravity Vector 的 Set 节点，拖曳黄色的 Vector 引脚并放置一个新的 VectorLength 节点。

11. 单击并拖曳 VectorLength 节点的 Return Value 并放置一个 Float > Float 节点，设置 B float 值为 0.1。

12. 连接 Float > Float 节点的布尔输出到 Branch 节点的 Condition 输入。

13. 从 Branch 节点的 True exec 输出引脚，创建一个新的 Add Movement Input 节点。

14. 放置一个 Internal Gravity Vector get 到 Add Movement Input 节点的 World Direction 输入。

15. 为了当倾斜设备时增大你的 Pawn 的加速度，在 Add Movement Input 节点的 Scale Value 中输入 2.0。图 24.16 显示了 Hero_Spaceship 中的结果节点网络。

图 24.16

所需的 Event Graph，连接一个移动设备的运动输入到一个 Pawn 的向左移动和向右移动

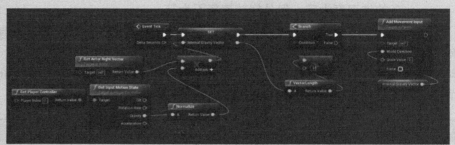

16. 将你的应用部署到个人移动设备并测试这个新行为，可以将你的结果与 Hour 24 项目中的比较。

你在这个事件图表中使用的数学很简单。Get Input Motion State Gravity 引脚返回了一个非单位向量，在真实世界重力的世界空间方向。你想让 Pawn 无论在哪里都可以向着真实世界地面滑动。但是，因为你不想让这个 Pawn 向前、向后、向上或向下移动，所以将那个重力向量乘以这个 Pawn 的右向量，这样移除了任何没有对齐到这个 Pawn 的右向量的重力的影响。

检查结果向量的长度让你可以设置一个死区，但当 Vector 长度大于 0.1 时，则向该方向添加一个移动输入。

24.4 小结

移动项目开发是一个新兴领域，使用 UE4 是开始快速移动开发的一个很好的方式。这一章中，你学习了当前移动设备的硬件限制，如何连接 Touch、虚拟摇杆和陀螺仪输入。这些核心输入模型是制作一个使用触摸功能的移动体验的关键。

24.5 问&答

问：我将一个之前的项目转换为移动项目，但是当我在一个移动设备上测试时，一些材质现在变成了灰色棋盘格。发生了什么？

答：尽管这可能会存在大量问题，最可能的一个是贴图采样器的减少导致材质编译失败。在编辑器中打开损坏的材质，在工具栏上单击"Mobile Stats"按钮将显示材质在移动设备上的任何编译错误。

问：我使用了 Get Input Motion State 的 Gravity 引脚，但是它导致 Pawn 移动得非常快，并且难以控制。这是什么问题。

答：你很可能没有单位化从 Gravity 引脚输出的值。如果 Gravity 向量没有被单位化，它的值的长度可能超过 1，出现不可控的加速度。

问：我对使用运动控制和输入绑定有困难，如 Tilt。我如何将它们正确映射为我想要的行为？

答：当你遇到输入绑定与运动状态的困难时，最好切换到图 24.14 所示的方法。通过在 EventGraph 中添加输入，你可以更仔细、更准确地按照自己的方式映射行为。你可以使用 Print String 节点打印输出 Get Input Motion State 的结果来调试观察设备正在发生什么。

问：我尝试使用 InputTouch 事件在 Windows 设备上设置多点输入，但是没有效果。怎么回事？

答：不幸的是，在这本书编写时，UE4 还不支持多点触摸的 Windows 设备，也没有好的办法。

问：我的一些材质在编辑器内渲染很好，但是在设备上就变成了棋盘格。怎么回事？

答：如果你看到的是默认材质棋盘格，然后可能使用了那个目标级别不支持的节点。在内容浏览器中找到渲染不正确的材质，双击打开。接着，在材质编辑器的工具栏中，单击 "Mobile Stats" 图标，出现一个 Stats 面板，为移动设备显示出任何编译错误。

24.6 讨论

现在你完成了这一章的学习，检查自己是否能够回答下列问题。

24.6.1 提问

1. 真或假：移动设备指的仅仅是手机。

2. 真或假：UE4 仅可用于 iOS 移动设备。

3. 真或假：你仅可以直接在事件图表中处理触控输入，不能通过项目设置面板的 Input Binding 分类处理。

4. 真或假：InputTouch 事件节点的 Finger Index 属性是用户的手指，从 0 开始，以 0 为拇指，4 为小指。

24.6.2 回答

1. 假。平板电脑和许多新笔记本电脑都有触控输入，扩大了移动设备的定义，不再仅仅包含手机。但是，在图形方面的限制，通常针对的是智能手机或低端平板电脑。

2. 假。UE 4 支持安卓、iOS 和 Windows 10 设备。

3. 真。Touch 输入（按下或拖曳）不能通过 Input Bindings 分类使用。

4．假。Finger Index 属性不能识别使用的是哪根手指，反而，它是根据顺序识别不同手指按下的。例如，第一根手指接触到屏幕被给予序号 0，如果另一根手指在第一根离开前接触到屏幕，那根新的手指被给予序号 1。

24.7　练习

现在使用你在行为绑定和这一章中学到的知识修改你的 Hero_Spaceship Pawn 的 Event Graph，允许用户在不需要每次单击的情况下发射恒定的射弹流。

1．打开 Hero_Spaceship 蓝图类的"Event Graph"。

2．找到 InputAction Shoot 事件，并将它的所有输出移动到一个名为 Shoot 的函数中。

3．将这个新的 Shoot 函数放在 InputAction Shoot 事件旁边，并连接它们的 exec 引脚。

4．断开 Event Touch 的所有输出。

5．单击并拖曳 Event Touch 节点的 Pressed exec 引脚并放置一个 Set Timer by Function Name 节点。

6．设置 Function Name 输入为 Shoot。

7．设置 Time 输入为 0.1。

8．设置 Looping 输入为 True。

9．单击并拖曳 Set Timer by Function Name 节点的 Return Value 输出引脚并选择"Promote to Variable"选项。

10．重命名新变量为 ShootTimerHandle。

11．单击并拖曳 Event Touch 节点的 Released exec 引脚并放置一个 Clear Timer by Handle 节点。

12．拖曳 ShootTimerHandle 变量到 Clear Timer by Handle 节点的 Handle 输入引脚上。

虚幻4开发工程师班

- 虚幻引擎独立游戏开发
- 影视动画项目实战
- 游戏引擎底层开发
- VR、联网项目实训

虚幻4特效师班

- FPS、RPG、ACT、STG、MOBA等游戏类型特效
- 虚幻引擎大型场景特效
- 动作与特效深度结合

次世代场景美术班

- 写实类3D道具
- 科幻武器与概念实现
- 场景拼合与导入引擎展示
- 写实类建筑
- 光照与烘焙技术进阶
- 虚幻引擎写实场景项目实战

虚幻4动画工程师班

- 主机游戏动画全制作流程
- 掌握动作游戏角色动画设计的精髓
- 格斗类、RPG类、FPS类横版设计精髓
- 镜头感的常用手法讲解与深入
- 动作捕捉设备实战使用与数据优化

欢迎来到异步社区！

异步社区的来历

异步社区（www.epubit.com.cn）是人民邮电出版社旗下 IT 专业图书旗舰社区，于 2015 年 8 月上线运营。

异步社区依托于人民邮电出版社 20 余年的 IT 专业优质出版资源和编辑策划团队，打造传统出版与电子出版和自出版结合、纸质书与电子书结合、传统印刷与 POD（按需印刷）结合的出版平台，提供最新技术资讯，为作者和读者打造交流互动的平台。

社区里都有什么？

购买图书

我们出版的图书涵盖主流 IT 技术，在编程语言、Web 技术、数据科学等领域有众多经典畅销图书。社区现已上线图书 1000 余种，电子书 400 多种，部分新书实现纸书、电子书同步出版。我们还会定期发布新书书讯。

下载资源

社区内提供随书附赠的资源，如书中的案例或程序源代码。

另外，社区还提供了大量的免费电子书，只要注册成为社区用户就可以免费下载。

与作译者互动

很多图书的作译者已经入驻社区，您可以关注他们，咨询技术问题；可以阅读不断更新的技术文章，听作译者和编辑畅聊好书背后有趣的故事；还可以参与社区的作者访谈栏目，向您关注的作者提出采访题目。

灵活优惠的购书

您可以方便地下单购买纸质图书或电子图书，纸质图书直接从人民邮电出版社书库发货，电子书提供多种阅读格式。

对于重磅新书，社区提供预售和新书首发服务，用户可以第一时间买到心仪的新书。

用户账户中的积分可以用于购书优惠。100 积分 =1 元，购买图书时，在 ⌄ 使用积分 里填入可使用的积分数值，即可扣减相应金额。

纸电图书组合购买

社区独家提供纸质图书和电子书组合购买方式，价格优惠，一次购买，多种阅读选择。

社区里还可以做什么？

提交勘误

您可以在图书页面下方提交勘误，每条勘误被确认后可以获得 100 积分。热心勘误的读者还有机会参与书稿的审校和翻译工作。

写作

社区提供基于 Markdown 的写作环境，喜欢写作的您可以在此一试身手，在社区里分享您的技术心得和读书体会，更可以体验自出版的乐趣，轻松实现出版的梦想。

如果成为社区认证作译者，还可以享受异步社区提供的作者专享特色服务。

会议活动早知道

您可以掌握 IT 圈的技术会议资讯，更有机会免费获赠大会门票。

加入异步

扫描任意二维码都能找到我们：

异步社区	微信服务号	微信订阅号	官方微博	QQ 群：436746675

社区网址：www.epubit.com.cn

投稿 & 咨询：contact@epubit.com.cn